《双碳智慧园区规划与电气设计导则》
(T/IGEA 001—2022)
实施指南

《双碳智慧园区规划与电气设计导则》编委会　组编

团体标准《双碳智慧园区规划与电气设计导则》，本着"替碳、减碳、汇碳"的初心和目标，内容涵盖了6个低碳节能规划、9个低碳新能源系统、19个低碳节能电气系统、12种高效节能新型设备、1个低碳综合管理平台。本书采用图文并茂（文字+图表）的方式，对团体标准《双碳智慧园区规划与电气设计导则》内容进行进一步的阐述，其深度、广度比条文解释更细。针对标准内容，通过条文解释、内容扩展及对各个系统、各种产品的组成、主要功能、设备选型、应用案例等进行详细介绍，以加深读者对《双碳智慧园区规划与电气设计导则》的理解。

本书的内容包括总则、术语及缩略语、基本规定、双碳智慧园区的目标和路径、双碳智慧园区的规划设计、双碳智慧园区新能源系统设计、双碳智慧园区建筑电气节能系统设计、双碳智慧园区建筑电气新设备应用、双碳智慧园区管理平台等实施指南。本书方便建设单位、设计单位、施工单位、运维单位、产品制造单位的技术人员对《双碳智慧园区规划与电气设计导则》的理解和使用。

图书在版编目（CIP）数据

《双碳智慧园区规划与电气设计导则》（T/IGEA 001-2022）实施指南 /《双碳智慧园区规划与电气设计导则》编委会组编. -- 北京：机械工业出版社，2025.1.
ISBN 978-7-111-77794-6

Ⅰ．TU984.13-62；TU85-62

中国国家版本馆 CIP 数据核字第 2025631QD0 号

机械工业出版社（北京市百万庄大街22号　邮政编码100037）
策划编辑：张　晶　　　　　责任编辑：张　晶　范秋涛
责任校对：张爱妮　刘雅娜　责任印制：常天培
固安县铭成印刷有限公司印刷
2025年4月第1版第1次印刷
184mm×260mm · 17印张 · 436千字
标准书号：ISBN 978-7-111-77794-6
定价：79.00元

电话服务　　　　　　　　网络服务
客服电话：010-88361066　机　工　官　网：www.cmpbook.com
　　　　　010-88379833　机　工　官　博：weibo.com/cmp1952
　　　　　010-68326294　金　书　网：www.golden-book.com
封底无防伪标均为盗版　　机工教育服务网：www.cmpedu.com

本书编委会

主编单位： 中国城市发展规划设计咨询有限公司
华为技术有限公司

参编单位： 中国建筑设计研究院有限公司
上海建筑设计研究院有限公司
中南建筑设计院股份有限公司
华南理工大学建筑设计研究院有限公司
中国中元国际工程有限公司
天津市天友建筑设计股份有限公司
北京市建筑设计研究院有限公司
中国人民解放军总医院
北京电力经济技术研究院有限公司
国网（苏州）城市能源研究院
厦门万安智能有限公司
北京华美装饰工程有限责任公司
施耐德电气（中国）有限公司
ABB（中国）有限公司
贵州泰永长征技术股份有限公司
苏州欧普照明有限公司
远东电缆有限公司
苏州未来电器股份有限公司
康孚美（北京）科技有限公司
北京戴纳实验科技有限公司
北京甲板智慧科技有限公司
大全集团有限公司
上海领电智能科技有限公司
安徽省安泰科技股份有限公司

中达电通股份有限公司
广东易百珑智能科技有限公司
恒亦明（重庆）科技有限公司
中方立信（北京）科技有限公司
一能充电科技（深圳）股份有限公司
国药控股股份有限公司
北京绿商网碳科技服务有限公司
正大汉鼎现代农业科技有限公司
特斯联科技集团有限公司
杭州银江环保科技有限公司
河北华通科技股份有限公司
先正达生物科技（中国）有限公司
青岛云路先进材料技术股份有限公司
河南机电职业学院
北京建工数智技术有限公司
广东三雄极光照明股份有限公司

主　　编：欧阳东
副 主 编：王海蛟　王苏阳
编　　委：黄雅如　熊　江　唐　颖　莫理莉　劳大实　韩　帅　孟庆祝
　　　　　陈众励　李　鹏　丁　伟　赵杨阳　彭松龙　裴元杰　张红利
　　　　　连毅斌　舒　彬　戴天鹰　徐　静　赵　俊　张士杨　张智玉
　　　　　戚军武　张宝军　郑　仲　石　光　戴　罡　楼铭达　张　鹏
　　　　　高登辉　姜腾腾　胡留祥　王　昆　王梦玥　周锡忠　王　颖
　　　　　呼莹聪　谢轶群　李树一　王　静　王庆海　林　杰　黄圣文
　　　　　贺伸昌　林　岩

审查专家：王　漪　李　强　朱立彤　王新芳　郭利群　韩占强　陈　莹

前言

根据《关于印发深化工程建设标准化工程改革意见的通知》（建标〔2016〕166号），团体推荐标准将是我国标准体系中不可或缺的一个环节，国家和政府鼓励具有社团法人资格和相应能力的协会、学会等社会组织，根据行业发展和市场需求，按照公开透明、协商的原则，主动承接政府转移的标准，制定新技术和市场缺失的标准，推荐市场自愿选用。团体推荐标准能与政府标准相配套衔接，形成优势互补、良性互动、协同发展的工作模式，团体标准也可作为设计依据。国际绿色经济协会团体标准《双碳智慧园区规划与电气设计导则》（T/IGEA 001—2022）（以下简称《双碳导则》）编制背景具有下列三个层面：

（1）国家层面：2020年9月，习近平主席向全世界承诺：中国二氧化碳排放力争于2030年前达到峰值，努力争取2060年前实现碳中和。2021年，国务院发布了《关于加快建立健全绿色低碳循环发展经济体系的指导意见》；生态环境部发布了《碳排放权交易管理办法（试行）》《碳排放权登记管理规则（试行）》《碳排放权交易管理规则（试行）》《碳排放权结算管理规则（试行）》等文件；住建部也发布了双碳政策相关文件。《2022年国务院政府工作报告》提出：有序推进碳达峰碳中和工作，落实碳达峰行动方案。推动能耗"双控"向碳排放总量和强度"双控"转变，完善减污降碳激励约束政策，加快形成绿色低碳生产生活方式。

（2）行业层面：我国正处于经济高速发展期，发展与减排的压力巨大。有关数据显示：全球2023年碳排放总量约374亿t，其中，中国排放总量约126亿t（占34%），美国约49亿t（占13%），印度约28亿t（占7%）。2023年中国民用建筑建造的碳排放总量约为18亿t CO_2，其中建材生产运输阶段碳排放占41.8%。研究表明，我国建筑业既是国家发展的支柱产业，也是碳排放的重点行业，制定可持续的低碳节能建筑标准，大力发展绿色低碳节能技术，建设低碳环保智慧建筑，节能可以降低碳排放，是实现双碳目标的重要措施之一。

（3）标准层面：建筑业的碳排放分布于建材的生产过程、建筑的建造过程及使用过程，即贯穿于整个建筑的全生命期，同时在不同的时间和空间，以不同的方式和强度排放。因此，实现双碳目标也需要系统思维、科学论证、技术支撑、精准实施、闭环管控。编制行业协会团体标准非常重要，也是未来40年的热点和难点，我们国家已向全世界承诺，必须言而有信，必须完成承诺。团标提出实现双碳的具体实现措施，供建筑行业的省部级、地市级和各企业的主管领导和设计单位设计师参考使用，该团标具有非常好的经济价值、社会价值，具有前瞻性、准确性、指导性、实用性、可操作性。

《双碳导则》由中国城市发展规划设计咨询有限公司、华为技术有限公司组织中国建筑设计研究院有限公司等 40 家建设、设计、研究、产品制造单位共同编制而成。《双碳导则》制定过程中，编制组遵循国家有关法律、法规和技术标准，经过广泛调查研究，认真总结实践经验，参考了国内外相关的先进技术标准，并广泛征求了建设、研究、规划、设计、产品制造等各有关单位的意见，最后经审查定稿。

专家验收结论：《双碳导则》立项填补了国内关于园区的相关标准导则的空缺。《双碳导则》创新首次提出了"替碳、减碳、汇碳"三位一体的双碳理念，将规划设计与电气设计有机结合，提出了"双碳智慧园区"的定义、目标、路径及管理平台。《双碳导则》填补了双碳智慧园区规划与电气设计领域的空白，达到了国内领先水平。国际绿色经济协会 2023 年 12 月 12 日发布了关于发布团体标准《双碳导则》（绿协字〔2023〕187 号）的公告，已由机械工业出版社正式出版，并自 2024 年 3 月 1 日起实施。

本《〈双碳智慧园区规划与电气设计导则〉实施指南》针对《双碳导则》内容，通过描述各章节的概述及组成、主要功能、设备选型、应用案例，采用文字加图表的方式，进一步解释《双碳导则》，其深度远高于条文解释，以加深读者对《双碳导则》的理解。本书内容包括总则、术语及缩略语、基本规定、双碳智慧园区的目标和路径、双碳智慧园区的规划设计、双碳智慧园区新能源系统设计、双碳智慧园区建筑电气节能系统设计、双碳智慧园区建筑电气新设备应用、双碳智慧园区管理平台等实施指南。本书方便建设单位、设计单位、施工单位、运维单位、产品制造单位的技术人员对《双碳导则》的理解和使用。

由于时间紧、工作量大，又是业余时间编写，加之水平有限，有不妥之处请大家批评指正。

目录

前言

1 总则——实施指南 *1*

2 术语及缩略语——实施指南 *2*
   2.1 术语 *2*
   2.2 缩略语 *6*

3 基本规定——实施指南 *10*
   3.1 双碳智慧园区总体要求 *10*
   3.2 双碳智慧园区规划设计 *12*
   3.3 双碳智慧园区新能源系统设计 *13*
   3.4 双碳智慧园区建筑电气节能系统设计 *15*
   3.5 双碳智慧园区建筑电气新设备应用 *15*
   3.6 双碳智慧园区管理平台要求 *18*

4 双碳智慧园区的目标和路径——实施指南 *20*
   4.1 双碳目标 *20*
   4.2 双碳指标 *22*
   4.3 技术路径 *27*
   4.4 实施模式 *28*

5 双碳智慧园区的规划设计——实施指南 *33*
   5.1 一般规定 *33*
   5.2 园区规划布局设计 *35*
   5.3 园区交通规划设计 *38*
   5.4 园区景观规划设计 *41*
   5.5 园区市政工程规划设计 *45*

5.6　智慧电力规划设计 ……………………………………………………… 48
　　5.7　智能化规划设计 ………………………………………………………… 51

6　双碳智慧园区新能源系统设计——实施指南 ………………………………… 56
　　6.1　一般规定 ………………………………………………………………… 56
　　6.2　光伏发电系统设计 ……………………………………………………… 58
　　6.3　建筑太阳能光伏光热系统（PV/T）设计 …………………………… 63
　　6.4　分散式小型风力发电系统设计 ………………………………………… 68
　　6.5　电动汽车充换电设施系统设计 ………………………………………… 70
　　6.6　储能系统设计 …………………………………………………………… 75
　　6.7　新能源微网管理系统设计 ……………………………………………… 80
　　6.8　建筑直流配电系统设计 ………………………………………………… 83
　　6.9　建筑柔性用电管理系统设计 …………………………………………… 88
　　6.10　热泵系统设计 …………………………………………………………… 91

7　双碳智慧园区建筑电气节能系统设计——实施指南 ………………………… 97
　　7.1　一般规定 ………………………………………………………………… 97
　　7.2　变配电智能监控系统设计 ……………………………………………… 99
　　7.3　建筑能效管理系统设计 ………………………………………………… 103
　　7.4　建筑设备监控系统设计 ………………………………………………… 105
　　7.5　一体化智能配电与控制系统设计 ……………………………………… 108
　　7.6　智慧预约用电管理系统设计 …………………………………………… 114
　　7.7　智能照明控制系统设计 ………………………………………………… 119
　　7.8　智慧照明新技术系统设计 ……………………………………………… 122
　　7.9　室外一体化照明系统设计 ……………………………………………… 132
　　7.10　智慧电缆安全预警系统设计 ………………………………………… 135
　　7.11　智慧充电桩集群调控管理系统设计 ………………………………… 137
　　7.12　无源光局域网系统设计 ……………………………………………… 139
　　7.13　以太光局域网系统设计 ……………………………………………… 142
　　7.14　智慧电池安全预警系统设计 ………………………………………… 144
　　7.15　智慧办公系统设计 …………………………………………………… 148
　　7.16　室内环境低碳节能控制系统设计 …………………………………… 163
　　7.17　智慧室内导航系统设计 ……………………………………………… 166
　　7.18　可控磁光电融合安全云存储系统设计 ……………………………… 169
　　7.19　低碳智慧景观座椅管理系统设计 …………………………………… 173
　　7.20　智慧遮阳系统设计 …………………………………………………… 174

目录

8 双碳智慧园区建筑电气新设备应用——实施指南 … 179
- 8.1 一般规定 … 179
- 8.2 智能中压配电柜 … 181
- 8.3 智慧低碳节能变压器 … 184
- 8.4 有载调容调压配电变压器 … 187
- 8.5 智能低压配电装置 … 189
- 8.6 低碳节能大功率高频 UPS 系统 … 194
- 8.7 集装箱式柴油发电机组 … 197
- 8.8 电能路由器 … 201
- 8.9 变频控制设备 … 203
- 8.10 低碳节能照明产品 … 206
- 8.11 智慧双电源切换设备 … 208
- 8.12 智能母线槽 … 213
- 8.13 IoT 物联网边缘控制器 … 217

9 双碳智慧园区管理平台——实施指南 … 220
- 9.1 一般规定 … 220
- 9.2 平台技术架构 … 221
- 9.3 功能要求 … 224
- 9.4 平台软硬件配置 … 234
- 9.5 数据接口协议要求 … 235
- 9.6 案例：零碳园区综合能源服务平台解决方案 … 237

1 总　则——实施指南

1.0.1 为贯彻国家"双碳"政策，通过智慧手段实现替碳、减碳、汇碳技术在园区的实施落地，指导双碳智慧园区和双碳建筑的规划与电气设计，推进双碳智慧园区和双碳建筑的可持续发展，制定本标准。

【指南】双碳政策旨在通过转型能源结构、提高能源效率和采用清洁能源等措施，降低二氧化碳等温室气体的排放量，在应对气候变化、推动可持续发展、促进经济转型、强化全球合作等多个方面有重要意义。

1.0.2 本标准适用于新建、改建和扩建的双碳智慧园区规划与电气设计。

【指南】新建、改建和扩建是在不同条件下对建筑物或设施进行不同程度的调整或重建。新建通常是指在一个原先没有建造物的地方兴建全新的建筑物或设施。改建是指对现有的建筑物或设施进行一些变更或修正，以适应新的用途或需求。扩建是指在现有建筑物或设施的基础上增加新的部分，以适应扩大的规模或增加的需求。城市更新的过程中也涉及园区和建筑的新建、改建和扩建等相关内容。

1.0.3 双碳智慧园区规划与电气设计应遵循低碳、绿色、智慧、前瞻性、安全性、经济性、兼容性及易扩展性等原则。

【指南】低碳性、智慧性、前瞻性、安全性、经济性、成熟性、兼容性及易扩展性等是双碳智慧园区规划与电气设计应遵循的基本原则，本指南的主要内容均围绕这几个原则展开。

1.0.4 双碳智慧园区规划与电气设计除应符合本标准的规定外，尚应符合国家现行有关标准的规定。

【指南】《双碳导则》涉及的国家现行有关标准主要包括：

1. 《建筑节能与可再生能源利用通用规范》（GB 55015）
2. 《城市工程管线综合规划规范》（GB 50289）
3. 《城市综合管廊工程技术规范》（GB 50838）
4. 《工业建筑节能设计统一标准》（GB 51245）
5. 《绿色建筑评价标准》（GB/T 50378）
6. 《电力变压器能效限定值及能效等级》（GB 20052）
7. 《民用建筑能耗标准》（GB/T 51161）
8. 《风能发电系统　风力发电机组电气特性测量和评估方法》（GB/T 20320）
9. 《风力发电机组　设计要求》（GB/T 18451.1）
10. 《电动汽车电池更换站设计规范》（GB/T 51077）
11. 《电化学储能系统接入电网测试规范》（GB/T 36548）
12. 《低压成套开关设备和控制设备》（GB/T 7251）
13. 《能源路由器功能规范和技术要求》（GB/T 40097）
14. 《电动汽车充换电设施系统设计标准》（T/ASC 17）
15. 《绿色建筑设计标准》（DB 11/938）

2 术语及缩略语——实施指南

2.1 术语

2.1.1 双碳（目标）dual carbon（goals）

2020年9月中国政府提出的2030年实现"碳达峰"与2060年实现"碳中和"目标的简称。

【指南】双碳，即碳达峰与碳中和的简称。2020年9月22日，习近平主席在第七十五届联合国大会一般性辩论上发表重要讲话，中国力争于2030年前二氧化碳排放达到峰值，努力争取2060年前实现碳中和。

2.1.2 双碳技术 technology of dual carbon

有效促进实现双碳目标的各类技术总称，包括替碳、减碳、汇碳等技术。

【指南】替碳、减碳、汇碳等技术是实现双碳目标的重要手段，《双碳导则》的内容均围绕这些技术展开。

2.1.3 园区 park

指政府集中统一规划的指定区域，区域内对专门设置某类特定行业、形态的企业等进行统一管理，如办公园区、工业园区、自贸园区、物流园区、科技园区、文化创意产业园区及农业园区等。

【指南】园区也包括为园区配套的居住建筑。

2.1.4 双碳智慧园区 dual carbon smart parks

通过采用双碳技术和智慧化控制方式，助力实现双碳目标的智慧园区。

【指南】智慧园区是指通过信息技术和物联网技术来提升园区管理和服务水平的一种新型园区模式。在智慧建筑中通过大量采用双碳技术实现双碳目标的智慧园区称为双碳智慧园区。

2.1.5 双碳建筑 building for dual carbon goals

通过采用双碳技术和智慧化控制方式，助力实现双碳目标的建筑。

【指南】建筑是双碳技术应用最多的一个领域，通过大量采用双碳技术，实现双碳目标的建筑称为双碳建筑。

2.1.6 替碳 carbon replacement

对传统化石能源进行有效接替的技术、活动或机制，包括大力推进地热、光热替代油气生产传统用热，推进清洁电力替代煤电，加快氢能制取与规模应用风能扩大"绿电"利用规模，持续提高电气化水平等。

【指南】中国是世界上最大的能源生产国，能源自给水平保持在80%以上。但我国人均能源资源拥有量相对较低，原油、天然气对外依存度分别超过70%、40%，油气资源保障成为我国能源安全的核心问题之一。能源发展面临资源短缺、环境保护的双重约束，这要求我国要以保障能源安全为前提，加快形成清洁低碳、安全高效、多元互补的现代能源供给体系，着力提高能源自主供给能力。

2.1.7 减碳 carbon reducement

也称节能减碳，即节约物质资源和能量资源，减少废弃物和环境有害物（包括三废和噪声等）排放的技术、活动或机制。

【指南】"减碳"是减少二氧化碳排放量的简称。"减碳"就是从源头减少碳排放，天然气作为一种清洁、高效的低碳能源，充分发挥其在能源结构优化和能源转型中的重要作用，持续加大风能、太阳能、地热能等非化石能源的规模开发和综合利用。

2.1.8 汇碳 carbon sink

指固碳技术及相关的碳交易，即通过植树造林、植被恢复等措施，吸收大气中的二氧化碳，从而减少温室气体在大气中浓度的技术、活动或机制，并在相关技术基础上进行的碳交易。

【指南】有关资料表明，森林面积虽然只占陆地总面积的 1/3，但森林植被区的碳储量几乎占到了陆地碳库总量的一半。树木通过光合作用吸收了大气中大量的二氧化碳，减缓了温室效应。这就是通常所说的森林的碳汇作用。二氧化碳是林木生长的重要营养物质。林木把吸收的二氧化碳在光能作用下转变为糖、氧气和有机物，为生物界提供枝叶、茎根、果实、种子，提供最基本的物质和能量来源。这一转化过程，就形成了森林的固碳效果。森林是二氧化碳的吸收器、储存库和缓冲器。反之，森林一旦遭到破坏，则变成了二氧化碳的排放源。

2.1.9 碳汇量 carbon sequestration

简称碳汇，在划定的范围内，绿化、植被从空气中吸收并储存的二氧化碳量。

【指南】碳汇一般是指从空气中清除二氧化碳的过程、活动、机制，主要包括森林碳汇、草地碳汇、耕地碳汇、土壤碳汇、海洋碳汇。

2.1.10 碳抵消 carbon offset

用于减少温室气体排放源和增加温室气体吸收，实现补偿或抵消其他排放源产生温室气体排放的活动。园区或建筑碳抵消可通过绿色电力交易、碳排放权交易等非技术措施实现。

【指南】碳抵消是指用于减少温室气体排放源或增加温室气体吸收汇，用来实现补偿或抵消其他排放源产生的温室气体排放的活动。所产生的碳排放，可以通过支持项目、技术或者通过购买碳信用来减少或修复相应的碳排放。通过这种方式，可以平衡碳排放与碳吸收之间的差异，缓解气候变化和环境影响。

2.1.11 碳汇交易 carbon sink trading

也称碳交易，基于《联合国气候变化框架公约》及《京都议定书》对各国分配二氧化碳排放指标的规定，创设出来的一种虚拟交易。

【指南】工业制造了大量的温室气体的发达国家，在无法通过技术革新降低温室气体排放量达到《联合国气候变化框架公约》及《京都议定书》对该国家规定的碳排放标准的时候，可以采用在发展中国家投资造林，以增加碳汇，抵消碳排放，从而降低发达国家本身总的碳排放量的目标，这就是所谓的"碳汇交易"。

碳汇交易是碳排放权交易市场的一个重要组成部分，它允许企业通过购买碳汇来抵消其部分温室气体排放，从而帮助实现碳中和目标。

2.1.12 高碳汇 high carbon sink

吸收和储存大量碳的生态系统，例如森林、湿地和海洋等。这些生态系统能够通过吸收二氧化碳来缓解气候变化，并将其转化为生物质或土壤碳。高碳汇是一种生态系统服务，为全球碳循环提供支持和保护。

【指南】在森林碳汇、草地碳汇、耕地碳汇、土壤碳汇、海洋碳汇等载体从空气中清除二氧化碳的过程、活动、机制中，汇碳能力强的载体称为高碳汇。

2.1.13 生态规划 ecological planning

根据生态规律及社会经济发展计划，对一定地域生态平衡的维系、保护所做的规划。

【指南】生态规划是根据生态规律及社会经济发展计划，对一定地域生态平衡的维系、保护所做的安排、打算。按不同层次划分，有全国性、区域性和局部地区的生态规划；按不同类型划分，有城市生态规划、农村生态规划、牧区生态规划、海洋生态规划等。生态规划的内容主要是：①提出增加自然系统的经济价值，合理有效地利用土地、矿产、能源、水等不可再生资源的措施、安排；②保护可再生资源稳定增长、迅速恢复、提高质量的措施、安排；③实施严格的自然生态系统平衡政策，建立健全各类生物繁殖、移植、保护的物质保障及监视、研究的措施、安排；④综合治理"三废"污染及保护人类生存空间的措施、安排。科学安排生态规划，能合理有效地利用各种自然资源，以最有效地发挥自然界的功能，促进人类身心健康。

2.1.14 绿证 green certificate

也称绿色电力证书，是国家对发电企业每兆瓦时的非水可再生能源上网电量颁发的电子证书，具有独特的标识代码。

【指南】绿色电力证书简称"绿证"，是国家对发电企业每兆瓦时非水可再生能源上网电量颁发的具有独特表示代码的电子证书，是非水可再生能源发电量的确认和属性证明以及消费绿色电力的唯一凭证。绿证证明企业的用电来源是国家认可的风电或光伏电。

2.1.15 能碳统一管理 unified management of carbon and energy

以监测能源输入、优化能源使用、记录碳排放管理为主线，实现碳足迹全生命周期可信记录的管理模式。

【指南】能碳统一管理是一种集成能源管理和碳管理的系统化方法，旨在通过综合手段实现节能减排和碳排放控制。能碳统一管理涉及能源使用和碳排放的综合监测、分析和优化。它不仅关注能源消耗的效率，还强调减少温室气体的排放量，以应对气候变化并推动可持续发展。其核心功能通常包括数据采集与集成、实时监控与预警、数据分析与挖掘、优化建议与策略制定以及报告编制与合规管理等功能模块。这些功能帮助企业全面了解和管理其能源使用和碳排放状况，从而制定有效的节能减排措施。

能碳统一管理适用于各种行业，包括但不限于制造业、能源行业、交通运输业等。在这些行业中，企业可以通过实施能碳统一管理来优化生产流程、提高能效、降低运营成本，同时满足环保法规要求并提升企业形象。

2.1.16 碳金融 carbon finance

泛指所有服务于限制温室气体排放的金融活动，包括直接投融资、碳指标交易和银行贷款等。

【指南】碳金融是一个涉及碳排放和碳交易的领域。它通常指的是关注碳排放的量和交易碳排放权的金融活动和市场。碳金融的主要目标是通过建立碳交易市场和实施碳定价机制来激励减少温室气体排放。这一领域涉及碳配额的分配、交易和监管，以及相关的金融工具和衍生品的开发和交易，旨在推动减少温室气体排放的行为。

2.1.17 碳足迹认证 carbon footprint certification

根据 ISO 14067：2018《产品碳足迹量化与交流的要求与指导技术规范》、PAS 2050：2011《产品与服务的生命周期温室气体排放评价规范》、GHGP 中的《产品生命周期核算与报告标准》等标准所进行的一种评估和验证组织、产品或活动所产生的温室气体排放量的过程。它衡量和记录从生产、运输、使用到废弃过程中所产生的二氧化碳和其他温室气体的排放量。

【指南】碳排放量认证有两种形式。一个是整个公司的企业碳排放量（CCF），另一个是产品碳足迹（PCF），涵盖特定产品和服务的整个生命期，包括供应链和污染物排放量控制系统。

2.1.18 绿色建材产品认证 green building materials certification

由国家市场监督管理总局、住房和城乡建设部、工业和信息化部联合推出的分级认证制度。绿色建材产品分级认证按照中国工程建设标准化协会发布的绿色建材评价标准的要求，认证结果分为一星级、二星级和三星级。

【指南】绿色建材产品认证是指建材产品符合国家相关技术要求和标准，且通过了国家认证认可监督管理委员会审批，获得绿色建材产品认证资质的认证机构的认证，具备"节能、减排、安全、便利和可循环"的特征，属于绿色产品认证活动中的范畴，也是住房和城乡建设领域绿色建材有关应用要求主要的采信范围。绿色建材认证产品所用标识采用与之相适用的一星级、二星级或三星级标识。

2.1.19 绿电 green electricity

通过风能、太阳能、水力能等可再生能源发电的电力。

【指南】绿电指的是在生产电力的过程中，二氧化碳排放量为零或趋近于零，相较于其他方式（如火力发电）生产电力，对于环境冲击影响较低。绿电的主要来源为太阳能、风力、生质能、地热等，中国主要以太阳能及风力为主。

2.1.20 电能替代 electricity substitution

在终端能源消费环节，使用电能替代散烧煤、燃油的能源消费方式。

【指南】电能替代项目是指使用电能替代以煤、油、气等终端能源的项目。例如，电采暖、电动汽车、港口岸电、机场桥载设备等。实施电能替代是提高非化石能源比重、提升能源效率、减少大气污染的重要举措，同时也有利于扩大电力消费、提升电气化水平、提高人民生活质量。

2.1.21 智慧变配电所（站） intelligent substation

在智能变配电所（站）的基础上，应用现代化的信息技术和数据分析技术，实现全方位的智慧监测、智慧管理和优化运维。

【指南】智慧变电所是采用可靠、经济、集成、低碳、环保的设备与设计，以全站信息数字化、通信平台网络化、信息共享标准化、系统功能集成化、结构设计紧凑化、高压设备智能化和运行状态可视化等为基本要求，能够支持电网实时在线分析和控制决策，进而提高整个电网运行可靠性及经济性的变电所。

2.1.22 数字化底座 digital base

也称数字底座、数据底座，是一种将各种不同的数据集、数据源、数据模型和数据工具等统一起来的技术平台。

【指南】数字底座是一个集成各种数据相关的技术及工具的综合性系统。数字底座是一个平台，用于存储、管理、处理以及提供数据。它包括硬件组件、网络、操作系统、数据库管理系统和其他系统工具等，可用于支持企业的各种数据分析、数据挖掘和决策制定需求。

2.1.23 北向 northbound

在信息技术领域中，北向是指从底层设备、传感器或终端向上层系统、应用或平台传输数据的方向。

【指南】北向常组词"北向数据",是指从底层设备、传感器或终端向上层系统、应用或平台传输的数据。例如,在物联网中,北向数据可以是从传感器获取的环境监测数据,然后传输到云平台进行数据分析和决策支持。北向还常组词"北向接口",在信息化技术领域,通常是指与上层应用、业务系统、云平台和终端设备等进行交互的接口。

2.1.24 南向 southbound

在信息技术领域中,南向是指从上层系统、应用或平台向底层设备、传感器或终端传输数据的方向。

【指南】南向常组词"南向数据",是指从上层系统、应用或平台向底层设备、传感器或终端传输的数据。南向还常组词"南向接口",在信息化技术领域,是指与底层物理设备、网络设备、传感器等进行交互的接口。

2.1.25 负碳技术 carbon negative technology

通过吸收和储存大量的二氧化碳,使总体碳排放量为负值的技术。

【指南】负碳是指通过吸收和储存大量的二氧化碳,使总体碳排放量为负值。几种常见的负碳技术包括碳捕集与封存(Carbon Capture and Storage,CCS)、碳吸收与储存(Carbon Sequestration)。

2.2 缩略语

AI(Artificial Intelligence)人工智能

【指南】是研究、开发用于模拟、延伸和扩展人的智能的理论、方法、技术及应用系统的一门新的技术科学。人工智能是智能学科重要的组成部分,它试图了解智能的实质,并生产出一种新的能以人类智能相似的方式做出反应的智能机器,该领域的研究包括机器人、语言识别、图像识别、自然语言处理和专家系统等。

APP(application)应用程序

【指南】泛指智能手机的第三方应用程序,也就类似于平时计算机上的应用软件。

AR(Augmented Reality)增强现实

【指南】是一种将虚拟信息与真实世界巧妙融合的技术,广泛运用了多媒体、三维建模、实时跟踪及注册、智能交互、传感等多种技术手段,将计算机生成的文字、图像、三维模型、音乐、视频等虚拟信息模拟仿真后,应用到真实世界中。这种技术可以在屏幕上的虚拟世界与现实世界进行结合与交互,提供超越现实的感官体验。

BAPV(building attached photovoltaic)建筑附加光伏发电系统

【指南】也被称为"安装型"太阳能光伏建筑。其将太阳能发电设备附加于建筑之上,光伏材料部分并不承担建筑的任何功能。

BECCS(Bio-Energy with Carbon Capture and Storage)生物能源与碳捕集和封存

【指南】是一种将生物质能与碳捕集封存技术相结合的技术。它对生物质燃烧或转化过程中产生的 CO_2 进行捕集、封存,实现负碳排放。

BIM(Building Information Modeling)建筑信息模型

【指南】是一种创新技术,通过数字化手段在计算机中建立出一个虚拟建筑,该虚拟建筑提供了一个单一、完整、包含逻辑关系的建筑信息库。这个"信息"不仅包括几何形状描述的视觉信息,还包含大量的非几何信息,例如材料的耐火等级和传热系数、构件的造价和采购信息等。

BIPV（building integrated photovoltaic） 建筑集成光伏发电系统

【指南】是一种将太阳能发电（光伏）产品集成到建筑上的技术。通过深度融合，使得太阳能发电成为建筑的一部分。

BOT（Build-Operate-Transfer） 建设—经营—移交

【指南】是一种企业参与基础设施建设向社会提供公共服务的方式。企业在政府的授权和监督下，投资建设某项基础设施，并进行经营和维护，等到协议期满后，再将该基础设施无偿或有偿移交给政府部门。

B/S（Browser/Server） 浏览器/服务器架构

【指南】是 Web 兴起后的一种网络结构模式。在 B/S 架构中，用户工作界面是通过 WWW 浏览器来实现，极少部分事务逻辑在前端（Browser）实现，但是主要事务逻辑在服务器端（Server）实现，形成所谓三层（3-tier）应用。

CCER（Chinese Certified Emission Reduction） 国家核证自愿减排量

【指南】是"经官方指定机构审定并备案，由环保项目或企业主动创造的温室气体减排量"。即控排企业向实施"碳抵消"活动的企业购买可用于抵消自身碳排的核证量。

CCUS（carbon capture, utilization and storage） 碳捕集、利用与封存

【指南】是一种将二氧化碳从工业过程、能源利用或大气中分离出来，直接加以利用或注入地层以实现二氧化碳永久减排的过程。

C/S（Client/Server） 客户端/服务器架构

【指南】是一种计算机网络结构模式，其中一个计算机（客户端）通过网络连接到另一个计算机（服务器），以实现数据交换和共享。在这种模式中，客户端负责向用户提供界面和处理用户输入，而服务器则负责存储数据并处理客户端的请求。

DACS（Direct air capture and storage） 直接空气碳捕集和储存

【指南】是将二氧化碳从大气中直接捕集并储存起来，以实现减少温室气体排放的目标。

EnOcean（Energy Ocean） 无线自供能传感器技术

【指南】该技术基于能量收集和无线通信，利用无需电池的无线传感器来收集环境能量（如光能、振动能和机械能），将其转换为电力供应传感器功能，并通过无线信号进行通信。

EPC（Energy Performance Contracting） 合同能源管理

【指南】是一种市场化的节能服务机制。合同能源管理的核心是节能服务公司（ESCO）与用能单位之间建立契约关系，约定节能目标。在这个过程中，ESCO 负责提供实现节能目标所需的各项服务，包括资金、技术、设备等。用能单位则根据实际节省下来的能源费用来支付 ESCO 的服务费用及其合理的利润。

GIS（Geographic Information System） 地理信息系统

【指南】是一种将地理位置数据与描述性信息集成在一起的系统，可以用于创建、管理、分析和绘制所有类型的数据。

GPRS（General Packet Radio Service） 通用分组无线服务

【指南】是一种基于 GSM（全球手机系统）的移动数据服务。它是第二代移动通信中的数据传输技术，属于 2.5G 网络。

IaaS（Infrastructure as a Service） 基础设施即服务

【指南】是云计算的一种形式，通过 Internet 提供基本计算、网络和存储资源，采用现收现

付的方式。在这种服务模型中，普通用户不用自己构建数据中心等硬件设施，而是通过租用的方式使用云服务提供商提供的硬件设施。

ICT（Information and Communications Technology）信息与通信技术

【指南】是一个涵盖性术语，覆盖了所有通信设备或应用软件，如收音机、电视、移动电话、计算机、网络硬件和软件、卫星系统等。

IGBT（insulated-gate bipolar transistor）绝缘栅双极晶体管

【指南】是一种三端子电子元件，由发射极（E）、集电极（C）和栅极（G）组成。在物理性质上，IGBT 是介于导体和绝缘体之间的半导体，通过控制电路来控制是否导电。

IMD（insulation monitoring device）绝缘监测装置

【指南】是一种专门用于监测电气设备绝缘状态的装置。它通过测量电气设备的绝缘电阻来检测是否存在故障，如果发现异常，会及时发出警报，以确保电气设备的安全运行。

IOC（Intelligent Operations Center）智慧运营中心

【指南】是新型智慧城市的核心基础设施，通过统一的控制终端，能够对多屏幕、多系统显示内容进行集中的交互操作，包括大屏整体显示布局切换、多屏联动数据分析、对象浏览、点选、筛选、圈选等，从而避免多系统各自为政的尴尬局面，让用户获得便捷的使用体验，最大限度地提升交互查询效率。

IoT（Internet of Things）物联网

【指南】是一种起源于传媒领域的技术概念，其将各种物体通过网络连接起来，使得这些物体能够进行智能化的识别、定位、跟踪和监管等。

IT/OT（Information Technology/Operational Technology）信息技术与运营技术集成

【指南】通过集成 IT 和 OT 系统，实现更高效的生产流程、更好的质量控制以及更高的安全性，帮助企业更好地管理和维护其设备及系统，从而提高生产效率并降低成本。

MQTT（Message Queuing Telemetry Transport）消息队列遥测传输协议

【指南】是一种专为物联网（IoT）设计的轻量级通信协议。

NFC（Near Field Communication）近场通信

【指南】是一种短距离的高频无线通信技术。使用 NFC 技术的设备（如手机）在彼此靠近的情况下可以进行数据交换。

PaaS（Platform as a Service）平台即服务

【指南】是云计算的一种模型。由第三方提供商通过网络向用户提供应用程序开发所需的硬件和软件工具。为客户提供一个完整的云平台，包括硬件、软件和基础架构，使开发人员可以专注于开发、运行和管理自己的应用程序，而无需关心在本地构建和维护平台通常会带来的成本、复杂性和不灵活性。

PLC（Power Line Communication）电力线载波通信

【指南】是一种特殊的通信方式，它利用高压电力线（通常是指 35kV 及以上电压等级）、中压电力线（10kV 电压等级）或低压配电线（380V/220V 用户线）作为信息传输媒介进行语音或数据传输。

POL（Passive Optical LAN）无源光局域网

【指南】是一种基于 PON 技术的新型局域网组网方式。在无源光网络（PON）中，OLT（Optical Line Terminal）和 ONU（Optical Network Unit）之间的是光分配网络（ODN），没有任何有源电子设备。它包括基于 ATM 的无源光网络 APON 及基于 IP 的无源光网络 E/GPON。

PPP（Public-Private-Partnership） 政府和社会资本合作

【指南】私营企业、民营资本与政府进行合作，参与公共基础设施的建设、运营和管理的一种模式。从广义上讲，PPP 泛指公共部门与私人部门为提供公共产品或服务而建立的各种合作关系；狭义的 PPP 则通常被理解为市政基础设施和公用事业项目融资、建设和运营方面的合作。

PV/T（Solar photovoltaic / thermal technology） 建筑太阳能光伏光热系统

【指南】是一种先进的可再生能源技术，它既可以将太阳辐射能转换为电能，也可以转换为热能。

RCD（Residual current operated protective device） 剩余电流动作保护器

【指南】一种漏电保护装置，通过检测电路中的接地故障电流来提供保护。当剩余电流超过设定的基准值时，它会自动切断被保护的电路，以防止电击事故和电气设备漏电损失。

REITs（Real Estate Investment Trust） 不动产投资信托基金

【指南】是一种向投资者发行收益凭证，募集资金投资于不动产，并向投资者分配投资收益的一种投资基金。

RFID（Radio Frequency Identification） 射频识别

【指南】是一种无需与特定目标建立机械或光学接触的通信技术。它利用射频信号及其空间耦合传输特性，实现对静止的或移动中的待识别物品的自动识别。

STS（static transfer system） 静态切换系统

【指南】采用电力电子器件实现两路电源二选一自动切换的系统。

TVOC（Total Volatile Organic Compounds） 总挥发性有机物

【指南】是一类在常温下可以蒸发的形式存在于空气中的有机物，其特点是饱和蒸气压超过了 133.32Pa，沸点在 50~250℃。

3 基本规定——实施指南

3.1 双碳智慧园区总体要求

3.1.1 为实现国家"碳达峰、碳中和"双碳发展战略目标，园区设计应综合园区、建筑全生命期的技术与经济性，采用双碳规划设计、新能源系统、建筑电气节能系统、建筑电气新设备和智慧管理平台等设计技术。

3.1.2 根据项目（园区）功能、场地地理条件、国家和地方政策要求及项目投资等客观实际确定建设项目的碳排放目标、碳汇指标和新能源指标等。

3.1.3 双碳智慧园区规划设计应遵循安全高效、生态环保、智慧节能的原则，在理念、方法、技术、应用等方面积极进行低碳、节能、可持续的设计创新。

3.1.4 智慧园区和建筑的电气设计在安全可靠的前提下，宜使用具有绿色、低碳、节能和智慧等特性的新技术、新系统、新设备。使用的新设备、新系统必须符合国家法规和现行有关标准的要求，并经检测或认证合格。

3.1.5 智慧园区中应用的各种节能系统、设备、相关软件之间应相互兼容、开放共享。系统通信应具有标准化通信方式，通信互联应符合国际通用的接口、协议及国家现行有关标准的规定。

3.1.6 智慧园区宜选用获得绿色产品标识（或认证）的或有明确碳足迹标签的设备。

【指南】

3.1.1 2020年9月，习近平主席在第七十五届联合国大会一般性辩论上正式宣布："中国将提高国家自主贡献力度，采取更加有力的政策和措施，二氧化碳排放力争于2030年前达到峰值，努力争取2060年前实现碳中和。"规划、新能源系统、建筑节能系统、建筑新设备、智慧管理平台等设计技术包括1个管理平台4个方面，具体内容如图3.1.1所示。

3.1.2 建筑行业广义上的碳排放量约占全社会总量的40%，其中建筑在运行阶段的碳排放约占全社会总量的22%，可见建筑行业的碳排放工作将是国家碳达峰碳中和的重要组成部分。但因实现碳达峰碳中和的工作是一项集思维理念、科学技术、投入产出、能源结构、生活方式等多方因素综合考虑的工作，所以，在双碳智慧园区制定"双碳目标"时，一定要因地制宜、科学理智、量力而行。建筑碳排放目标、碳排放指标、新能源指标可参考以下相关标准确定：

1. 节能设计的原则、方法、计算等应遵循《公共建筑节能设计标准》（GB 50189）、《公共建筑节能设计标准》（DB 11/T 687）（北京市）等标准中的相关规定。《建筑碳排放计算标准》（GB/T 51366）明确了建筑碳排放计算标准及建筑物排放的定义、计算边界、排放因子以及计算方法。

2. 能耗计算、碳排放计算、节能措施评价等指标应遵循《节能建筑评价标准》（GB/T 50668）、《绿色建筑评价标准》（GB/T 50378）、《建筑节能验收标准》（GB/T 50315）中的相关规定。

3 基本规定——实施指南

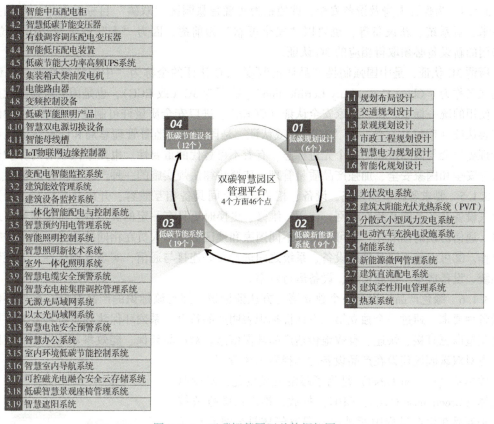

图 3.1.1 双碳智慧园区总体框架图

3. 根据《建筑节能与可再生能源利用通用规范》（GB/T 55015）的规定，新建居住建筑和公共建筑平均设计能耗水平应在 2016 年执行的节能设计标准的基础上分别降低 30% 和 20%。其中严寒和寒冷地区居住建筑平均节能率应为 75%，其他气候区平均节能率应为 65%；公共建筑平均节能率为 72%。新建居住建筑和公共建筑碳排放强度应分别在 2016 年执行的节能设计标准的基础上平均降低 40%，碳排放强度平均降低 $7kgCO_2/(m^2 \cdot a)$ 以上。

3.1.3 双碳智慧园区规划设计应遵循安全高效、生态环保、智慧节能的原则，以确保园区的安全运行、生态平衡和高效管理，具体内容如下：

1. 安全高效：园区应具备完善的安全设施和管理体系，确保园区内人员和设施的安全。同时，应采用高效的管理和运营模式，提高园区的运营效率和管理水平。

2. 生态环保：园区规划应注重保护和恢复生态环境，减少对环境的污染和破坏。通过合理利用资源，减少能源消耗和排放，实现园区的可持续发展。

3. 智慧节能：利用先进的物联网、大数据、人工智能等技术，实现园区的智能化管理和节能减排。通过优化能源结构、提高能源利用效率、减少能源浪费，实现园区的智慧节能。

在理念、方法、技术、应用等方面进行绿色、低碳、节能、可持续的设计创新，意味着设计过程中应注重采用环保、节能、可持续的设计理念和方法，使用先进的技术和应用，以满足园区规划设计的绿色、低碳、节能和可持续发展的要求。这包括但不限于采用低碳的规划设计理念、低碳新能源系统、低碳节能系统和设备等，以提高园区的能源利用效率，减少能源消耗和排放，实现园区的可持续发展。

3.1.4 为保证人身及设备安全，即使是为实现智慧园区"双碳"目标而采用一些相关的新技术、新系统、新设备等，也要以"安全可靠"为前提，因为"人"的生命是第一位的，所采用的新设备必须取得相应的3C认证。

所谓3C认证，是中国强制性产品认证制度。3C认证的全称为"中国强制性产品认证"，其英文名称为"China Compulsory Certification"，缩写为3C（或CCC），也是国家对强制性产品认证使用的统一标志。作为国家安全认证（CCEE）、进口安全质量许可制度（CCIB）、中国电磁兼容认证（EMC）三合一的"3C"权威认证，是国家市场监督管理总局和国家认证认可监督管理委员会与国际接轨的一个先进标志，有着不可替代的重要性。也是中国政府为保护消费者人身安全和国家安全、加强产品质量管理，依照法律法规实施的一种产品合格评定制度。

3.1.5 要求各种节能系统、设备、相关软件之间具备相互兼容、开放共享功能，是为保证电气设备及各节能系统在组网、使用、维修、更换时更具有一定的灵活性、可扩展性。通用接口、通信协议的标准化：①可以促进不同国家和地区的技术人员在相同的技术标准下进行交流合作。②可以使不同品牌的设备、系统之间进行友好连接与通信，实现互操作性。③能够降低系统、设备成本，提高系统、设备运行效率。

3.1.6 绿色产品标识是一个独立第三方认证标识，拥有该标识的产品符合一系列环保法规及各种要求。通过一个独立第三方认证标识表明产品符合一系列环保法规及各种要求，可以帮助制造商更直接、快速、有效地传达产品环保信息。对产品环保、能效参数的标识，有助于建设方对双碳园区建设在产品设备的选择做出决策。

碳标签（Carbon Label）是为了缓解气候变化，减少温室气体（Greenhouse Gases，GHG）排放，推广低碳排放技术，把商品在生产过程中所排放的温室气体排放量在产品标签上用量化的指数标示出来，以标签的形式告知消费者产品的碳信息。如图3.1.2所示，碳标签标识以圆形标志为基础及绿叶组成的图案，代表着保护或无限；并搭配CO_2化学符号，以及在标志中标示产品碳足迹排放量数字。碳标签侧重从源头治理方面推进减污降碳，是推动企业碳减排、绿色供应链的有效工具。它不仅是一种政策、方法或是环境管理工具，更多的是一种鼓励消费者和生产者支持

图3.1.2 碳标签

和保护环境的方式。碳标签制度融合了政策法规与市场约束力，碳标签制度对应产品碳足迹，指导企业经济资源配置、低碳转型发展。

3.2 双碳智慧园区规划设计

3.2.1 双碳智慧园区规划设计应适应园区气候环境特征和场地条件，面向园区全生命期功能需求，采用"替碳、减碳、汇碳"的技术及方法，因地制宜开展规划设计。

3.2.2 园区规划设计宜以智慧化、数字化、网络化技术为支撑，以全生命期智慧管理平台为载体，贯穿园区规划、设计、建造、运维全过程，实现绿色低碳目标。

【指南】

3.2.1 "双碳"是目标，"智慧化"是实现"目标"的手段，双碳智慧园区的规划设计是实现目标的载体，规划设计是实现目标的保障。规划设计应考虑园区的场地条件，如地形、土

壤、水资源、现状植被等，以及气候环境特征，如气温、降雨、风向等，以便更好地适应和利用这些条件，提高园区的可持续发展能力。同时，规划设计还应面向园区的全生命周期功能需求，包括但不限于园区的基础设施建设、生态环境保护、智慧化建设等方面，采用"替碳、减碳、汇碳"的技术及方法，确保园区在长期运营过程中能够实现低碳、智慧、高效的发展。

"替碳、减碳、汇碳"的技术及方法，主要是指采用低碳、零碳技术或设备替代高碳排的能源或设备，以减少碳排放；通过优化能源结构、提高能源利用效率等措施减少碳排放；通过植树造林、节能减排等措施吸收大气中的二氧化碳，减缓气候变化的影响。

3.2.2 智慧化的内容包括新能源系统、节能系统、智慧管理平台等的智能化、数字化、网络化运行与管理。所以园区的规划设计应在因地制宜的基础上充分利用智慧化手段实现园区绿色低碳目标。

数字化是指将物理事物、信息、过程等转化为数字形式的过程。数字化的本质是将现实世界中的事物、信息等，通过数字技术的手段，转化为计算机可以处理的数字形式，从而实现信息的存储、传输和处理。数字化的目的是为了更好地管理和利用信息，提高信息的效率和价值。

网络化是指利用通信技术和计算机技术，把分布在不同地点的计算机及各类电子终端设备互联起来，按照一定的网络协议相互通信，以达到所有用户都可以共享软件、硬件和数据资源的目的。

通过规划和布局基础设施，将数字化、网络化等信息技术应用于园区规划设计、园区管理和运营，注重数据整合与分析、加强安全保障以及促进创新与协同，实现智能化、高效化和可持续发展的一种新型园区模式，实现园区绿色低碳目标。

3.3 双碳智慧园区新能源系统设计

3.3.1 根据项目所在地区的自然资源、生态环境、气候环境、项目特点等因素，合理确定新能源系统的设计、建设、运维方案。

3.3.2 园区建设宜采用分布式光伏发电系统、建筑光热发电系统、风力发电系统、电动汽车充换电设施系统、储能系统等新能源技术，采用新能源技术的园区宜设置微电网管理、建筑直流配电、建筑柔性用电管理等系统。

3.3.3 新能源指标除应符合第4章相关规定，还应满足国家及地方的相关新政策要求。

【指南】

3.3.1 新能源又称非常规能源，是指传统能源之外的各种能源形式。不同的"能源"存在于不同的地理位置、不同的自然环境；不同的"能源"有其特定的使用条件环境；所以双碳智慧园区新能源系统设计应综合各方因素，客观科学地应用新能源系统。

科学应用新能源系统需要综合考虑技术进步、政策支持、市场需求、环境保护、投资趋势以及挑战与机遇等因素，通过技术创新、政策引导、市场需求驱动和环境保护意识的提高，推动新能源系统的广泛应用和发展。

3.3.2 新能源包括太阳能、地热能、风能、海洋能、生物质能、氢能和核聚变能等。因专业所限，《双碳导则》的新能源系统仅涉及与电气相关的系统。

3.3.3 国家标准优先于行业标准，是对保障人身健康和生命财产安全、国家安全、生态环境安全以及满足经济社会管理基本需要的技术要求，必须执行。

1.《建筑节能与可再生能源利用通用规范》（GB 55015）第2.0.4条规定：新建建筑群及建筑的总体规划应为可再生能源利用创造条件。新建建筑应安装太阳能系统。

2."北京市发展和改革委员会等四部门关于印发推进光伏发电高质量发展实施意见的通知"（京发改〔2023〕315号），《关于推进光伏发电高质量发展的实施意见》明确要求：①加强可再生能源发展与规划体系的衔接融合，在具备条件的新建建筑、新建设施，以及城市更新等项目建设中，同步规划、同步设计、同步建设光伏发电系统。②将光伏发电等可再生能源应用要求作为城市规划体系的重要内容，研究推动规划落地实施的政策措施。根据《北京市碳达峰实施方案》要求，新建公共机构建筑、新建园区、新建厂房屋顶光伏覆盖率不低于50%。

3. 上海市"关于印发《关于推进本市新建建筑可再生能源应用的实施意见》的通知"（沪建建材联〔2022〕679号）：为深入贯彻落实党中央、国务院碳达峰、碳中和重大战略决策和本市碳达峰总体要求，有力有序有效做好城乡建设领域碳达峰工作，推进新建建筑可再生能源应用，根据《上海市城乡建设领域碳达峰实施方案》（沪建建材联〔2022〕545号）和《上海市能源电力领域碳达峰实施方案》（沪发改能源〔2022〕164号）等文件要求，结合本市实际，制定本实施意见。①新建公共建筑、居住建筑和工业厂房应按要求使用一种或多种可再生能源。到2025年，建筑用能结构持续优化，城镇新建建筑可再生能源替代率达到10%。到2030年，城镇新建建筑可再生能源替代率达到15%。②新建公共建筑、居住建筑和工业厂房应根据可再生能源建筑应用的资源条件，合理采用太阳能光伏系统、太阳能热水系统、地源热泵系统或空气源热泵系统。③采用太阳能光伏系统的，初始发电效率要求为：采用晶硅组件的应不低于18%，采用薄膜组件的应不低于12%，采用透明幕墙薄膜组件的无初始发电效率要求。采用太阳能热水系统的，太阳能保证率和集热器效率应均不低于50%。采用地源热泵系统的，系统制冷COP应不低于3.5。采用空气源热泵系统的，能效等级应达到一级。④建筑屋顶安装太阳能光伏的面积应根据建筑物屋顶面积核算：太阳能光伏安装面积=建设用地内所有建筑物屋顶总面积×太阳能光伏安装面积比例。如太阳能光伏系统安装在立面，则安装面积应进行折算：太阳能光伏安装面积=安装在立面的太阳能光伏安装面积×0.6。⑤建设用地容积率大于4.0的公共建筑，可再生能源综合利用量不得低于核算量的60%。各类公共建筑、居住建筑的可再生能源综合利用量核算系数按照《民用建筑可再生能源综合利用核算标准》（DG/TJ 08—2329）进行取值。国家机关办公建筑和教育建筑屋顶安装太阳能光伏的面积比例不低于50%，其他类型的公共建筑屋顶安装太阳能光伏的面积比例不低于30%。居住建筑屋顶安装太阳能光伏的面积比例不得低于30%。新建工业厂房应满足光伏安装的要求，屋顶安装太阳能光伏的面积比例不低于50%。

4."广州市人民政府关于印发广州市碳达峰实施方案的通知"（穗府〔2023〕7号），《广州市碳达峰实施方案》明确指出：加大力度推进太阳能开发利用，加快黄埔、花都、从化整区屋顶分布式光伏开发试点建设，积极推动公共机构建筑、工业园区、企业厂房、物流仓储基地等建筑物屋顶建设光伏项目。积极推进光伏建筑一体化建设，到2025年新建公共机构建筑、新建厂房屋顶光伏覆盖率力争达到50%。到2030年，民用建筑能源消费中的电力消耗占比达到85%以上。

5."深圳市发展和改革委员会关于印发《深圳市关于大力推进分布式光伏发电的若干措施》等两个文件的通知"（深发改规〔2022〕13号）中明确要求：①充分利用工业园区、企业厂房、物流仓储基地、公共建筑、交通设施和居民住宅等建筑物屋顶、外立面或其他适宜场地，按照"宜建尽建"原则积极开展光伏项目建设，大力推广建筑光伏一体化（BIPV），力争

"十四五"期间全市新增光伏装机容量150万kW。重点推动工业园区规模化布局光伏项目，引导大型企业集团积极开展光伏项目建设，支持国有企业规模化建设光伏项目。②加强建筑安装光伏发电设施的安全性评价和管理工作，市发展改革委负责制定光伏项目管理操作办法，建立简便高效规范的项目申报流程，明确项目备案、建设、验收、运维等工作要求。

6. 浙江省发展改革委发布的《关于促进浙江省新能源高质量发展的实施意见（征求意见稿）》提出：深挖分布式光伏潜力，开展整县（市、区）推进屋顶分布式光伏规模化开发，推广光伏建筑融合发展，支持党政机关、学校、医院等新建公共建筑安装分布式光伏，鼓励现有公共建筑安装分布式光伏或太阳能热利用设施。深化可再生能源建筑应用，开展建筑屋顶光伏行动。允许分布式光伏电站在原电站容量不增加的基础上，通过改造升级腾退屋顶资源新上项目。力争到2027年全省光伏装机达到4000万kW，公共机构新建建筑屋顶光伏覆盖率达到60%。

3.4 双碳智慧园区建筑电气节能系统设计

3.4.1 双碳智慧园区建筑电气节能系统设计应遵循安全可靠、经济合理、技术先进、维护便捷的原则。

3.4.2 系统设计在产品选型、系统配置、软件应用等方面应考虑智慧化、数字化、集成化及通用性等应用需求。

【指南】

3.4.1 建筑节能系统包括给水排水、空调通风、建筑电气等多个专业领域，《双碳导则》所涉及的节能系统主要为与电气专业相关系统。

3.4.2 任何一个园区、一个建筑使用的节能系统都不会是仅仅一个系统，而是一系列或多个独立节能系统；为方便运维方的日常科学、精准管理，建议系统设计应考虑智慧化、数字化、集成化及通用性等应用需求。

3.5 双碳智慧园区建筑电气新设备应用

3.5.1 建筑电气新设备的选择，应注重其自身的能效等级及可有效控制的能效水平。通过采用高效的节能新型设备，提高园区的用电设备能效水平，降低建设、运营成本，实现低碳节能。

3.5.2 采用的新设备应符合安全、低碳、节能、可持续等方面的产品标准。

3.5.3 新设备的选型应具备网络化、智慧化、标准化、小型化、便捷化等特点。

3.5.4 新设备的通信接口应采用标准协议，并应具备开放性、兼容性要求。

【指南】

3.5.1 《双碳导则》所涉及的建筑电气新设备主要为与电气专业相关节能设备。

为落实《中共中央 国务院关于完整准确全面贯彻新发展理念做好碳达峰碳中和工作的意见》《2030年前碳达峰行动方案》有关工作部署，推动重点用能产品设备能效水平提升和技术装备更新改造，促进有效投资，国家发展改革委、工业和信息化部、财政部、住房和城乡建设部、市场监管总局联合印发了《关于发布〈重点用能产品设备能效先进水平、节能水平和准入水平（2024年版）〉的通知》（发改环资规〔2024〕127号）。

通知中明确：产品设备能效水平划分为先进水平、节能水平、准入水平三档。准入水平为相关产品设备进入市场的最低能效水平门槛，数值与现行强制性能效标准限定值一致。节能水平不低于现行能效 2 级，与能效准入水平相比，更符合节能减排降碳工作要求。先进水平不低于现行能效 1 级，是当前相关产品设备所能达到的先进能效水平。具体的"能效"数值参见《重点用能产品设备能效先进水平、节能水平和准入水平（2024 年版）》附件，如图 3.5.1 所示。

附件

重点用能产品设备能效先进水平、节能水平和准入水平（2024 年版）

序号	产品类别	产品名称	能效指标	单位	分类	先进水平	节能水平	准入水平	参考标准
1	工业设备	三相异步电动机	效率	%	同能效标准分类	能效 1 级	能效 2 级	能效 3 级	电动机能效限定值及能效等级（GB 18613—2020）
2		电力变压器	空载损耗、负载损耗	—	同能效标准分类	能效 1 级	能效 2 级	能效 3 级	电力变压器能效限定值及能效等级（GB 20052—2020）
3		★工业锅炉	热效率	%	同能效标准分类	能效 1 级	能效 2 级	能效 3 级	工业锅炉能效限定值及能效等级（GB 24500—2020）、锅炉节能环保技术规程（TSG 91—2021）
4		★除尘器	比电耗	$10^{-3} kW \cdot h/m^3$	同能效标准分类	能效 1 级	能效 2 级	能效 3 级	除尘器能效限定值及能效等级（GB 37484—2019）

图 3.5.1　文件附件节选

3.5.2　在国家发展改革委、工业和信息化部、财政部、住房和城乡建设部、商务部、人民银行、国资委、市场监管总局、能源局等九部门颁发的《关于统筹节能降碳和回收利用　加快重点领域产品设备更新改造的指导意见》（发改环资〔2023〕178 号）中明确要求：有序实施在用照明设备节能降碳改造。支持产业园区、公共机构、城市道路、大型公建、轨道交通、机场、车站、码头（港口）等结合实际开展照明设备更新改造，推广能效达到节能水平（能效 2 级）及以上的照明设备。推动公共机构、中央企业、国有企业带头使用能效达到先进水平（能效 1 级）的照明设备。到 2025 年，要求使用能效 2 级灯具的比例达到 50%，要求使用能效 1 级灯具的比例达到 20%。

2024 年 4 月 9 日，经国务院同意，住房和城乡建设部印发《推进建筑和市政基础设施设备更新工作实施方案》，其中提出，按照《重点用能产品设备能效先进水平、节能水平和准入水平（2024 年版）》《建筑节能与可再生能源利用通用规范》（GB 55015）等要求，更新改造超出使用寿命、能效低的照明设备等。以《重点用能产品设备能效先进水平、节能水平和准入水平（2024 年版）》和现行能效强制性国家标准为基本依据，推动地方和有关行业企业实施产品设备更新改造，鼓励更新改造后达到能效节能水平（能效 2 级），并力争达到能效先进水平（能效 1 级）。

产品选型应满足《绿色建筑评价标准》（GB/T 50378）第 7.2.7.3 条：照明产品、三相配电变压器、水泵、风机等设备满足国家现行有关标准的节能评价值的要求。

变压器选型应满足国家标准《电力变压器能效限定值及能效等级》（GB 20052）表2的相关规定，干式配电变压器的空载损耗和负载损耗值均应不高于能效等级2级的规定。

响应国家号召，照明光源LED应满足《室内照明用LED产品能效限定值及能效等级》（GB 30255）第4.1.2~4.1.4条表1~表3中能效等级为Ⅰ级的光源。

3.5.3 国务院印发的《"十四五"数字经济发展规划的通知》提出，到2025年，数字经济迈向全面扩展期，数字经济核心产业增加值占GDP比重达到10%，数字化创新引领发展能力大幅提升，智能化水平明显增强，数字技术与实体经济融合取得显著成效，数字经济治理体系更加完善，我国数字经济竞争力和影响力稳步提升。设备的网络化、标准化、模块化、智慧化、小型化、便捷化特点，能够提升园区内用电设备及系统之间配合的灵活性、便捷性、智能性。

网络化是指利用通信技术和计算机技术，把分布在不同地点的计算机及各类电子终端设备互联起来，按照一定的网络协议相互通信，以达到所有用户都可以共享软件、硬件和数据资源的目的。

数字化是指将物理事物、信息、过程等转化为数字形式的过程。数字化的本质是将现实世界中的事物、信息等，通过数字技术的手段，转化为计算机可以处理的数字形式，从而实现信息的存储、传输和处理。数字化的目的是为了更好地管理和利用信息，提高信息的效率和价值。

3.5.4 设备通信采用标准协议，可以促进不同品牌的设备、系统之间进行友好连接与通信，方便用户使用。相关协议包括BACnet、Modbus、MQTT、NearLink等标准通信协议。

1. BACnet为Building Automation and Controlnetworks的简称，是针对智能建筑及控制系统的应用所设计的通信，可用在暖通空调系统（HVAC，包括供暖、通风、空气调节），也可以用在照明控制、门禁系统、火警侦测系统及其相关的设备。优点在于能降低维护系统所需成本并且安装比一般工业通信协议更为简易，而且提供有五种业界常用的标准协议，可防止设备供应商及系统业者的垄断，也因此未来系统扩展性与兼容性大为增加。通信协议中定义了几种不同的数据链接层/物理层，包括ARCNET、以太网、BACnet/IP、RS232上的点对点通信、RS485上的主站-从站/令牌传递（Master-Slave/Token-Passing，简称MS/TP）通信、LonTalk等。

2. Modbus是一种串行通信协议，是Modicon公司（现在的施耐德电气Schneider Electric）于1979年为使用可编程逻辑控制器（PLC）通信而发表，用于在智能设备之间建立客户端-服务器通信。Modbus允许多个（大约240个）设备连接在同一个网络上进行通信，在数据采集与监视控制系统（SCADA）中，Modbus通常用来连接监控计算机和远程终端控制系统（RTU）。Modbus协议目前存在用于串口、以太网以及其他支持互联网协议的网络的版本；大多数Modbus设备通信通过串口EIA-485物理层进行；对于通过TCP/IP（例如以太网）的连接，存在多个Modbus/TCP变种，这种方式不需要校验和计算。

3. MQTT（MQ遥测传输）是ISO标准（ISO/IEC PRF 20922）下基于发布/订阅范式的消息协议，是用于物联网（IoT）的OASIS标准消息传递协议。它非常适合连接具有小代码足迹和最小网络带宽的远程设备，是一个基于客户端-服务器的消息发布/订阅传输协议。MQTT协议是轻量、简单、开放和易于实现的，这些特点使它适用范围非常广泛。在很多情况下，包括受限的环境中，如机器与机器（M2M）通信和物联网（IoT）。其在通过卫星链路通信传感器、偶尔拨号的医疗设备、智能家居及一些小型化设备中已广泛使用。

MQTT 协议是为大量计算能力有限，且工作在低带宽、不可靠的网络的远程传感器和控制设备通信而设计的协议，它具有以下的几项主要特性：

1) 使用发布/订阅消息模式，提供一对多的消息发布，解除应用程序耦合。
2) 对负载内容屏蔽的消息传输。
3) 使用 TCP/IP 提供网络连接。
4) 有三种消息发布服务质量。
5) 小型传输，开销很小（固定长度的头部是 2 字节），协议交换最小化，以降低网络流量。
6) 使用 Last Will 和 Testament 特性通知有关各方客户端异常中断的机制。

4. NearLink（星闪）是中国原生的新一代近距离无线连接技术，是一种基于近场通信原理的无线通信技术。与传统的蓝牙、WiFi 或 4G/5G 通信不同，NearLink 更专注于短距离、高速度、低功耗的通信需求。它的名称"NearLink"意味着"近距离连接"，因此在近距离内，设备可以以高效的方式相互通信。NearLink 的原理基于射频识别技术（RFID）和无线电频谱的有效管理。它使用一种高度优化的通信协议，允许设备在极短的时间内建立连接并传输数据。这一原理使得 NearLink 能够在物联网设备、智能家居、移动支付、健康监测等领域中发挥重要作用。

3.6 双碳智慧园区管理平台要求

3.6.1 园区管理平台的构建，应实现对园区智慧化各子系统的集中监控、联动及管理等功能。

3.6.2 园区管理平台应做到功能规划齐全、架构设计合理并满足系统安全性、兼容性、扩展性等要求，做到统一硬件部署、物联接入、数据汇聚、运维管理和智慧应用。

3.6.3 园区管理平台应根据园区的建设目标、功能类别、运营模式等，确定管理平台的系统架构及配置。

3.6.4 园区管理平台应对园区及建筑内各子系统、设备设施的低碳节能进行监控与管理，实现基于 BIM、GIS 功能的三维可视化的实时动态管理。

【指南】

3.6.2 全面完整的平台功能、合理的平台架构，是管理平台实现集中监控与管理园区各子系统的基本保障，统一部署软硬件，可提升管理平台在应用中的灵活性和便捷性。

3.6.3 只有充分了解了园区的建设目标、功能类别、运营模式等，才能编制出可操作、针对性强的园区管理平台，实现对园区各子系统的集中监控、联动及管理。

3.6.4 BIM（建筑信息模型）是应用于双碳智慧园区设计、建造、管理的数据化工具，包含土建结构模型、机电各专业模型、景观模型、幕墙模型等。BIM 能够将建筑工程项目的各项相关信息数据集成在一个模型中，支持多种维度下对模型和信息加以查看、分享、提取、分析、利用，为项目各阶段及时提供准确的数据。

GIS（地理信息系统）是一种空间信息系统，能够提供更为宏观的地理空间定位信息，包含了园区建设项目的地理位置信息、周边环境信息、周边市政地上和地下管线系统、周围道路信息等空间宏观信息，可通过无人机倾斜摄影技术生成 GIS 模型，能弥补 BIM 缺少空间宏观信息的不足。

BIM 与 GIS 的融合，能够通过互联互补，实现微观信息和宏观信息的交换与融合，在园区景观规划、智慧园区建设、智慧园区管理等领域发挥巨大的作用。为园区的运维人员提供一个基于数字三维模型及监控交互界面，实现虚拟仿真浏览、设备跟踪定位、动静态数据查看、三维可视化管控、告警快速定位等功能。交互界面示意如图 3.6.1 所示。

图 3.6.1 数字三维模型交互界面示意

4 双碳智慧园区的目标和路径——实施指南

4.1 双碳目标

4.1.1 园区规划应以双碳为目标，实现布局空间合理、土地利用集约、交通绿色高效、园区景观高碳汇、能源清洁低碳的目的。

4.1.2 园区设计应以当地新能源利用最大化及能源转换安全高效为目标，实现新能源充分利用、多种能源融合、负荷柔性可控、储能配比合理。

4.1.3 园区建设应以具备数字化底座和智慧化应用为目标，优先选用低碳绿色建筑材料、智能化节能设备，建设分布式新能源等基础设施，设置建筑能效管理系统，采集监测、计量分析、智慧控制、管理服务为一体的智慧园区管理平台。

4.1.4 园区运维以追求实现碳中和为目标，采用数字化高效运维手段，依托智慧园区管理平台，通过替碳、减碳、汇碳等方式，实现可持续低碳运行。

【指南】

4.1.1 绿色发展生活方式低碳：园区规划应以实现碳达峰、碳中和为发展目标，以源头减排、能源替换、节能增效、循环利用、强化固碳为关键路径，在规划上充分采用数绿协同的技术，使园区达到布局空间合理、土地利用集约、交通绿色高效、园区景观高碳汇、能源清洁低碳的目的。零碳数字园区实施框架示例如图4.1.1所示。

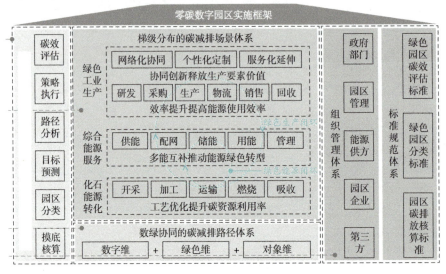

图 4.1.1 零碳数字园区实施框架示例

为适应绿色高质量发展和区域碳中和需要，通过在新建、改建或扩建的各个阶段系统性融入"绿色低碳""碳中和"等发展理念，推动边界范围内产业结构、能源、生态、建筑、交通、建设与管理等多方面零碳发展，并在一定期限内，通过各种技术手段，把园区直接或间接产生的二氧化碳排放总量全部抵消,实现碳元素的"零排放",从而实现零碳数字园区。零碳数字园区并不是不产生碳排放,而是要实现净零排放。

4.1.2 园区设计应以实现本地新能源利用,通过建设光伏、风电、储能、充电桩等设施优化区域内能源结构,以最大化及能源转换安全高效为目标,做到新能源充分利用、多种能源融合、负荷柔性可控、储能配比合理。图 4.1.2 为园区储能、柔性负荷及能源管理系统示例图。

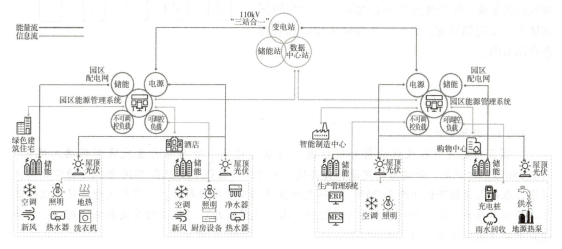

图 4.1.2　园区储能、柔性负荷及能源管理系统示例图

4.1.3 园区建设应以具备数字化底座和智慧化应用为目标,优先选用低碳绿色建筑材料、智能化节能设备,建设分布式新能源等基础设施,设置能效设施管理,能效管理,能源运营,碳管理,综合管理,智能运营中心为一体的智慧园区管理平台,如图 4.1.3 所示。

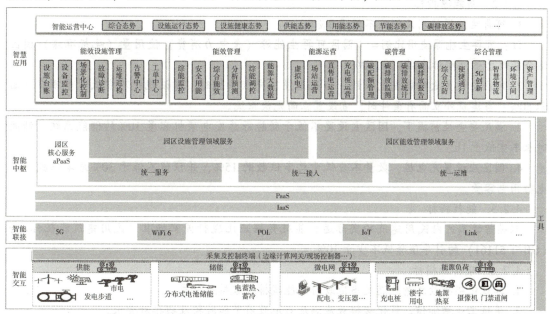

图 4.1.3　一体化智慧园区管理系统示例图

4.1.4 园区运营和维护以追求实现碳中和为目标，采用数字化高效运维手段，构建园区碳中和管理平台，以精准化核算规划碳中和目标设定和实践路径，以泛在化感知全面监测碳元素生成和消减过程，以数字化手段整合节能、减排、替碳、减碳、汇碳等碳中和措施等方式，达到园区内部碳排放与吸收自我平衡，生产生态生活深度融合，实现园区的碳全生命周期管理。图 4.1.4 为园区碳中和管理平台示意图。

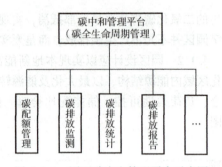

图 4.1.4　园区碳中和管理平台示意图

4.2　双碳指标

4.2.1　政策底线指标

1. 园区内建筑节能设计应符合现行国家标准《建筑节能与可再生能源利用通用规范》（GB 55015）的规定：新建居住建筑和公共建筑平均设计能耗水平应在 2016 年执行的节能设计标准的基础上分别降低 30% 和 20%。不同气候区平均节能率应符合：严寒和寒冷地区居住建筑平均节能率应为 75%；除严寒和寒冷地区外，其他气候区居住建筑平均节能率应为 65%；公共建筑平均节能率应为 72%。

2. 新建居住建筑和公共建筑平均碳排放强度应在 2016 年执行的节能设计标准的基础上平均降低 40%，碳排放强度平均降低 $7.0 kgCO_2/(m^2 \cdot a)$ 以上。其中公共建筑平均碳排放强度下降 $10.5 kgCO_2/(m^2 \cdot a)$，居住建筑平均碳排放强度下降 $6.8 kgCO_2/(m^2 \cdot a)$。

注：数字来源于《建筑节能与可再生能源利用通用规范》（GB 55015）。

4.2.2　新能源指标

1. 可再生能源使用比例应不低于 8%。

注：可再生能源使用比例 = ［园区可再生能源（含电力消费）使用量（吨标准煤）/园区综合能耗总量（吨标准煤）］×100%。

2. 园区应设置太阳能发电系统。当采用屋顶光伏系统时，建设规模不宜低于屋顶有效面积 50%；当建筑外立面有条件时，宜设置立面光伏系统。

3. 满足安全性前提下，园区宜设置不低于新能源总发电装机容量 10% 的储能系统，储能时长不宜低于 1h。

4. 园区应设置充电桩，数量不应低于总车位数的 15%，并预留不低于 30% 总车位数的充电桩用电容量。

4.2.3　能耗指标

双碳智慧园区内民用建筑的实际运行能耗数据应比现行国家标准《民用建筑能耗标准》（GB/T 51161）的引导值降低不少于 10%。

4.2.4　碳排放指标

1. 二氧化碳排放总量应满足当地政府节能减排及碳排放要求。

2. 单位工业增加值二氧化碳排放应满足当地政府节能减排及碳排放要求。

3. 单位建筑面积碳排放量可参考《深圳市近零碳排放区试点建设实施方案》执行。

4.2.5 碳交易指标

双碳智慧园区建设宜具备参与建筑碳金融或碳排放交易的条件。碳交易指标可为单位建筑面积的设计能耗的20%。

【指南】

4.2.1 本条参考了国家标准《建筑节能与可再生能源利用通用规范》（GB 55015）以下条文的规定：

2.0.1 新建居住建筑和公共建筑平均设计能耗水平应在2016年执行的节能设计标准的基础上分别降低30%和20%。不同气候区平均节能率应符合下列规定：

1. 严寒和寒冷地区居住建筑平均节能率应为75%；
2. 除严寒和寒冷地区外，其他气候区居住建筑平均节能率应为65%；
3. 公共建筑平均节能率应为72%。

2.0.3 新建的居住和公共建筑碳排放强度应分别在2016年执行的节能设计标准的基础上平均降低40%，碳排放强度平均降低 $7kgCO_2/(m^2 \cdot a)$ 以上。

4.2.2

1. 本条款依据2021年10月"国务院关于印发2030年前碳达峰行动方案的通知　国发〔2021〕23号"文中的规定：到2025年，城镇建筑可再生能源替代率达到8%。
2. 本条款依据，2021年10月"国务院关于印发2030年前碳达峰行动方案的通知　国发〔2021〕23号"文中的规定：新建公共机构建筑、新建厂房屋顶光伏覆盖率力争达到50%。
3. 表4.2.1列举了我国18省市新能源项目配储情况，供参考。

表 4.2.1　我国18省市新能源项目配储情况

序号	省份		风电项目		光伏项目	
			比例	时长	比例	时长
1	内蒙古		15%	2	15%	2
2	福建				10%	2
3	上海		暂未要求			
4	山东				30%	2
5	甘肃		15%	2	15%	2
6	安徽		27%	2	13%	2
7	青海		15%	2	15%	2
8	江西		10%	2	10%	2
9	江苏	长江以南	8%	2	8%	2
		长江以北	10%	2	10%	2
10	广西		20%	2	10%	2
11	西藏				20%	4
12	广东		10%	1	10%	1
13	云南				10%	
14	湖北				20%	
15	贵州		未明确，但有租用储能提法			

（续）

序号	省份	风电项目		光伏项目	
		比例	时长	比例	时长
16	河南	10%	2	10%	2
17	陕西				
18	河北 冀北	20%	2	20%	2
	冀南	15%	2	15%	2

4. 我国各省市地区对于设置充电桩的指标和数量有相关规定，举例如下：

1）北京市：2017年8月20日，北京市人民政府办公厅印发《关于进一步加强电动汽车充电基础设施建设和管理的实施意见》的通知。实施意见指出，办公类建筑按照不低于配建停车位的25%规划建设；商业类建筑及社会停车场库（含P+R停车场）按照不低于配建停车位的20%规划建设；居住类建筑按照配建停车位的100%规划建设；其他类公共建筑（如医院、学校、文体设施等）按照不低于配建停车位的15%规划建设。

北京市地方标准《电动汽车充电基础设施规划设计标准》（DB 11/T 1455）给出的配建指标类型：居住类（含访客停车位）直接建设18%，预留条件100%；办公类直接建设25%，预留条件至设计比例；商业类直接建设20%，预留条件至设计比例；其他类直接建设15%，预留条件至设计比例；交通枢纽、公共停车场、换乘停车场直接建设20%，预留条件至设计比例；游览场所直接建设20%，预留条件至设计比例。

2）上海市：2023年2月1日，上海市交通委、市发展改革委、市道路运输局、市公安局、市消防救援总队关于印发《上海市公共停车场（库）充电设施建设管理办法》的通知。管理办法规定，新（改、扩）建公共停车场（库）应当按照"一类地区具备充电功能的停车位不少于总停车位15%、二类地区具备充电功能的停车位不少于总停车位12%、三类地区具备充电功能的停车位不少于总停车位10%"的标准配建充电设施。

3）广州市：2015年6月，广州市政府常务会议审议通过了《广州市推进电动汽车充换电设施建设与管理暂行办法》。其中明确，新建住宅小区、社会停车场，按不低于规划停车位数18%的比例建设或预留充电设施（接口）；新建的商务、商场、酒店等商业服务设施，按不低于规划停车位数18%的比例建设或预留充电设施（接口）；已建在建的住宅小区、社会停车场、商务、商场、酒店等商业服务设施，结合实际需求条件建设充电设施；公共机构内部停车场（一般是指单位停车场），按不少于规划停车位数10%的比例规划设置电动汽车停车位、配置充电桩。

4）深圳市：2023年9月，深圳市发展和改革委员会发布的《深圳市新能源汽车充换电设施管理办法》（深发改规〔2023〕10号）文件中规定，鼓励各类既有建筑物配建停车场（库）及社会公共停车场小汽车停车位的充电设施按不低于20%的比例配建，新建各类建筑物配建停车场（库）及社会公共停车场配建充电设施按《深圳市城市规划标准与准则》规定执行，新建充电设施单枪输出功率不宜小于7kW。新建各类建筑物配建停车场（库）及社会公共停车场应按100%充电车位预留电力容量及安装条件，预留安装条件时需将管线和桥架等供电设施建设到车位以满足直接装表接电需要。

5）山东省：2019年12月，山东省发展改革委等十六部门发布的《关于进一步加强和规范我省电动汽车充电基础设施建设运营管理的实施意见》（鲁发改能源〔2019〕1183号）文件中规定：到2022年年底前占车位比例不得低于15%。

6）四川省：2023年3月，四川省发展和改革委员会、四川省能源局发布的《四川省充电基础设施建设运营管理办法》（川发改能源规〔2023〕137号）文件中规定：党政机关、国有企事业单位从2022年起新建停车场设置专属新能源充电停车位原则上不低于20%；2025年，既有停车场设置专属充电停车位原则上不低于20%；城市综合体、大型商场、商务楼宇、超市、宾馆、医院、文体场馆、旅游集散中心等人口集聚区的公共停车场充电基础设施停车位直流桩比例原则上不低于15%；A级旅游景区、度假区、高新技术产业开发区、经济技术开发区、物流园区等公共停车场所直流桩配建率不低于10%。

7）吉林省：2022年11月，吉林省能源局等印发的《吉林省电动汽车充换电基础设施建设运营管理暂行办法（修订版）》（吉能电力联〔2022〕333号）文件中规定：新建大于2万 m^2 的商场、宾馆、医院、办公楼等大型公共建筑配建停车场以及独立用地的公共停车场、驻车换乘（P+R）停车场建设充电设施或预留建设安装条件（包括电力管线预埋和电力容量预留）的车位比例不低于10%。

4.2.3 《民用建筑能耗标准》（GB/T 51161）中的引导值规定如下：

5.2 公共建筑非供暖能耗指标

5.2.1 办公建筑非供暖能耗指标的约束值和引导值应符合表5.2.1的规定。

表5.2.1 办公建筑非供暖能耗指标的约束值和引导值

[单位：$kW \cdot h/(m^2 \cdot a)$]

建筑分类		严寒和寒冷地区		夏热冬冷地区		夏热冬暖地区		温和地区	
		约束值	引导值	约束值	引导值	约束值	引导值	约束值	引导值
A类	党政机关办公建筑	55	45	70	55	65	50	50	40
	商业办公建筑	65	55	85	70	80	65	65	50
B类	党政机关办公建筑	70	50	90	65	60	60	60	45
	商业办公建筑	80	60	110	80	100	75	70	55

注：表中非严寒寒冷地区办公建筑非供暖能耗指标包括冬季供暖的能耗在内。

5.2.2 旅馆建筑非供暖能耗指标的约束值和引导值应符合表5.2.2的规定。

表5.2.2 旅馆建筑非供暖能耗指标的约束值和引导值

[单位：$kW \cdot h/(m^2 \cdot a)$]

建筑分类		严寒和寒冷地区		夏热冬冷地区		夏热冬暖地区		温和地区	
		约束值	引导值	约束值	引导值	约束值	引导值	约束值	引导值
A类	三星级及以下	70	50	110	90	100	80	55	45
	四星级	85	65	135	115	120	100	65	55
	五星级	100	80	160	135	130	110	80	60

(续)

建筑分类		严寒和寒冷地区		夏热冬冷地区		夏热冬暖地区		温和地区	
		约束值	引导值	约束值	引导值	约束值	引导值	约束值	引导值
B类	三星级及以下	100	70	160	120	150	110	60	50
	四星级	120	85	200	150	190	140	75	60
	五星级	150	110	240	180	220	160	95	75

注：表中非严寒寒冷地区旅馆建筑非供暖能耗指标包括冬季供暖的能耗在内。

5.2.3 商场建筑非供暖能耗指标的约束值和引导值应符合表5.2.3的规定。

表5.2.3 商场建筑非供暖能耗指标的约束值和引导值

[单位：$kW \cdot h/(m^2 \cdot a)$]

建筑分类		严寒和寒冷地区		夏热冬冷地区		夏热冬暖地区		温和地区	
		约束值	引导值	约束值	引导值	约束值	引导值	约束值	引导值
A类	一般百货店	80	60	130	110	120	100	80	65
	一般购物中心	80	60	130	110	120	100	80	65
	一般超市	110	90	150	120	135	105	85	70
	餐饮店	60	45	90	70	85	65	55	40
	一般商铺	55	40	90	70	85	65	55	40
B类	大型百货店	140	100	200	170	245	190	90	70
	大型购物中心	175	135	260	210	300	245	90	70
	大型超市	170	120	225	180	290	240	100	80

注：表中非严寒寒冷地区商场建筑非供暖能耗指标包括冬季供暖的能耗在内。

5.2.4 公共建筑中机动车停车库非供暖能耗指标的约束值和引导值应符合表5.2.4的规定。

表5.2.4 机动车停车库非供暖能耗指标的约束值和引导值

[单位：$kW \cdot h/(m^2 \cdot a)$]

功能分类	约束值	引导值
办公建筑	9	6
旅馆建筑	15	11
商场建筑	12	8

5.2.5 同一建筑中包括办公、旅馆、商场、停车库等的综合性公共建筑，其能耗指标约束值和引导值，应按本标准表5.2.1至表5.2.4所规定的各功能类型建筑能耗指标的约束值和引导值与对应功能建筑面积比例进行加权平均计算确定。

4.2.4 深圳市：2021年11月，深圳市生态环境局发布的《深圳市近零碳排放区试点建设指引（试行）》文件中，表6给出"近零碳排放建筑试点项目单位建筑面积碳排放量"，见表4.2.2。

表 4.2.2　近零碳排放建筑试点项目单位建筑面积碳排放量

[单位：kgCO$_2$/(m^2·a)]

建筑类别		低碳建筑单位建筑面积碳排放量
办公建筑 A 类	党政机关办公建筑	18
	商业办公建筑	23
办公建筑 B 类	党政机关办公建筑	22
	商业办公建筑	27
酒店建筑 A 类	三星级及以下	29
	四星级	36
	五星级	40
酒店建筑 B 类	三星级及以下	40
	四星级	51
	五星级	58
商场建筑 A 类	一般百货店	36
	一般购物中心	36
	一般超市	38
	餐饮店	23
	一般商铺	23
商场建筑 B 类	大型百货店	69
	大型购物中心	88
	大型超市	87
医院建筑	三级医院	32
	其他医院	27
大型场馆		54
居住建筑		13

4.2.5　碳交易是温室气体排放权交易的统称，在《京都议定书》要求减排的六种温室气体中，二氧化碳为最大宗，因此，温室气体排放权交易以每吨二氧化碳当量为计算单位。在排放总量控制的前提下，包括二氧化碳在内的温室气体排放权成为一种稀缺资源，从而具备了商品属性。

碳交易指标通常包括碳排放配额的总量和分配方案，以及碳排放权交易市场的运行规则。在碳排放权交易市场中，企业需要按照规定的配额进行碳排放，如果实际排放量超过配额，就需要从其他企业购买配额来补充，否则会面临罚款等惩罚。相反，如果实际排放量低于配额，则可以将多余的配额出售给其他企业。

4.3　技术路径

4.3.1　电气化

1. 能源利用应以电能为核心，提高电气化率，减少化石能源比例。

2. 应提高能源综合利用效率，实现源网荷储协同，提高绿电利用占比及能源循环利用效率。

3. 宜采用风力、光伏发电等技术，提高可再生能源利用率，优化园区能源结构。

4.3.2 数字化

1. 应建立园区全生命期的建筑信息模型，对园区运维提供管理支持。

2. 通过对园区能源及环境数据采集、传输、存储，建立园区数字化能源、碳管理系统，掌握园区各类能源使用及碳排放情况。实现可计量、可追溯的温室气体排放统计数据，为碳交易提供支持。

4.3.3 智慧化

应利用物联网、大数据、云计算、人工智能和数字孪生等技术，分析控制园区整体用能和供能，实现对源、网、荷、储各环节之间的协调耦合，优化园区用能。

【指南】

4.3.1 2022年3月22日，国家发展改革委、国家能源局印发的《"十四五"现代能源体系规划》中指出，"到2025年，非化石能源发电量比重达到39%左右"；电能占终端用能比重目标："电气化水平持续提升，电能占终端用能比重达到30%左右"。确定了能源转型的路径：一方面，要大力发展非化石能源发电，另一方面，要积极推动电能替代、努力提升电气化水平。

4.3.2 建筑信息模型（BIM）是指在建设工程及设施全生命周期内，对其物理和功能特性进行数字化表达，并依此设计、施工、运营的过程和结果的总称。

4.3.3 物联网是指通过信息传感设备，按约定的协议，将任何物体与网络相连接，物体通过信息传播媒介进行信息交换和通信，以实现智能化识别、定位、跟踪、监管等功能。

大数据（big data），指的是所涉及的资料量规模巨大到无法透过主流软件工具，在合理时间内达到撷取、管理、处理并整理成为帮助企业经营决策更积极目的的资信。

云计算（cloud computing）是分布式计算的一种，指的是通过网络"云"将巨大的数据计算处理程序分解成无数个小程序，然后，通过多部服务器组成的系统进行处理和分析这些小程序得到结果并返回给用户。云计算早期，简单地说，就是简单的分布式计算，解决任务分发并进行计算结果的合并。因而，云计算又称为网格计算。通过这项技术，可以在很短的时间内（几秒）完成对数以万计的数据的处理，从而达到强大的网络服务。

数字孪生是充分利用物理模型、传感器更新、运行历史等数据，集成多学科、多物理量、多尺度、多概率的仿真过程，在虚拟空间中完成映射，从而反映相对应的实体装备的全生命周期过程。数字孪生是一种超越现实的概念，可以被视为一个或多个重要的、彼此依赖的装备系统的数字映射系统。

4.4 实施模式

4.4.1 园区建设模式可包括自筹资金及投融资等方式。投融资可采用合同能源管理（EPC）、建设—经营—移交（BOT）、政府和社会资本合作（PPP）、不动产投资信托基金（REITs）等模式。

4.4.2 园区运营可采用下列模式：

1. 混合运营模式：集成了基础设施建设、使用权的长期租赁和孵化体系的设置，并包括自主运营的服务型企业，形成闭环的售前、售中、售后服务体系。

2. 连锁加盟模式：以园区作为基础设施资源总部，与指定企业在其他地区建立连锁加盟的方式进行园区运营。

3. 产业投资模式：以园区的公共服务设施为依托，利用优质的基础设施和上下游产业链整合，投资发展特色产业及相关技术创新。

4. 集群招商模式：以园区作为全球高端产业聚集地，吸引全球企业到园区投资兴业。

4.4.3 园区建设可采用下列创新技术：

1. 负碳技术：碳捕集、利用与封存（CCUS）、生物能源与碳捕集和封存（BECCS）、直接空气碳捕集（DAC）等负碳技术。

2. 综合能源技术：电冷热气储综合能源网络、电动汽车充电网络、集中与分布式储能网络、低谷电蓄能等综合能源技术。

3. 数字孪生技术：利用数字技术，实现现实与虚拟空间的双向映射，从而反映园区的全生命期过程。

4. 预装式技术：利用装配式、模块化、成品化预装式电气设备技术。

5. 智能巡检技术：将智能巡检应用于双碳智慧园区，实现运维智能化。

4.4.4 碳汇及碳交易：

1. 园区可通过绿化及生物吸碳等方式，实现碳汇。汇碳包括碳交易和固碳。

2. 园区可通过碳交易市场，实现碳指标交易。

4.4.5 双碳激励政策：

应倡导园区双碳设计理念，宜满足国家及地方出台的各类政策和奖励措施。

【指南】

4.4.1 本条款中涉及各种投融资模式的解释如下：

合同能源管理（EPC）：Energy management contracting。该模式允许客户使用未来的节能收益为项目和设备升级，以降低目前的运行成本。能源管理合同在实施节能项目的企业（用户）与专门的节能服务公司（EMC公司）之间签订。节能服务公司又称能源管理公司，是一种基于合同能源管理机制运作、以盈利为目的的专业化公司。在合同期节能服务公司与客户企业分享节能效益，并由此得到应回收的投资和合理的利润。

建设—经营—移交（BOT）：Build-Operate-Transfer，在我国又被称作特许权投融资方式。一般由东道国政府或地方政府通过特许权协议，将项目授予项目发起人为此专设的项目公司（Project company），由项目公司负责基础设施（或基础产业）项目的投融资、建造、经营和维护；在规定的特许期内，项目公司拥有投资建造设施的所有权（但不是完整意义上的所有权），允许向设施的使用者收取适当的费用，并以此回收项目投融资、建造、经营和维护的成本费用，偿还贷款；特许期满后，项目公司将设施无偿移交给东道国政府。

政府和社会资本合作（PPP）：Public-Private Partnership，是指在公共服务领域，政府采取竞争性方式选择具有投资、运营管理能力的社会资本，双方按照平等协商原则订立合同，由社会资本提供公共服务，政府依据公共服务绩效评价结果向社会资本支付对价。PPP是以市场竞争的方式提供服务，主要集中在纯公共领域、准公共领域。PPP不仅是一种融资手段，还是一次体制机制变革，涉及行政体制改革、财政体制改革、投融资体制改革。

不动产投资信托基金（REITs）：Real Estate Investment Trust，是一种以发行收益凭证的方式汇集特定多数投资者的资金，由专门投资机构进行房地产投资经营管理，并将投资综合收益按比例分配给投资者的一种信托基金。

4.4.2 园区运营模式类型的划分可有多种不同的维度，除了《双碳导则》中给出的类型外，也可按照以下类型来划分：

1. 政府运营模式。园区由政府投资开发，提供行政和税务代理服务，收取服务费用。这种模式适用于规模小、管理简单的园区。

2. 投资运营模式。通过政府或私人投资建设园区，利用房租、固定资产等合作资产孵化有潜力的中小企业，待企业成长后引入外部战略投资者或助其上市，实现资产增值。

3. 服务运营模式。园区为入驻企业提供人才招聘、派遣和信息提供等软服务，强化与企业的合作，增加收入渠道。

4. 土地盈利模式。通过控制大面积土地，进行初步开发后提升土地价值，再进行地产开发或转让，实现盈利。

5. 产业运营模式。重要的开发区或产业园区通过招商引资，投资有潜力的企业或项目，强化区域产业链。

6. PPP（公私合作）开发模式。结合政府和私人部门的力量进行园区开发和管理。

7. 产业新城开发商模式。通过土地一级开发获利，如土地出让收入、税收收入和非税收入等。

8. 地产开发商模式。开发者获取土地后，建设产业物业产品，通过租赁、转让或合资等方式经营和管理。

9. 双轮驱动的产业投资商模式。通过募集资金投资于产业园区和有市场前景的企业，实现资本溢价和园区资产增值。

4.4.3

1. 负碳技术：通常是指捕集、储存和利用二氧化碳的技术。

实现碳中和目标，需要应用负排放技术从大气中移除二氧化碳并将其储存起来，以抵消那些难减排的碳排放。碳移除可分为两类：一是基于自然的方法，即利用生物过程增加碳移除，并在森林、土壤或湿地中储存起来；二是通过技术手段，即直接从空气中移除碳或抑制天然的碳移除过程以加速碳储存。

负碳技术主要包括加强二氧化碳地质利用；二氧化碳高效转化燃料化学品；直接空气二氧化碳捕集；生物炭土壤改良；森林、草原、湿地、海洋、土壤、冻土等生态系统碳汇的固碳等。

碳捕集、利用与封存（CCUS）：Carbon Capture，Utilization and Storage，是将二氧化碳从排放源中分离后直接加以利用或封存，以实现二氧化碳减排的技术过程。作为一种非电零碳（负碳）技术，CCUS是我国实现碳中和目标的重要技术手段。

生物能源与碳捕集和封存（BECCS）：Bio-Energy with Carbon Capture and Storage，是一种温室气体减排技术。结合碳捕获和储存（CCS）和生物量的使用，它能够创造负碳排放。根据政府间气候变化专业委员会第四次评估报告指出，生物能源与碳捕集和封存（BECCS）是一个实现低大气中二氧化碳浓度目标的一个关键技术。英国皇家学会也已经估计这个技术将能减少50~150百万分率的二氧化碳浓度。生物能源与碳捕集和封存的概念是把碳收集及储存（CCS）这个技术安装在生物加工行业或生物燃料的发电厂。它是一种生物能源与碳储存（BECS）的技术，其中也包括了炭和生物埋葬这两个技术。

直接空气碳捕集（DAC）：Direct Air Capture，是一种新型的碳捕集技术，可以直接从大气中捕集二氧化碳，从而减少温室气体的排放。其原理是利用化学吸附剂吸附大气中的二氧化碳，然后通过加热或压缩等方式将其释放出来。

2. 为实现对风能、太阳能等新能源的高效利用，构建清洁低碳的能源体系，新型综合能源技术已成为迫切需要。综合能源系统是实现产业园区内"多能互补，源网荷储协同发展"的重要手段。

综合能源是多能源网与互联网深度融合的产物。对园区内楼宇建筑开展能源需求分析和综合能源技术应用设计，通过天然气发电，光伏和储能的互补利用，以提高楼宇的能源综合利用效率。

3. 数字孪生是利用物理模型、传感器更新、运行历史等数据，集成多学科、多物理量、多尺度、多概率的仿真过程，在虚拟空间中完成映射，从而反映相对应的实体装备的全生命周期过程。数字孪生是一种超越现实的概念，可以被视为一个或多个重要的、彼此依赖的装备系统的数字映射系统。

4. 预装式技术通常是指预制装配式建筑施工技术，是一种建筑施工模式，它将建筑物的构件在工厂中预先制作好，然后运输到施工现场进行组装。这种施工技术不仅可以提高建筑物的质量，还可以缩短施工周期，降低施工成本，减少对环境的影响。

5. 智能巡检系统有以下优势：提升效率，减少疏漏；可追溯性和报告生成；数据分析和决策支持；低成本高效率。

4.4.4 碳汇主要是指森林吸收并储存二氧化碳的多少，或者说是森林吸收并储存二氧化碳的能力。碳汇（Carbon Sink）是指通过植树造林、植被恢复等措施，吸收大气中的二氧化碳，从而减少温室气体在大气中浓度的过程、活动或机制。与之相对应的一个概念是"碳源"，即向大气中释放二氧化碳的过程、活动或机制。减少碳源一般通过二氧化碳减排来实现，增加碳汇则主要采用固碳技术。

根据吸收二氧化碳的载体不同，碳汇主要分为森林碳汇、草地碳汇、耕地碳汇、海洋碳汇和人工碳汇五种类型。其中，森林碳汇是指森林植物通过光合作用将大气中的二氧化碳吸收并固定在植被与土壤当中，从而减少大气中二氧化碳浓度的过程；海洋碳汇是指将海洋作为一个特定载体吸收大气中的二氧化碳，并将其固化的过程和机制等。

4.4.5 全国各省市地区近年出台的相关双碳激励政策举例：

1. 北京市：2022年8月，北京市经济和信息化局、财政局发布的《2022年北京市高精尖产业发展资金实施指南》文件中，对2021年1月1日至申报截止日期间竣工的，建设期不超过3年，固定资产投资不低于200万元的，在污染治理、污水资源化利用、高效节能设备利用、低碳发展、工业互联网+绿色制造等领域开展专项提升，或在清洁生产、节能节水、碳减排等方向实现绩效提升的项目，按不超过纳入奖励范围总投资的25%给予奖励；实施主体达到国家级绿色工厂、国家级绿色供应链管理企业（含下属企业）标准、空气重污染应急减排绩效评价B级以上（含绩效引领），或项目实施后单位产品能耗或水耗达到国家、行业或地方标准先进值的，按不超过纳入奖励范围总投资的30%给予奖励，单个企业年度奖励金额最高不超过3000万元。

2. 深圳市：2022年9月，深圳市科技创新委员会发布的《2022年度可持续发展科技专项（"双碳"专项）项目申请指南》的文件中，推出双碳申请项目补贴，单项最高达600万元。

技术攻关、应用示范单个项目资助强度最高不超过600万元，基础前沿类单个项目资助强度最高不超过 300 万元，软科学类单个项目资助强度最高不超过 100 万元。

3. 天津市：2023 年 1 月，天津市发展改革委、市财政局关于组织申报 2023 年天津市节能降碳专项资金补助备选项目的通知，下发 2023 年申报节能降碳专项资金补助通知，最高补贴达 400 万元。

1）节能技术改造项目：项目投资额不少于 200 万元，年节能量不少于 1000t 标准煤，根据项目年节能量，给予用能单位 400 元/t 标准煤的资金补助，补助资金不超过 400 万元且不超过项目总投资的 30%。

2）高效设备推广项目：项目投资额不少于 100 万元。高效电动机推广项目总功率不少于 1000kW，按 100 元/kW 给予补助；高效空气压缩机、通风机推广项目总功率不少于 500kW，按 1000 元/kW 给予补助；高效 LED 灯推广项目总功率不少于 100kW，按 3000 元/kW 给予补助。补助资金不超过 100 万元且不超过项目投资额的 30%。

3）降碳技术示范项目：低碳/零碳冶炼、全流程规模化碳捕集利用和封存（CCUS）等先进适用技术示范项目。项目投资额不少于 2000 万元，按投资额的 10% 给予补助，补助资金不超过 400 万元。

4. 杭州市：碳达峰科创领域最高奖励 500 万元。

2021 年 9 月 28 日，杭州市委技局印发《杭州市科创领域碳达峰行动方案》，围绕能源、工业、建筑、交通、农业、居民生活六大领域，聚焦绿色低碳、减污降碳和碳负排放技术研究方向，支持西湖大学牵头建设能源与碳中和省实验室，鼓励企事业单位建设科技创新服务平台，符合条件的，按《杭州市科技创新券实施管理办法》（杭科合〔2018〕8 号）给予支持，对平台建设期内的设备投入，给予 30% 的补助，最高不超过 500 万元。

5. 江苏省：实施与减污降碳成效挂钩财政政策。

2022 年 2 月，江苏省人民政府发布《关于实施与减污降碳成效挂钩财政政策的通知》。

对空气质量优良天数比率、PM2.5 年均浓度、地表水省考以上断面优良比例（达到或优于Ⅲ类比例）、城市集中式饮用水水源地达到或优于Ⅲ类比例、单位地区生产总值二氧化碳排放下降率五项指标达到目标任务的市、县（市），各按收取该市、县（市）统筹资金总额的 10%进行返还；对单位地区生产总值二氧化碳排放下降率达到年度目标任务且有进一步改善的市、县（市）进行奖励。下降率每比目标任务改善 0.1 个百分点的按收取该市、县（市）统筹资金总额的 1%进行奖励，奖励上限为 10%。

6. 黑龙江省：2023 年 3 月，黑龙江省工业和信息化厅、黑龙江省财政厅发布的《关于组织申报 2023 年工业企业节能降碳绿色化改造奖励资金的通知》文件中：

对符合节能改造条件的企业给予 100 万元奖励。对上一年度被评为国家级绿色工厂或绿色供应链管理企业给予一次性 100 万元奖励。同一年度同一企业只允许申报一项本细则所指的奖励资金，已获得国家、省级财政资金支持的节能改造企业不得重复申报。

7. 云南省：2022 年 1 月，云南省政府发布《关于印发 2022 年稳增长若干政策措施的通知》文件，对列入园区循环化改造清单的项目，优先争取中央预算内资金支持。选取 5 个园区开展清洁生产改造先进技术应用示范，每个示范点给予 200 万元奖励。对成功创建为国家绿色低碳示范园区、循环化改造示范园区、绿色低碳工业园区、生态工业示范园区的，给予一次性 500 万元奖励。

5 双碳智慧园区的规划设计——实施指南

5.1 一般规定

5.1.1 双碳智慧园区的规划设计应遵循适应环境和因地制宜的原则，采用主动式、被动式结合的设计手法及智慧化技术手段，将"双碳"目标融入规划设计中。

园区规划设计应符合下列原则：

1. 遵从城市规划和国家低碳产业政策的要求，注重产城融合和土地综合效益提升。
2. 充分利用低碳资源，优化园区规划布局，推进可再生能源利用，改善能源结构。
3. 推行绿色建造技术，推行低碳绿色节能建筑，选用绿色建材，降低园区总能耗；推动建筑电气化、数字化、智慧化，提升建筑节能。
4. 采用高碳汇设计，复合空间利用；提供多层次绿化空间，增加园区碳汇。
5. 推行智慧化运维管理，实现建筑、交通、绿化及设施的高效管理，降低运维能耗，提高园区运维效率。
6. 倡导低碳绿色理念，提升使用者低碳意识，倡导绿色行动、废弃物减量及资源化利用，引导无废园区建设。

5.1.2 园区规划设计包括规划布局、交通规划、景观规划、市政工程规划、智慧电力及智能化规划设计等内容。

5.1.3 园区规划设计中应统一工作目标，协同规划、景观、建筑、室内、结构、给水排水、暖通、动力（燃气及热力）、电气与智能化、经济等各个专业，共同完成规划设计任务。双碳智慧园区规划设计工作框图如图 5.1.1 所示。

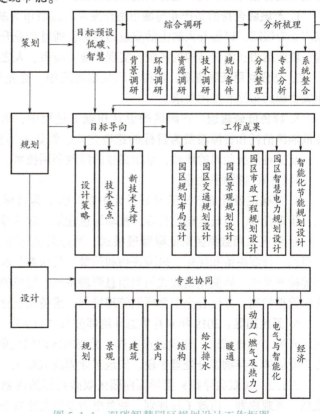

图 5.1.1 双碳智慧园区规划设计工作框图

【指南】

5.1.1 在建设双碳智慧园区的背景下，从宏观的政策背景、具体的设计目标、核心的技术方向以及基本的设计理念及思路出发，制定设计原则，作为双碳智慧园区规划设计的控制性及引导性原则。在全生命期内，节约资源、保护环境、减少污染、为人们提供健康、适用、高效的使用空间，最大限度地实现人与自然和谐共生的高质量园区。

2023年国家发展改革委发布《国家碳达峰试点建设方案》指出：为落实国务院《2030年前碳达峰行动方案》（国发〔2021〕23号）有关部署，在全国范围内选择100个具有典型代表性的城市和园区开展碳达峰试点建设，探索不同资源禀赋和发展基础的城市及园区碳达峰路径，为全国提供可操作、可复制、可推广的经验做法。

主动式建筑设计手法是指为提高室内舒适度，实现室内外环境性能，而采用的消耗能源的机械措施。如高功效空调、热水器、智能感应照明、太阳能热水、太阳能发电等。通过低能耗、高效率的机械来减少能源的损耗，从而达到节约能源的效果。不同气候区域项目选取的主动式节能技术有较明显的不同，其中最主要的区别在于采取的冷热源方式的不同。

被动式建筑设计手法是指通过优化规划和建筑设计，直接利用阳光、风力、气温、湿度、地形、植物等现场自然条件，来降低建筑的供暖、空调和照明等负荷，提高室内外环境性能，而采用的非机械、不耗能或少耗能的措施。通过建筑设计的本身，利用自然效果，达到减少用于建筑的能源消耗。设计的方法有建筑朝向、建筑保温、建筑体形、建筑遮阳、最佳窗墙比、自然通风等。即通过建筑物本身来收集、储蓄能量（而非利用耗能的机械设备），使得与周围环境形成自循环的系统，充分利用自然资源，达到节约能源的作用。

1. **产城融合**指的是产业与城市融合发展，以城市为基础，承载产业空间和发展产业经济，以产业为保障，以提升人的生活质量为目标，通过产业升级换代和城市服务配套，达到产业结构、就业结构、消费结构的匹配，实现产业、城市、人之间的互融发展。

2. **充分利用低碳资源**，是指园区规划布局中，优先考虑"替碳、减碳、汇碳"各种双碳相关资源的布局和使用要求。

3. **绿色低碳建造**：在园区的设计和施工过程中，采用低碳技术和方法，以减少碳排放、降低能源消耗和资源浪费为目标的建造方式。例如采用新能源技术如太阳能利用、风能利用等，减少对传统能源的依赖，采用高效的能源利用技术，选用绿色建材，推行绿色、低能耗建筑，降低园区能源消耗等。

4. **高碳汇设计**是指园区规划设计中以高碳汇为目标，优化规划功能、建筑布局、交通组织、景观设计、市政基础设施等，推动绿色建筑，践行绿色建造，提升园区碳汇能力。

5. **园区采用数据驱动低碳管理模式**，通过对园区生态环境的数据收集和分析、目标设定和跟踪、智能决策和优化、风险评估和预警、公众参与和监督，通过利用植物检测系统、生态海绵检测系统、智能化集成式照明信息管理系统、智慧喷灌控制系统等，实现对园区各功能区实时数据检测，并结合全生命周期管理机制，维持精益化管控的实效性。

6. **无废园区**：2019年4月生态环境部公布"11+5"试点城市和地区以来，各试点城市和地区开展"无废城市"建设试点工作。无废园区以绿色低碳为原则，通过工艺改造、技术升级等工业固体废弃物综合处理手段，实现工业固废减量化、资源化。

5.1.2 《双碳导则》指导面向园区双碳目标的规划设计，主要包括园区规划布局、交通规划、景观规划、市政工程规划、智慧电力及智能化规划设计等项工作。

5.1.3 双碳园区规划设计覆盖策划、规划、设计诸多内容，参与专业众多，必须统一目标、协同设计。策划阶段预设目标，通过综合调研、分析梳理，确定园区双碳目标；规划阶段以目标为导向，完成规划布局、交通规划、景观规划、市政工程规划、智慧电力规划、智能化节能规划等工作；设计阶段由规划、景观、建筑、室内、结构、给水排水、暖通、动力、电气与智能化、经济等各专业协同完成。

5.2 园区规划布局设计

5.2.1 园区规划布局应遵从国家低碳产业政策合理选址、布局各类功能区。包括环境分析评估、建筑空间、道路交通、绿地系统及配套设施布局等工作内容。

5.2.2 园区规划布局应调研分析园区场地环境和资源、分析评估环境容量和生态保护要求，结合园区功能需求和经济分析，合理确定园区建设规模和规划布局形式。

5.2.3 园区规划布局应统筹园区各功能区的规模与布局，保留利用园区现有建筑及生态资源，集约布置，节约土地资源；宜立体开发地上地下空间，实现土地高效利用。

5.2.4 园区规划设计宜推行绿色建筑、近零碳建筑及装配式建筑等低碳建筑类型；优选绿色、本土建材；布置可再生能源、清洁能源相关设施，提高低碳资源利用率。

5.2.5 园区绿化布局应衔接城市绿化空间，综合有效布置绿地；宜多种植高固碳植物；复合利用各类空间，增加立体绿化，提高汇碳总量。

5.2.6 园区规划布局中应科学布局防灾避险用地，满足防火及消防要求，保证园区安全韧性；宜预留发展用地、规划多功能用地，制定分期建设计划，以满足园区弹性发展需求。

5.2.7 园区规划应采用数字化设计，宜建立园区环境要素模型，运用数字模拟技术，指导优化布局；构建三维BIM及"数字孪生"模型，指导园区全生命期的建设和运维。

【指南】

5.2.1 园区规划设计要研究分析国家发布的各种最新低碳产业政策，以此作为规划设计的前置条件。以下列出部分国家及城市已发布的相关政策：

中国国家发展改革委、国家能源局于2022年2月10日发布的《关于完善能源绿色低碳转型体制机制和政策措施的意见》（发改能源〔2022〕206号）中提出的一些低碳产业政策：①完善引导绿色能源消费的制度和政策体系。②建立绿色低碳为导向的能源开发利用新机制。③完善新型电力系统建设和运行机制。④深化能源领域体制机制改革。

《深圳市促进绿色低碳产业高质量发展的若干措施》：该政策明确重点支持清洁能源、节能环保、新能源汽车、生态环境、基础设施绿色升级和绿色低碳服务等六大领域，并从提升技术创新能力、新模式新业态创新发展、技术产品应用推广、数字赋能绿色转型、提升产业竞争力、打造特色园区社区、保障措施等方面提出31条具体措施。

《绿色低碳先进技术示范工程实施方案》：该方案提出将布局一批技术水平领先、减排效果突出、减污降碳协同、示范效应明显的项目，并明确了绿色低碳先进技术示范工程重点方向、保障措施、组织实施方式等。2023年首批示范项目申报工作同步启动。

《推进绿色低碳产业高质量发展的若干政策措施试行内容》：该政策重点支持光伏、风电、氢能、储能、智能电网、智慧能源等新能源领域，高效节能装备制造、先进环保装备制造、节能降碳改造、温室气体控制、污染治理等节能环保领域，资源循环利用装备制造、废弃物资源综合利用、园区循环化改造等资源循环利用领域，建筑节能、绿色建筑、绿色交通、绿色数据中心等基础设施绿色升级领域，低碳项目咨询、运营管理、监测检测、评估核查、产品认证与推广、环境权益交易等绿色服务领域。

5.2.2 园区规划布局首先需要分析场地环境和资源、评估环境容量和生态保护要求，分析园区功能需求和经济投资，从而确定园区建设规模规划布局方式。采用集约高效布局、低碳建筑及资源利用、提升园区碳汇、韧性布局弹性发展、数字化设计的规划策略，形成环境分析评估、建筑空间布局、道路交通布局、绿地系统布局、配套设施布局五部分规划布局成果。园区规划布局工作框图如图5.2.1所示。

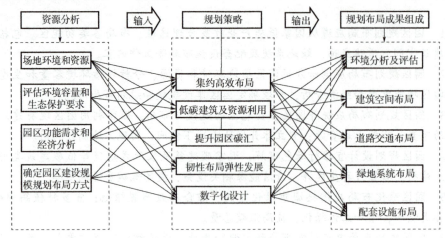

图 5.2.1　园区规划布局工作框图

环境分析及评估是指园区规划建设可能对环境产生的物理性、化学性或生物性的作用及其造成的环境变化和对人类健康与福利的可能影响，进行系统的分析和评估，并提出减少这些影响的对策措施。

环境容量是指在确保园区规划建设、正常运营发展不受危害、自然生态平衡不受破坏的前提下，当地自然环境所能容纳污染物的最大负荷值。

5.2.3　规划布局中要集约布置，合理利用有限的资源，实现空间的最大化利用。《关于加快建立健全绿色低碳循环发展经济体系的指导意见》文件指出"将生态环保理念贯穿交通基础设施规划、建设、运营和维护全过程，集约利用土地等资源，合理避让具有重要生态功能的国土空间"。

5.2.4　规划布局中的建筑宜以低碳绿色为主，其中有多种不同形式与概念：

绿色建筑是指在全生命期内，节约资源、保护环境、减少污染，为人们提供健康、适用、高效的使用空间，最大限度地实现人与自然和谐共生的高质量建筑。

——本条引自《绿色建筑评价标准》（GB/T 50378）

近零能耗建筑：

适应气候特征和场地条件，通过被动式建筑设计最大幅度降低建筑供暖、空调、照明需求，通过主动技术措施最大幅度提高能源设备与系统效率，充分利用可再生能源，以最少的能源消耗提供舒适室内环境，且其室内环境参数和能效指标符合本标准规定的建筑，其建筑能耗水平应较国家标准《公共建筑节能设计标准》（GB 50189）和行业标准《严寒和寒冷地区居住建筑节能设计标准》（JGJ 26）、《夏热冬冷地区居住建筑节能设计标准》（JGJ 134）、《夏热冬暖地区居住建筑节能设计标准》（JGJ 75）降低60%～75%以上。

——本条引自《近零能耗建筑技术标准》（GB/T 51350）（第2.0.1条）

超低能耗建筑：

超低能耗建筑是近零能耗建筑的初级表现形式，其室内环境参数与近零能耗建筑相同，能效指标略低于近零能耗建筑，其建筑能耗水平应较国家标准《公共建筑节能设计标准》（GB 50189）和行业标准《严寒和寒冷地区居住建筑节能设计标准》（JGJ 26）、《夏热冬冷地区居住建筑节能设计标准》(JGJ 134)、《夏热冬暖地区居住建筑节能设计标准》(JGJ 75) 降低50%以上。

——本条引自《近零能耗建筑技术标准》(GB/T 51350)（第2.0.2条）

零能耗建筑：

零能耗建筑是近零能耗建筑的高级表现形式，其室内环境参数与近零能耗建筑相同，充分利用建筑本体和周边的可再生能源资源，使可再生能源年产能大于或等于建筑全年全部用能的建筑。

——本条引自《近零能耗建筑技术标准》(GB/T 51350)（第2.0.3条）

5.2.5 园区绿地的总体布局应遵循城市绿地系统规划要求，与城市绿地相互衔接，进而融入城市绿地生态体系，成为其有机组成部分。

绿地布局中的植物配置环节，尤其是大型乔木的选用，应优先考虑高固碳植物品种，以此强化园区的降碳功能特性。具体植物品种可参照本章5.4园区景观规划设计相关内容。

在园区布局规划过程中，除充分利用地面空间外，还应注重对建筑立面、屋顶花园等区域的绿化开发，构建复合式绿化空间格局，从而在有限场地范围内实现园区降碳功能的最大化提升。

5.2.6 园区安全韧性主要是指覆盖预防准备、监测预警、救援处置、恢复重建全流程，园区对环境变化具有较强的适应能力。园区弹性发展是指对环境变化可进行适应性调整、实现可持续发展。

5.2.7 数字化设计是一种利用计算机辅助设计软件进行产品三维设计的方法，在建筑领域的应用可以实现建筑设计的数字化表达、数字化评估和优化、数字化制造和数字化检测与维护等，提高建筑设计和施工的效率与质量。

园区环境要素模型是对园区中各环境要素、生态系统、土地利用、景观等方面进行数字建模。

数字模拟技术通过大量数据分析和处理，建立现代化园区的生态系统模型，从而更加精准地预测和评估园区建设所带来的环境影响。

构建三维BIM是一种现代化的建筑设计和管理方法，通过数字化技术将建筑的设计、施工和运营过程整合为一个完整的信息模型。

"数字孪生"模型是指利用数字技术对园区进行全面建模、仿真和监测的技术，将现实系统的各个方面数字化呈现，为园区系统提供实时监测和预测分析，以实现对园区系统的优化调整和控制。

双碳智慧园区规划与布局技术要点见表5.2.1。

表5.2.1 双碳智慧园区规划与布局技术要点

规划内容	技术要点
环境分析及评估	（1）环境数据应基于实地考察或科学观测，保证准确性、科学性与时效性。生态环境评估模型应符合场地客观条件，避免生搬硬套 （2）重视生态环境评估，避让生态敏感区、基本农田区，结合不同园区功能需求，选择适应的建设区位 （3）生态环境评估注意场地与周边环境的联系，不应与周边环境割裂。避让不良地质区段，满足防洪防涝、防灾减灾要求，确保园区安全 （4）调研保护园区自然、生态、人文条件及资源，因地制宜开展规划布局 （5）综合生态环境评估、经济效益评估及社会效益评估，合理确定园区建设开发总量

(续)

规划内容	技术要点
建筑空间布局	(1) 保护动植物及环境资源，减少环境破坏，并尽可能对场地生态环境进行修复及生态补偿 (2) 充分利用园区内原有建构筑物及文化资源，地上地下一体化开发，立体复合功能布局 (3) 注重集约型建筑布局，控制建筑密度及容积率 (4) 协调园区及周边竖向关系，减少环境破坏和土石方工程量 (5) 建筑单体优先选用低碳建筑、被动式技术、超低能耗建筑技术
道路交通布局	(1) 控制道路交通用地规模，注重集约与高效 (2) 交通组织与建筑布局相协调，减少交通总量，提高交通效率 (3) 注重园区内外交通接驳的便利性，提升低碳出行意愿 (4) 停车设施结合园区出入口、建筑周边、各功能区需求合理布局停车设施 (5) 停车设施用地向上向下发展。鼓励立体停车与地下停车
绿地系统布局	(1) 应注重园区内外绿地的连续性，确保园区及周边绿地结构完整 (2) 合理增加绿地率，充分发挥植物防污降噪功能，划分场地功能分区，保证场地及周边生态环境结构完整的前提下，尽可能增加绿地，提升场地汇碳能力 (3) 利用原有植物，集中布局固碳能力强的林地及绿地 (4) 绿地系统布局应以场地现状为基础，避免大挖大建。合理利用建筑、交通、设施用地空间增加立体绿化，提高汇碳量
配套设施布局	(1) 合理配套设施用地，控制占地及建设规模 (2) 适度预留、优先布局清洁能源等设备及设施 (3) 鼓励全生命周期设计思维，规划设置综合管廊，降低维护成本 (4) 鼓励配套设施与智慧系统相结合，减少智慧设施建设成本 (5) 可结合实际需求，分期开发

5.3 园区交通规划设计

5.3.1 园区交通规划设计包含园区内部及对外的交通组织，包括现状分析、需求分析、设施布局、组织管理及建设要求等工作内容。

5.3.2 应结合园区特点，梳理各功能区交通需求，引导用地布局，统筹规划交通设施，控制园区交通总量。

5.3.3 应合理布置园区路网及停车设施，统筹路权分配，高效组织园区人流、车流交通，提升园区交通运行效率。

5.3.4 倡导低碳绿色交通方式，优先考虑新能源车辆及设施，健全园区内外交通接驳，优化慢行系统，建立共享出行的协同交通体系。

5.3.5 宜控制道路红线宽度，优化道路横断面设计；充分利用路域资源，增加路侧绿地；复合利用土地，规划生态停车场，布置光伏一体化设施，增加路域碳汇。

5.3.6 宜布置及预留智慧交通设施，运用数字化、仿真模拟技术搭建智慧交通管理平台，提升动态管理效率。

【指南】

5.3.1 园区交通规划设计是以双碳为目标导向，通过因地制宜统筹规划、集约布局高效运行、引导绿色交通方式、加强路域碳汇建设、构建智慧交通体系等路径实现集约高效、节能减碳、能源替碳、路域碳汇等目标，实现降低园区全生命期能耗和碳排放的目的。园区交通规划设计包括现状及需求分析、规划及设施布局、组织及管理、建设要求等工作内容，如图 5.3.1 所示。

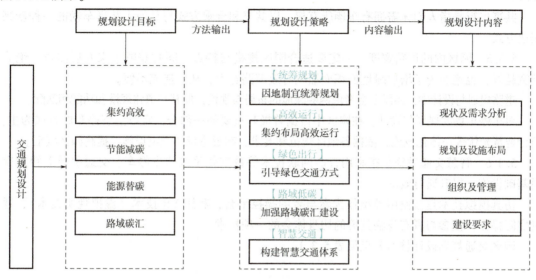

图 5.3.1 园区交通规划设计工作框图

《零碳建筑技术标准》指出：

"区域应优化内部交通系统，降低车辆碳排放，并应符合下列规定：鼓励公交、地铁、自行车、步行交通等出行方式；非机动车道和人行道交通应安全、连续、无障碍；具备条件的区域可根据条件设置自行车专用道或自行车绿道；推广新能源车辆，根据区域使用需求加强新能源汽车配套设施建设；提高公务用车、公共交通等车辆中新能源汽车比例。"

5.3.2 结合园区特点，确定各功能区布局，并依此统筹确定园区交通设施的选择与布置，其中既要考虑全园统一的交通形式与设施，同时还要兼顾各不同功能区的独特性，从而在提升全园交通效率的同时，方便各功能区的使用。

5.3.3 园区路权分配需合理组织园区内人、车、公共交通等，建立完善的交通分流体系，满足人、车、货的安全高效运行。

提高交通运行效率是指在给定资源条件下，城市交通系统提供服务量与对其资源的投入之间的关系。其核心目标是提高交通系统的运输效益，减少交通拥堵、提升交通可达性，实现交通资源的优化配置。

5.3.4 绿色交通是指客货运输中，按人均或单位货物计算，占用城市交通资源和消耗的能源较少，且污染物和温室气体排放水平较低的交通活动或交通方式。如采用步行、自行车、集约型公共交通等方式的出行。

集约型公共交通为园区中的所有人提供的大众化公共交通服务，且运输能力与运输效率较高的公共交通方式。

新能源车辆是指采用非常规的车用燃料作为动力来源（或使用常规的车用燃料、采用新型车载动力装置），综合车辆的动力控制和驱动方面的先进技术，形成的技术原理先进、具有新技术、新结构的车辆。新能源汽车包括纯电动汽车、增程式电动汽车、混合动力汽车、燃料电池电动汽车、氢发动机汽车等。

慢行系统是把步行、自行车、公交车等慢速出行方式作为城市交通的主体，有效解决快慢交通冲突、慢行主体行路难等问题，引导人们采用"步行+公交""自行车+公交"的出行方式。

共享出行是指人们无需拥有车辆所有权，以共享和合乘方式与其他人共享车辆的一种新兴交通方式。

5.3.5 园区内的道路宽度，一定要适合园区规模与特点，同时兼顾未来发展需求，绝非越宽越好，也绝非为了增加绿地面积而缩减有效道路宽度，从而造成不便。

道路规划与设计中，还需要多考虑两侧绿地的布局与规模，使其与道路规模和功能相匹配。

对于停车场的规划与设计，在园区中占据着极其重要的一部分，宜以生态停车的方式为主，结合智慧光伏等一体化设施，依据各地区规范和要求，布置适量的充电设施，提高园区碳汇。

5.3.6 智慧交通设施是指利用智能网联技术等数字化手段建设停车、交通引导等智慧交通基础设施，提升通行效率。

仿真模拟技术是指使用模型作为参与者的操控平台，利用 VR 技术（虚拟现实技术），通过实际操作，使参与者有身临其境的切身体会的一项技术。

园区交通规划设计技术要点见表 5.3.1。

表 5.3.1 园区交通规划设计技术要点

规划内容	技术要点
1. 现状及需求分析	（1）进行交通环境容量和承载力分析，平衡用地效益与交通效率 （2）进行交通需求分析，统筹路权分配
2. 规划及设施布局	（1）合理规划人、车、货等各类交通流线，实现安全高效 （2）园区公共交通、共享交通、慢行系统以及多级微枢纽设施结合城市绿色交通站点、建筑出入口、公共服务设施、开放空间等合理规划布局，实现高效衔接、便捷通达 （3）完善慢行驿站、热身区、无障碍设计等慢行配套设施，通过路面铺装、标识小品、城市家具及景观绿化等提升慢行环境品质，保障慢行的安全性和舒适度 （4）交通设施集约布局，鼓励可再生能源设施、清洁能源设施、区域储能设施应用 （5）宜规划地上地下立体停车及生态停车场，增加汇碳
3. 组织及管理	（1）采用智慧通行动态管理，提升园区交通监测、管理、应急响应能力 （2）基于交通模型和交通信息数据库等数字化技术构建交通智慧引导。建管结合、协同治理，多式联运，积极运用信息化手段实现交通流量动态调控 （3）运用物联网、大数据、云计算、区块链等信息技术手段建设智慧物流，链接设施、设备、货物、人员、信息等要素，实现园区物流智慧管理
4. 建设要求	（1）宜采用低碳化建造技术，如温拌沥青混凝土、再生沥青混凝土及橡胶混凝土、再生材料路基等 （2）结合路面、人行道、桥涵、灯杆等交通基础设施，需充分利用太阳能等新能源 （3）利用智能网联技术等数字化手段建设智慧停车、智能导航、智慧共享等智慧交通基础设施，提升通行效率，实现园区交通低碳发展 （4）构建便捷、高效、适度超前的新能源补能体系，通过零碳智慧车联网提供充电、加氢、加燃料一站式服务 （5）通过 V2G 技术实现可控充放电以提高能源网络的可靠性和稳定性，推动能源网络与电动汽车充放电网络融合

5.4 园区景观规划设计

5.4.1 园区景观规划设计包括园区内园林绿化、地形地貌、场地铺装、景观构筑、设施小品、景观水体、景观照明及景观给水排水等内容。

5.4.2 应遵循气候适应、因地制宜及适地适景原则，保证生态优先减少环境干扰，避免过度设计。

5.4.3 以高碳汇为设计导向，提升园区碳汇能力。统筹规划绿地空间及布局；选择乡土树种、高固碳树种，降低维护期碳排放；复合利用建筑及道路用地空间进行多层次绿化。

5.4.4 应保留利用自然生态资源，选用低碳园林材料，运用低碳建造及运维管理技术，推动实现全生命期的低碳园区。

5.4.5 应合理规划雨水收集及利用设施，降低园区雨水径流和排放，构建生态有机海绵系统，实现低影响开发建设。

5.4.6 宜采用数字化技术对园区生态环境进行监测、记录及分析，实现精准化管理和低碳生态运营。

5.4.7 宜设置园区低碳科普场所，带动公众了解、参与和实践低碳行动。

5.4.8 景观规划设计技术要点应符合表 5.4.1 的要求。

表 5.4.1 双碳智慧园区景观规划设计技术要点

工作内容	技术要点
1. 园林绿化	(1) 选用固碳释氧力强的乡土植物 (2) 保护生态环境，优化提升绿地空间布局 (3) 宜选粗放型，免维护植物品种 (4) 规范处理、循环利用绿化废弃物 (5) 立体绿化，复合绿化 (6) 高碳汇植物选择与配置
2. 地形地貌	(1) 顺应地形地貌，保留场地特征 (2) 利用地形，实现海绵微改造
3. 场地铺装	(1) 宜选本土材料，减少制造、运输过程碳排放 (2) 宜选透水、耐久、易维护的新型环保材料
4. 景观构筑	(1) 宜采用装配式、集成新型建构体系 (2) 宜选用新能源设施的构筑物，合理设置光伏板等装置
5. 设施小品	(1) 利用生态节能材料 (2) 宜使用新能源设施小品 (3) 低碳科普与智慧设施结合
6. 景观水体	(1) 应利用现状地貌，结合海绵要求，规划景观水体 (2) 宜利用园区中水、回收用水塑造景观水体 (3) 降低维护成本，可利用水生植物辅助净化水体
7. 景观照明	(1) 宜选太阳能等新能源作景观电源 (2) 选用高能效节能低碳新光源产品 (3) 采用智能照明控制技术

(续)

工作内容	技术要点
8. 景观给水排水	（1）使用高效节水灌溉技术 （2）根据园区植物特点，制定合理灌溉计划 （3）设计喷雾降温系统，进行造景和保湿，改善小环境空气质量

【指南】

5.4.1 园区景观规划设计包含多个层次及多种元素，在规划设计中需予以统筹协调和综合考量，其中需遵循以下几大原则：

应遵循经济、环境和社会三方面整体可持续发展的设计原则，符合规划设计要求，与场地内建筑、道路相协调。

总平面布局应综合考虑优化场地的风环境、声环境、光环境、热环境、空气质量、视觉环境、嗅觉环境等，各类景观要素设计需相互联系。

宜利用景观设计各组成部分的降能减耗、储碳释氧等功能，改善区域生态环境，宣传科普低碳思想，以"双碳"为理念导向，打造低碳、零碳的智慧园区。

应遵循因地制宜的设计原则，充分利用场地现有地形、水系和植被进行统一设计，达到节能、节地、节水、节材、保护环境的绿色建筑设计的目的。

遵循种植空间低碳设计的原则，结合场地和设计需求将种植空间划分成不同植被空间类型：开敞空间、半开敞空间、垂直空间、覆盖空间和遮蔽空间及滨水空间等。各个空间选择适应性强的碳汇效率高的乡土植物品种合理搭配，减少对外界环境的依赖，降低种植过程中的能源消耗，实现低碳种植。

5.4.2 应遵循适地适景、因地制宜原则，始终以生态优先为主，尊重场地条件及场地特色，遵循微改造设计理念，减少过度设计，顺应现有地形地貌，减少机械作业及土方运输量，实现区内土方平衡；尊重园区及周边场地肌理，合理利用现状地形、乡土材料与植被进行设计；减少施工过程中运输导致的碳排放。

5.4.3 园区在规划种植空间时，应充分考虑土地资源的利用效率，避免浪费。同时，根据植物的生长需求和生态习性，合理规划种植密度和种植方式，提高土地利用率。优先选择具有低碳特征的植物进行种植，如生长迅速、光合作用效率高、抗逆能力强的植物，以便更快地吸收二氧化碳，降低温室效应。

宜采用有机种植方式，这种方式不仅可以减少对环境的污染，还可以提高土壤的碳汇能力。通过施用有机肥、控制土壤侵蚀、增加土壤有机质等措施，可以增加土壤的碳汇量。

5.4.4 可利用可再生能源，如太阳能、风能等，为植物生长提供动力。例如，可以利用太阳能光伏板为灌溉系统提供电力，减少对传统能源的依赖。

可使用生物碳基土壤修复技术实现储碳释氧的目的，增加土壤碳含量、提高土壤质量、促进植物生长、减少温室气体排放。该技术主要利用生物炭的吸附作用，将大气中的二氧化碳储存于生物炭中，同时释放出氧气。

碳汇效率是指通过植被等吸收大气中的二氧化碳，从而降低大气中二氧化碳浓度的过程和速度。提高碳汇效率的方法包括但不限于植树造林、恢复湿地、保护森林、加强农业管理、提高能源利用效率等。

低碳园林材料是指园区建造设计所使用的材料在保持使用性能的同时，尽量减少采用不可再生自然原材料，使生产过程中的环境污染情况显著降低，或大大减少排放量，并在利用后又能实现回收再生产的材料类型。例如选择当地乡土材料、可再生材料、循环利用材料、高性能材料等。

5.4.5 可以通过雨水收集、废水利用等措施，实现水资源的循环利用。这不仅可以减少对水资源的浪费，还可以降低污水处理成本。

生态有机海绵系统是一种创新性的城市雨水管理方式，旨在通过模仿自然生态系统的运作方式，实现城市雨水的有效管理和利用。园区景观规划设计利用生态有机海绵系统，结合园区所在区域气候条件、地形特点、植物种类等因素合理设计，达到园区雨水管理效果。

低影响开发建设是指将园区现场规划、土地开发和具有生态保护作用的雨水控制技术结合起来，尽可能维持或恢复园区开发前的水文特征。它的基本原理是"模拟自然"。园区景观规划设计需要运用低影响开发中的雨水控制技术，包括渗、滞、蓄、净、用、排等。这些技术的材料与设施包括绿色屋顶、透水铺装、生物滞留（雨水花园）、植草沟、湿塘/景观水体、雨水湿地、渗渠、渗井、下沉式绿地等。园区的低影响开发雨水系统需要与园林、道路交通、给水排水、建筑等多专业统筹考虑，密切配合。

5.4.6 低碳生态运营是指园区景观规划设计以低碳为目标，以生态保护和可持续发展为原则的运营模式。低碳生态运营注重开发利用可再生能源，如太阳能、风能等，降低碳排放。在建筑领域，低碳生态运营注重采用节能环保的建筑材料和设计方法，提高建筑能效，减少碳排放。

5.4.7 公众参与和监督是指通过公开和共享低碳发展相关的数据与信息，增强公众对低碳发展的认识和理解，提高公众的参与度和监督力度。同时，利用社交媒体等渠道收集公众的反馈和建议，进一步完善和优化低碳管理措施。

低碳科普场所是指普及低碳知识、倡导低碳生活的重要场所。园区规划低碳科普场所，设计智慧功能区，智慧化休闲区、运动区、游戏区，通过建设绿色建筑、推广节能技术、开展环保活动等方式，并结合景观构筑、设施小品等要素，融入低碳景观展示元素，引导人们了解、参与和实践低碳生活。

园区景观规划设计技术要点见表 5.4.2~表 5.4.5。

表 5.4.2 种植空间低碳策略

空间类型	种植情景	低碳种植设计策略	注意事项
开敞空间	中间开阔，局部有不影响视线植物的无视线遮挡种植空间	选择不同规格高碳汇效率的灌木和多年生地被植物组合搭配（碳汇率高的灌木品种，例如紫穗槐、红柳、柠条、沙棘等）	用混合草坪代替纯草坪，自然形态的灌木代替修剪整齐片灌及地被
半开敞空间	中间开阔，场地周围有植物组团，形成半围合空间	开敞面配置高碳汇低矮灌木和地被植物，增加封闭面植物层次丰富度（碳汇率高的藤本品种：葛根、爬山虎、凌霄花等）	植物组团注意常绿植物使用，多年生草本花卉代替一年生草本花卉
垂直空间	建筑物的墙面、柱子、垂直绿墙等垂直空间	选择碳汇效率高、维护成本低的藤本植物及高碳汇低矮灌木和多年生草本（碳汇率高的藤本品种：常青藤、金银花、葛根、爬山虎、凌霄花等，高碳汇低矮灌木品种：柏木、刺槐、檫木、枫香、麻栎、香樟、苦楝、紫穗槐、盐肤木等）	注意植物根对建筑及柱体的破坏

（续）

空间类型	种植情景	低碳种植设计策略	注意事项
覆盖空间	林下广场，林下停车场等	选择碳汇效率高、维护成本低的种类，首选树冠大荫浓的树（高碳汇低矮灌木品种：香樟、广玉兰和二球悬铃木白榆树等）	植物规格控制，保证碳汇率逐年增加，同时减少栽植过程产生碳源
遮蔽空间	层次丰富的不可进入的种植空间	选择固碳功能较高的多层复合群落配置模式，植物类型以中小型为主，增加种植密度	控制植物组团常绿植物与落叶植物的比例，栽植时保证植物冠幅完整
滨水空间	湿生植物和水生植物结合的植物景观空间	选择碳汇效率高且耐水湿的植物种类（高碳汇效率和耐水湿的湿生植物品种：千屈菜、黄菖蒲、委陵菜、唐菖蒲、慈姑、三白草、旱伞草、美女石竹等）	挺水植物、浮水植物合理搭配

表 5.4.3 北方单种植物单位叶面积固碳释氧量

序号	植物名称	净光合速率 µmol/(m²·s)	净同化量 mmol/(m²·d)	日固碳释氧量		年固碳释氧量	
				日固碳量/[g/(m²·d)]	日固释氧量/[g/(m²·d)]	年固碳量/[g/(m²·y)]	年固释氧量/[g/(m²·y)]
1	白桦	8.85	382.32	16.82	12.23	2312.75	1681.63
2	榆树	11.82	489.02	21.52	15.65	2959.00	2151.88
3	旱柳	4.52	195.26	8.59	6.25	1181.13	859.38
4	银中杨	9.38	405.22	17.83	12.97	2451.63	1783.38
5	暴马丁香	5.67	244.94	10.78	7.84	1482.25	1078.00
6	紫丁香	6.25	269.85	11.87	8.64	1632.13	1188.00
7	小叶丁香	5.61	242.35	10.66	7.76	1465.75	1067.00
8	连翘	5.82	251.42	11.06	8.05	1520.75	1106.88
9	水蜡	5.33	230.26	10.13	7.37	1392.88	1013.38
10	红瑞木	4.22	182.30	8.02	5.83	1102.75	801.63
11	锦带花	5.06	218.59	9.62	6.99	1322.75	961.13
12	鸡树条荚蒾	3.44	148.61	6.54	4.75	899.25	653.13

表 5.4.4 北方单种植物单位面积固碳释氧量

序号	植物名称	日固碳释氧量		年固碳释氧量	
		日固碳量/[g/(m²·d)]	日固释氧量/[g/(m²·d)]	年固碳量/[g/(m²·y)]	年固释氧量/[g/(m²·y)]
1	白桦	76.36	55.52	10499.50	7634.00
2	榆树	136.65	99.38	18789.38	13664.75
3	旱柳	49.31	35.88	6780.13	4933.50
4	银中杨	109.12	79.38	15004.00	10914.75
5	暴马丁香	42.58	30.97	5854.75	4258.38

(续)

序号	植物名称	日固碳释氧量		年固碳释氧量	
		日固碳量/ [g/(m²·d)]	日固释氧量/ [g/(m²·d)]	年固碳量/ [g/(m²·y)]	年固释氧量/ [g/(m²·y)]
6	紫丁香	36.33	26.44	4995.38	3635.50
7	小叶丁香	20.89	15.21	2872.38	2091.38
8	连翘	37.94	27.61	5216.75	3796.38
9	水蜡	22.69	16.51	3119.88	2270.13
10	红瑞木	26.95	19.59	3705.63	2693.63
11	锦带花	33.76	24.53	4642.00	3372.88
12	鸡树条荚蒾	23.67	17.20	3254.62	2365.00

表 5.4.5 南方园林树种的固碳释氧能力系数

序号	植物名称	拉丁名	单位地面 面积固碳量/ [g/(m²·d)]	单位叶 面积固碳量/ [g/(m²·d)]	单位地面 面积释氧量/ [g/(m²·d)]	单位叶 面积释氧量/ [g/(m²·d)]
1	银杏	Ginkgo biloba L.	29.48	6.38	21.45	4.64
2	香樟	Cinnamomum camphora (L.) Presl	35.16	11.69	25.57	8.50
3	广玉兰	Magnolia Grandiflora Linn	57.79	14.06	42.03	10.23
4	垂柳	Salix babylonica L.	65.2	11.18	47.41	8.13
5	女贞	Ligustrum lucidum	13.32	—	9.70	—
6	小叶榕	Ficus concinna Miq.	44.36	7.64	32.26	5.55
7	刺槐	Robinia pseudoacacia L.	102.1	22.39	74.25	16.28
8	紫叶李	Prunus cerasifera 'Atropurpurea'	28.63	7.23	16.28	7.23
9	紫薇	Lagerstroemia indica L.	19.97	—	14.52	—
10	桂花	Osmanthus sp.	10.58	—	7.70	—
11	黄葛树	FicusvirensAit.	67.2	13.63	48.88	9.91
12	白玉兰	MicheliaalbaDC.	29.4	9.05	21.40	6.58
13	夹竹桃	Nerium oleander L.	46.9	17.05	34.1	12.4
14	蒲葵	Livistona chinensis (Jacq.) R. Br.	20.64	5.5	15.01	4
15	蜡梅	Chimonanthus praecox (L.) Link	36.35	12.2	26.43	8.87
16	枇杷	Eriobotrya japonica (Thunb.) Lindl	44.03	11.88	32.01	8.64
17	二乔玉兰	Magnolia soulangeana Soul.	18.12	6	13.18	4.36
18	红继木	Loropetalum chinense var. rubrum	63.12	14.48	45.91	10.53
19	海桐	Pittosporum tobira	28.53	8.22	20.75	5.98

5.5 园区市政工程规划设计

5.5.1 园区市政工程规划设计包括园区内给水、排水、电力、通信、燃气、热力、环境卫生及综合防灾等市政基础设施的系统规划和管线综合规划。

5.5.2 园区市政基础设施宜从能源利用和存储两方面选择低碳型能源，优先采用新能源、可再生能源技术及新型能源存储方式。

5.5.3 应结合园区规划方案整体布局，智能精准地规划布局各专业工程管线及设施；综合统筹市政管网运维，满足园区分期分区、近远结合的发展需求，保证市政工程设施布局完整、使用高效。

5.5.4 可采用分布式能源、微电网、热泵、智慧用能系统、综合管廊及海绵城市等低碳技术，提升园区市政工程系统的低碳资源利用效率和运行能力。

5.5.5 规划设计宜利用数字化技术实现系统优化、集成设计和综合预留，保证园区全生命期的运维。

5.5.6 规划设计中宜考虑设置园区智慧管理平台，对园区的能源管控、各项用能及碳排放管理等实行统一规划和智慧管理。

5.5.7 市政工程规划技术要点应符合表5.5.1的要求。

表 5.5.1 双碳智慧园区市政工程规划技术要点

工作内容	技术要点
1. 给水排水规划	(1) 合理预估用水量，根据保留和新增的自备水源确定公共供水系统的供水能力 (2) 构建智慧化的取水、净水、输配水体系 (3) 采用截流式分流制的综合排水系统设计 (4) 利用海绵城市技术，缓解管网压力，提高雨水收集与利用效率，改善园区生态环境 (5) 高效利用再生水，优先用于工业生产、绿化、景观工程等，提倡一水多用、重复利用 (6) 为园区规划的避难场所配置应急水源，结合场地配置园区户外清洁用水
2. 电力规划	(1) 合理预估园区电力负荷容量及用电量 (2) 优先选择及高效利用本地太阳能、风能等可再生能源发电形式 (3) 合理规划园区电力管线、配电网架结构，科学布置变配电所（站）等电力设备设施，构建园区智慧化配用电系统 (4) 合理布置及预留户外充换电装置、应急电源装置等设备接口
3. 通信规划	(1) 预估通信需求、合理确定通信规模和容量 (2) 合理规划通信网络路由及附属设施布局 (3) 构建智慧化数字通信系统 (4) 构建完善的信息安全系统，确保园区信息和数据的安全性和可靠性
4. 燃气规划	(1) 预估各分区供气设施的规模、容量 (2) 合理规划输配气管道，制定燃气管道保护措施 (3) 构建智慧化燃气综合管理系统
5. 热力规划	(1) 预估园区供热量和负荷，并进行热源规划，确定园区供热设施的规模和容量 (2) 合理布局各种供热设施和供热管网 (3) 合理选择供热标准和方式，宜采用地源热泵等低碳技术
6. 环境卫生规划	(1) 合理确定环境卫生设施配置标准和垃圾集运、处理方式 (2) 合理布局各类环境卫生措施及隔离防护设施 (3) 推动垃圾分类及垃圾资源化利用
7. 综合防灾规划	(1) 合理确定园区防灾标准、防灾设施的等级及规模 (2) 合理布局防灾设施，注重与常用设施有机结合，统筹建设、综合利用

（续）

工作内容	技术要点
8. 管线综合规划	（1）利用数字化技术手段，合理统筹管线布局，规划管网设施建设 （2）合理确定管线种类、规模及位置，制定分期分区、近远期结合的规划方案，设计总量预留，预设外扩接口 （3）宜建设园区管廊设施，结合地形测量数据、地下管线勘测信息、地质勘查信息，通过BIM综合管廊模型进行三维设计 （4）规划智慧运维管理平台

【指南】

5.5.1 工程管线是指为满足生活、生产需要，地下或架空敷设的各种专业管道和缆线的总称，但不包括工业工艺性管道。市政工程管线设计是包括园区内给水、排水、电力、通信、燃气、热力、环境卫生及综合防灾等市政基础设施的专业设计。管线综合规划设计是协调各工程管线布局、确定敷设方式、排列顺序位置，并控制各类管线高程及覆土深度的系统设计。

工作前期应做好完善的调研工作，利用数字化技术手段对园区及周边市政基础设施现状数据进行收集和分析，结合园区整体规划，制定双碳设计目标，从资源增效减碳和能源结构降碳两个方面，指导园区电力、供水、排水、燃气、热力、通信等各市政工程管线的规划和设计，并搭建数字化管理系统，帮助实现园区运维期的设施安全、高效运行。园区市政管网规划设计流程框图如图5.5.1所示。

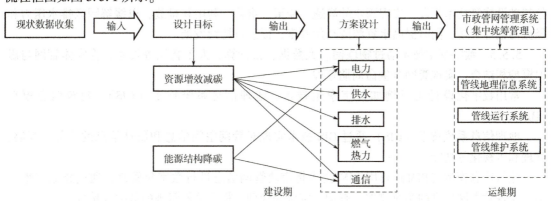

图5.5.1 园区市政管网规划设计流程框图

5.5.2 园区市政基础设施的建设过程中，应着重从能源利用和存储两个核心维度进行深入考量，并坚定不移地优先选择低碳型能源。具体而言，应优先考虑采用新能源和可再生能源技术，如太阳能、风能等，这些能源不仅清洁环保，而且具有可再生性，能够长期为园区提供稳定的能源供应。

同时，还应积极探索和应用新型能源存储方式，如储能电池、储能电站等，以应对能源需求波动和保障能源供应的稳定性。这些新型能源存储方式不仅能够提高能源的利用效率，还能够降低能源浪费和排放，有助于实现园区的可持续发展。

此外，还应加强能源管理和监管，建立科学的能源利用和存储体系，确保各项能源利用和存储措施得到有效实施。通过不断优化能源利用和存储方案，可以为园区的可持续发展提供有力支撑，为构建绿色、低碳、高效的现代化园区奠定坚实基础。

5.5.3 智能精准规划设计各专业工程管线及设施，制定分期分区建设目标、编制近远结合的规划方案。设计前期通过专业技术手段进行基础数据收集、分析、建立模型，确定规划设计方案，完成管网布局统筹及各专业详细设计，精准选择设备及最优的技术方案。

5.5.4 分布式能源是一种建在用户端的新型能源供应方式，将能源系统分散成多个小型、独立的能源供应系统，可独立运行，也可并网运行。分布式能源具有更高的能源利用效率和可靠性，同时还能降低能源传输损耗和环境污染。

微电网是指由分布式电源、储能装置、能量转换装置、负荷监控和保护装置等组成的小型发配电系统，具有高效、环保、灵活等特点，能够满足不同用户的多元化需求，并提高电力系统的可靠性和稳定性。

热泵技术是一种利用高位能使热量从低位热源流向高位热源的高效供能技术，可分为水源热泵技术、地源热泵技术、空气源热泵技术等。

智慧用能系统是一种集成了先进传感器、控制器和储能设备的智能能源管理系统，可实现实时监控、优化能源使用和降低运营成本等目标，同时提高能源的使用效率，减少能源的浪费，从而实现更好的能源利用。

综合管廊技术是指在园区内建设地下管道综合走廊，集电力、通信、供水、供热等各类管线于一体，有效解决了地下管线混乱、重复开挖等问题，提高了园区空间的利用效率，保障了园区基础设施运行的安全与稳定。

海绵城市技术是新一代雨虹管理技术，通过分散式的雨水收集、储存和处理系统，以及绿色基础设施等技术手段，实现雨水的渗透、滞留、集蓄、利用和排放，以缓解园区排水压力和径流污染等问题，同时提高水资源的利用效率，促进可持续发展。

5.5.5 数字孪生技术通过物联网、大数据、云计算、人工智能等技术，将实体管网与虚拟模型相结合，实现管网全生命周期管理。

常用数字化设计工具例如数字孪生技术、地理信息系统技术（GIS）、建筑信息模型（BIM）等。

地理信息系统技术（GIS）通过 GIS 技术实现对管网空间信息和属性信息的采集、存储、管理和可视化等功能。

建筑信息模型（BIM）利用 BIM 技术将市政管网信息进行数字化管理，通过建立三维模型，实现对管网信息的实时监控、查询、定位和管理，提高管网管理的效率和精度。

5.5.6 综合统筹数字管理系统、能源存储交换网络，保证管网设施系统布局完整、使用高效。通过搭建智能化集中综合管理平台，实现流量控制、数据计算、实施监控和智能报警等功能。

5.6 智慧电力规划设计

5.6.1 智慧电力规划设计内容应包括智慧园区的变配电所（站）、新能源系统、电力路由等规划。

5.6.2 智慧电力规划应符合下列原则：

1. 变配电所（站）规划设计应遵循设备全面感知、智慧联动、智能巡视、电网友好互动等原则。

2. 新能源规划应根据园区配电网电压等级、当地辐照条件和风力资源条件、园区土地规划要求等进行设计，宜设置分布式光伏发电、分散式风电等系统。

3. 电力路由规划设计应基于园区整体规划，满足园区近期、中期、远期能源规划；电力路由规划应根据园区能源消费总量、碳排放总量等指标规划网络路由。

5.6.3 电力规划设计技术要点见表5.6.1。

表 5.6.1 双碳智慧园区电力规划设计技术要点

规划内容	设计要点
变配电所（站）	（1）应根据项目特点、负荷性质、用电容量、机房环境、供电条件、智慧运维要求等因素确定设计方案，合理选用设备 （2）应充分考虑负荷分布、电源点位置、进出线条件、设备运输等因素 （3）应充分考虑变配电所（站）需要的通信网络覆盖范围、通信距离、通信响应时间等因素
新能源	（1）应充分考虑园区资源禀赋、配电网电压等级及新能源接入容量限制 （2）应充分考虑园区电负荷及电气化驱动的冷、热、气等不同品类能源需求特征，提高新能源自用率 （3）应根据园区负荷波动特征，为新能源适当配置综合储能设备
电力路由	（1）应与园区综合管廊/综合管线规划相适应 （2）应考虑园区中远期用能需求，预留电力路由空间 （3）高比例新能源接入区域宜根据能源设备的电力接口特征，适当规划直流电力路由

5.6.4 变配电所（站）规划应符合下列要求：

1. 选址应靠近负荷中心、电源进线方向，不应布置在环境恶劣及危险场所附近。

2. 宜统一设置智能变配电所监控系统，该系统应具有电力监控、视频安防、环境监测、照明控制、设备感知、智能锁控、消防及智能巡检等功能。

3. 监控管理系统应符合双碳智慧园区管理平台的信息化功能要求。

5.6.5 新能源系统规划设计应符合下列要求：

1. 分布式光伏发电系统规划应根据园区环境确定光伏发电装机规模、组件形式及布局。

2. 分散式风力发电系统规划应根据园区环境要求及土地规划情况合理确定机组形式、布置位置、电压等级及并网方式等。

3. 宜根据园区整体负荷特性及电价政策，合理配置储能设备，通过削峰填谷、需求响应等模式提高新能源自用率。

4. 容量规模配置应综合考虑园区内已规划的充换电站、储能设备等柔性电力负荷的容量。

5. 高比例分布式新能源接入区内宜采用直流配电网结构形式，构建光储直柔系统。

5.6.6 路由规划设计应符合下列要求：

1. 应基于园区整体规划，满足园区近期的能源需求，考虑中远期能源规划。

2. 应根据园区能源消费总量、碳排放总量、碳排放强度等指标，规划电力网络路由。

3. 应根据电力站址管廊预留要求，确定综合管廊和管线的路由形式及布局。

【指南】

5.6.1 智慧电力规划设计是以双碳为目标导向，通过基于信息技术和能源技术的创新型能源供应模式，充分利用智能化的技术手段，实现对能源的高效、安全、清洁和可持续利用。智慧电力规划设计包括智慧园区的变配电所规划、新能源系统规划、电力路由规划等工作内容，如图 5.6.1 所示。

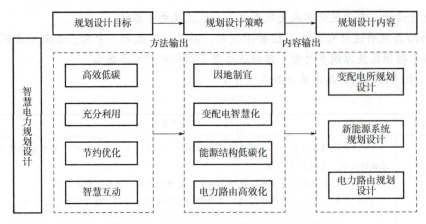

图 5.6.1 园区智慧电力规划设计工作框图

5.6.2 智慧电力规划整体应遵循高效低碳、充分利用、节约优化、智慧互动的设计原则。

1. 高效低碳：优化能源系统结构，提升园区单位生产总值能耗、电能占终端能源消费比重、综合能源利用效率等。

2. 充分利用：最大程度挖掘本地清洁能源利用潜力，提升本地清洁能源占一次能源供应的比重、本地清洁能源消纳率等。

3. 节约优化：推广高能效用能设备、提高终端电气用能占比，降低园区能源消耗水平和碳排放水平。

4. 智慧互动：通过部署智慧能源管理平台，提高园区智慧能源终端通信接入程度，提升园区对能源实时使用数据的掌握能力和管理能力。

5.6.3 智慧电力规划设计应根据智慧园区功能需求及现场条件统筹开展。

1. 智慧变配电所按照设备全面感知、智慧联动、智能巡视、电网友好互动等原则设计。

2. 新能源规划应根据园区配电网电压等级、本地辐照条件和风力资源禀赋、园区土地规划要求等设计，主要考虑分布式光伏、太阳能供热、分散式风电等系统设置。

3. 电力路由规划设计应基于园区整体规划，满足园区近期的能源需求，并考虑中远期能源规划；电力路由规划应根据园区能源消费强度、能源消耗总量、碳排放总量、碳排放强度等指标，规划网络路由。

本条参考了国家标准《建筑节能与可再生能源利用通用规范》（GB 55015）以下条文的规定：

5.1.1 可再生能源建筑应用系统设计时，应根据当地资源与适用条件统筹规划。

5.2.3 太阳能系统应做到全年综合利用，根据使用地的气候特征、实际需求和适用条件，为建筑物供电、供生活热水、供暖或（及）供冷。

5.6.4 变配电所（站）规划应根据园区的碳排放总要求、单位 GDP 碳减排目标、园区功能类别、地域状况、运营及管理要求、投资规模等综合因素，部署变配电所智慧化系统。

1. 智慧变配电所智慧管理系统应适应园区工程建设的资源特征及基础状况。

2. 变配电所智慧管理系统应符合园区综合运营及管理的信息化功能。

3. 变配电所智慧管理系统应保证园区智能化供配电工程建设投资的有效性和合理性。

4. 变配电所智慧管理系统宜具备对所属电网设备控制和调节的能力，有效参与电网需求响应及友好互动。

5.6.5 新能源系统规划应根据园区配电网电压等级、本地辐照条件、风力资源、土地规划要求等，设置分布式光伏、分散式风电等系统。新建建筑群集建筑的总体规划应为可再生能源利用创造条件，新建建筑应安装太阳能系统。

1. 分布式光伏系统及分散式风电系统规划应根据园区环境要求及土地规划情况，确定布置规模、布置位置、并网方式、设备型号等，系统宜采用自发自用、余电上网模式运行。

2. 宜根据园区分布式新能源装机规模及园区用能特征，配套建设储能设备，储能设备功率及容量应满足经济运行要求。

3. 新能源系统功率等级及容量规模设置应综合考虑园区内已规划的充电桩、蓄能设备等柔性电力负荷的功率等级及容量，从而提高园区新能源自用率。

本条参考了国家标准《零碳建筑技术标准（征求意见稿）》以下条文的规定：

4.4.1 建筑宜采用可再生能源微网系统，利用蓄能、用能设备协同控制技术，提升可再生能源就地消纳比例。

4.4.4 建筑宜结合建筑及周边场地可再生能源系统，设置储电、蓄热（冷）、电动车充电桩等设施，实现不同蓄能形式灵活应用。

5.6.6 路由规划宜通过合理规划园区能源设备之间的连接关系及路由方式，优化园区能源系统综合运行效率。

1. 宜优化能源系统的路由结构，包括系统设备容量、设备间的连接关系，以及连接这些能量枢纽之间的能源网络。

2. 宜使用分层化模型开展路由规划，保证规划能源系统路由模型的可扩展性。

3. 建筑宜采用可再生能源微网系统，利用蓄能、用能设备协同控制技术，提升可再生能源就地消纳比例。

5.7 智能化规划设计

5.7.1 智能化规划设计内容包括机房、网络、路由、设备及系统管理等。这里仅涉及与低碳、节能相关内容。

5.7.2 智能化规划设计应符合下列原则：

1. 采用ICT、AI、大数据、云计算及物联网等前沿技术，实现对园区建筑设施、设备及能源系统的统一管理。

2. 构建数字化、智能化的基础设施系统和双碳智慧园区管理平台，为园区实现智能感知、智慧交互、智慧服务、智慧运维及双碳目标提供支撑。

5.7.3 智能化规划设计技术要点应符合表5.7.1的要求。

表 5.7.1 智能化规划设计技术要点

工作内容	技术要点
1. 机房规划	（1）一体化机柜（微模块机房）：采用智能一体化机柜或箱柜，高度整合供配电、制冷、布线、监控等基础设施，纳入一台封闭式机柜或箱柜来实现，适用于园区微型机房 （2）一体化机房（模块化机房）：模块化配置，工厂预制、现场组装；采用集成机柜、封闭冷通道、综合布线、精密配电柜、UPS主机及后备电池、行级精密空调、动力环境监控管理平台等，实现统一管理，适用于园区大中型机房

(续)

工作内容	技术要点
2. 网络规划	园区网络规划应统一计算机网络、通信网络、无线 WiFi、物联网、5G 网络基础设施建设需求，配置有线与无线融合、5G+WiFi 等多种接入方式的高宽带网络，架设高速、可靠、多网融合的园区产业运营通道 （1）基础设施接入规划：可接入有线终端、无线终端和物联网终端等 （2）信息网络规划：规划园区物业网（设备网）、办公网、数字安防网等业务层网络，实现不同网络、多终端设备的数据接入及稳定高速运行 （3）网络服务规划：为智慧园区的大数据（平台）、云计算平台、智慧管理平台等上层应用提供网络接口、网络拓扑、通信协议等规划设计，实现园区设施层、业务层与应用层的信息交互
3. 路由规划	（1）园区内智能化综合管网建设应围绕园区机房位置、数量，统一考虑数据网络、语音通信等园区进出户、垂直及水平主干、分支等管路进行规划设计；宜采用低碳材料和工艺 （2）布线规划应满足智慧园区高速及数字化发展需求，围绕低碳、节能进行规划，宜选用全光网布线系统
4. 设备及系统低碳管理规划	根据"替碳、减碳、汇碳"的设计理念，规划设计低碳节能管理系统，实现对园区冷热源、变配电、空调等设施设备的数字化管控、管理；规划建设双碳智慧园区管理平台，实现园区内各智能化子系统的集中管理，合理规划园区用能及碳排放策略，实现能碳统一管理 （1）双碳智慧园区建筑电气节能系统规划：建筑设备监控系统、建筑能效管理系统等（详见第 7 章） （2）双碳智慧园区管理平台建设规划（详见第 9 章）

【指南】

5.7.1 智能化规划设计内容包括智慧园区机房、网络、路由、设备及系统管理等。本节仅涉及与低碳、节能相关内容，园区常规智能化系统的规划设计，如信息化应用系统、信息化设施系统、建筑设备管理系统、公共安全系统、智能化集成系统、机房工程等，可参照《智能建筑设计标准》（GB 50314）第 4 章的相关规定。园区智能化规划设计工作框图如图 5.7.1 所示。

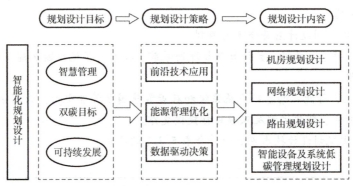

图 5.7.1　园区智能化规划设计工作框图

5.7.2　智能化规划设计应满足下列原则：

1. 采用 ICT、AI、大数据、云计算、物联网等前沿技术，融入碳中和、碳达峰的双碳理念，构建低碳、零碳的数字化、智能化的基础设施系统和智慧管理平台，为园区实现智能感知、智慧交互、智慧服务、智慧运维和双碳目标提供基础，实现对园区建筑设施、设备和能源系统的统一管理。将数据以可视化的方式呈现，如图表、地图、仪表盘等，使决策者能够直观地理解数据，发现问题和趋势，做出更明智的决策。建设以人为本，重视客户体验管理和主动服务机制，关注客户业务增值和客户满意度提升。实现价值导向模式创新、平台赋能产业生态共生共荣发展、数据支撑卓越运营、全要素聚合、全场景智慧的极致体验。

园区结合物联网、大数据分析等技术，实现设备之间的互联互通，实时监测能源消耗、环境数据等，帮助优化能源管理和提高效率。处理和分析大规模数据，帮助园区管理者更好地了解能源使用情况、碳排放数据等，从而制定更有效的碳减排策略；人工智能技术可以应用于能源管理系统、智能建筑控制系统等，通过学习和优化算法，实现能源的智能调度和管理，降低碳排放；区块链技术可以用于能源交易、碳排放权交易等，实现能源的安全可追溯性和透明性，促进碳市场的发展；虚拟现实（VR）和增强现实（AR）技术的应用可在能源系统模拟等方面，帮助设计师和决策者更好地理解和优化园区的能源利用和碳排放情况。

通过园区基础设施层前端智能传感器和监测设备，实时监测园区内各种能源的使用情况，包括电力、水、气等，及时掌握能源使用情况。采用园区智能建筑管理系统，通过自动调节照明、空调、供暖等设备，根据实时需求调整能源使用，提高建筑能效，降低能耗。利用能源管理系统的智能管理功能，包括能源监测、节能控制、能源策略优化、能源管理优化等功能，以实现能源的高效利用和减少碳排放。整合太阳能、风能等可再生能源系统，结合智能化技术实现对这些能源的智能管理和利用，减少对传统能源的依赖。

2. 构建数字化、智能化的基础设施系统和智慧管理平台，通过采用智能化设备、建设高效能源管理系统等措施，普及园区网络和数字化基础设施建设，提升能源管理、环境管理、安全管理、应用管理、运营管理水平，降低园区在全生命期内的能源消耗和碳排放。

建立碳排放监测系统，定期对园区的碳排放情况进行评估，发现问题采取相应措施持续改进。持续优化碳减排策略和措施，不断提升园区的碳减排效果，实现双碳目标。定期评估决策实施效果，根据反馈结果调整决策策略，持续优化园区智能化规划设计，实现数据驱动决策的循环和持续改进。通过持续运营，深度应用互联网、大数据、人工智能等技术，连接园区业务子系统，打破信息化孤岛，让园区数据流动起来，实现能源管理的智能化和优化，提高能源利用效率，降低能耗和碳排放。

建立数据采集和分析平台，收集园区各方面的数据，包括能源使用数据、交通流量数据、环境监测数据等。这些数据可能来自传感器、监测设备、数据库等多个来源，通过大数据分析和人工智能技术，为园区管理者提供数据支持和决策参考，优化园区运营。利用数据分析工具和技术对收集到的数据进行分析和挖掘，发现数据之间的关联和规律。这可以帮助识别潜在问题、优化方案，为决策提供依据。基于数据分析的结果，建立数据模型来描述园区的运行情况和特征，包括能源消耗模型、交通流模型等。这些模型可以帮助理解园区的运行机制和效率，制定与园区发展目标和可持续性要求相符的决策指标，以便评估和监测决策的实施效果。基于数据分析和模型结果，制定数据驱动的决策策略，包括能源管理、交通规划、环境保护等方面的决策，确保决策的科学性和有效性。

5.7.3 技术要点

1. 园区内机房建设宜采用一体化（模块化）机房的方式，全预制模块化结构配置与部署，场外预制式生产、按需定制、现场装配式安装，机房配电、散热、制冷、布线、环境监控等方案架构可选。节约占地面积、节省空间，建设周期短，从而有效降低数据中心基础建设成本。降低由于设备散热所产生的空调制冷能耗，实现绿色节能，最大程度提升能源的综合利用效率，降低日常运维成本，提高运维管理效率。优化园区机房（或园区数据中心）的能源利用效率，采用高效节能设备和技术，如能效空调系统、LED 照明等，以降低能耗并减少碳排放。考虑采用可再生能源供电数据机房和数据中心，如太阳能、风能等，以减少对传统能源的依赖，降低碳足迹。引入智能化节能控制系统，通过监测和调控设备运行状态、温度、湿度等参数，实现精细化能源管理，提高节能效果。采用热通道/冷通道设计，优化空气流动，降低设备散热能耗，提高数据中心的能效性能。定期对数据机房和数据中心的能效进行评估和监测，发现潜在的节能改进空间，持续优化能源利用效率。

2. 双碳智慧园区应建立高效、安全、节能的网络架构，实现双碳目标，推动园区的可持续发展和节能减排工作。

（1）接入规划：

有线终端接入设备：选择能效高、功耗低的智能化网络设备，如智能交换机、路由器等，以提高网络设备的能效性能。

无线终端接入设备：部署节能的无线接入设备，如 WiFi 接入点，提供便捷的无线网络接入。

物联网终端接入设备：考虑物联网设备接入，选择支持低功耗的物联网接入技术，如 Lo-Ra、NB-IoT 等。

（2）网络拓扑规划设计：

核心层、汇聚层、接入层设计：根据园区规模和需求设计合适的网络层次结构，确保网络的高效性和可靠性。

冗余设计：考虑网络冗余设计，如设备冗余、链路冗余等，提高网络的稳定性和容错能力。

虚拟化技术应用：采用网络虚拟化技术，优化网络资源利用率，减少物理设备数量，降低能耗和碳排放，实现网络资源的灵活分配和管理。

（3）网络通信规划：

硬件接口：设计合理的硬件接口布局，确保设备之间的连接稳定可靠，减少能源浪费。

通信协议规划：选择适合园区需求的通信协议，如 TCP/IP 协议套件，确保网络通信的高效性和稳定性。针对物联网设备，选择适合的物联网通信协议，如 MQTT、CoAP 等，实现物联网设备的互联互通。

安全协议：考虑数据安全需求，包括数据加密、访问控制等，保障网络信息安全。选择安全通信协议，如 SSL/TLS 协议，保障数据传输的安全性。

（4）网络应用层规划：

业务需求分析：充分了解园区基础设施层、业务层和应用层的需求，根据需求制定相应的网络规划方案。

QoS 保障：实现服务质量（QoS）保障，根据不同应用的需求设置优先级，确保关键业务的稳定运行。

（5）网络管理规划：

容灾备份规划：制定网络容灾备份方案，确保网络设备故障时的快速恢复，提高网络稳定性。

监控管理规划：部署网络监控系统，实时监测网络设备运行状态，及时发现和解决问题，降低能源消耗。

3. 园区内智能化综合路由管网建设围绕中心主机房进行规划设置，与各分机房、终端、用户、设备互联和对接，统一考虑数据网络、语音通信等进出户管道、垂直主干、分支管路、水平主干等，着眼双碳需求，积极采用低碳材料和低碳工艺，为后续双碳智慧园区的建设打好基础。园区的综合布线也围绕着低碳绿色进行规划，结合环保、节能、智能、性能根据不同的网络需求，宜根据全光网络的建设选用质量优良的光纤作为传输介质，确保信号传输的稳定性和可靠性。采用高质量的光纤连接器和配件，确保连接的稳定性和可靠性，减少光损耗，确保信号传输质量。实现智慧园区的高速及数字化发展的需求。

4. 从降碳、替碳、节碳方向考虑，充分利用园区智能化系统中设置的建筑设备管理系统（BAS）、智能照明控制系统等对园区冷热源设备、变配电设备、空调设备、照明设备等设施设备进行能源数字化管控、管理，为优化园区用能及碳排放策略提供有力的技术支持。

设置双碳智慧园区管理平台，集成园区各个基础设施层和子系统的数据和功能，实现统一管理和监控。平台可以通过数据分析和智能算法优化资源利用，提高能源效率，降低碳排放。通过双碳智慧管理平台的数据分析功能，可以深入了解园区能耗情况，发现潜在的节能机会。基于平台提供的数据分析结果，园区管理人员可以做出更加科学的决策，制定节能减排策略，有助于推动园区向可持续发展方向转型，实现双碳目标。

6 双碳智慧园区新能源系统设计——实施指南

6.1 一般规定

6.1.1 双碳智慧园区新能源系统包括光伏发电系统、建筑太阳能光伏光热系统、分散式小型风力发电系统、电动汽车充换电设施系统、储能系统、新能源微网管理系统、建筑直流配电系统、建筑柔性用电管理系统及热泵系统等。

6.1.2 双碳智慧园区的新能源系统设计应满足现行国家标准《建筑节能与可再生能源利用通用规范》(GB 55015)、《绿色建筑评价标准》(GB/T 50378)等的相关规定。

6.1.3 各新能源系统应具备接入双碳智慧园区管理平台、有需求的建筑电气节能系统及其他新能源系统的接口条件，应采用标准通信协议。

【指南】

6.1.1 双碳智慧园区新能源系统主要内容如图6.1.1所示，见表6.1.1。

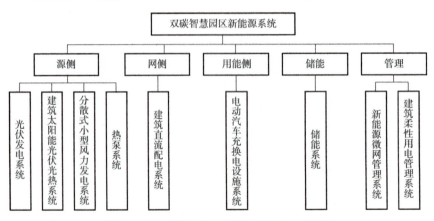

图 6.1.1 双碳智慧园区新能源系统主要内容

表 6.1.1 双碳智慧园区新能源系统主要内容简介

序号	系统名称	系统内容简介
1	光伏发电系统	利用太阳能电池的光伏效应将太阳辐射能直接转换成电能的系统
2	建筑太阳能光伏光热系统	利用太阳能电池的光伏效应将太阳辐射能直接转换成电能，并将光电转换过程中产生的热量用于太阳能集热器加热，同时输出电能和热能，实现电热联供
3	分散式小型风力发电系统	利用风力带动风轮旋转促使发电机发电，将风的动能转换为电能
4	电动汽车充换电设施系统	系统为电动汽车提供充电或换电服务
5	储能系统	以电化学电池为储能载体，通过储能变流器进行可循环电能存储、释放
6	新能源微网管理系统	系统对新能源微网进行实时监测和调控、功率平衡控制、运行优化、故障检测保护及电能质量治理等

(续)

序号	系统名称	系统内容简介
7	建筑直流配电系统	以直流方式实现建筑电源、储能及用电设备之间交换电能的配电系统
8	建筑柔性用电管理系统	对建筑内部的储能、充电桩及可控用电设备等进行监控,对设备进行状态读取、用能调配及运行管理
9	热泵系统	利用外界热源,将低温热量转换成高温热量的热力系统,包括地源、空气源、水源等形式热泵

6.1.2 双碳智慧园区新能源系统设计应满足现行国家及行业标准的相关规定,并重点关注以下条文规定。

1.《建筑节能与可再生能源利用通用规范》(GB 55015) 的下列规定:

2.0.4 新建建筑群及建筑的总体规划应为可再生能源利用创造条件,并应有利于冬季增加日照和降低冷风对建筑影响,夏季增强自然通风和减轻热岛效应。

2.0.5 新建、扩建和改建建筑以及既有建筑节能改造均应进行建筑节能设计。建设项目可行性研究报告、建设方案和初步设计文件应包含建筑能耗、可再生能源利用及建筑碳排放分析报告。施工图设计文件应明确建筑节能措施及可再生能源利用系统运营管理的技术要求。

5.2.1 新建建筑应安装太阳能系统。

5.2.3 太阳能系统应做到全年综合利用,根据使用地的气候特征、实际需求和适用条件,为建筑物供电、供生活热水、供暖或(及)供冷。

5.2.4 太阳能建筑一体化应用系统的设计应与建筑设计同步完成。建筑物上安装太阳能系统不得降低相邻建筑的日照标准。

5.2.6 太阳能系统应对下列参数进行监测和计量:

(1) 太阳能热利用系统的辅助热源供热量、集热系统进出口水温、集热系统循环水流量、太阳总辐照量,以及按使用功能分类的下列参数:

1) 太阳能热水系统的供热水温度、供热水量。

2) 太阳能供暖空调系统的供热量及供冷量、室外温度、代表性房间室内温度。

(2) 太阳能光伏发电系统的发电量、光伏组件背板表面温度、室外温度、太阳总辐照量。

2.《绿色建筑评价标准》(GB/T 50378) 的下列规定:

7.2.9 结合当地气候和自然资源条件合理利用可再生能源,评价总分值为10分,按表6.1.2 的规则评分。

表6.1.2 可再生能源利用评分规则

可再生能源利用类型和指标		得分
由可再生能源提供的生活用热水比例 R_{hw}	$20\% \leq R_{hw} < 35\%$	2
	$35\% \leq R_{hw} < 50\%$	4
	$50\% \leq R_{hw} < 65\%$	6
	$65\% \leq R_{hw} < 80\%$	8
	$R_{hw} \geq 80\%$	10

(续)

可再生能源利用类型和指标		得分
由可再生能源提供的空调用冷量和热量比例 R_{ch}	$20\% \leq R_{ch} < 35\%$	2
	$35\% \leq R_{ch} < 50\%$	4
	$50\% \leq R_{ch} < 65\%$	6
	$65\% \leq R_{ch} < 80\%$	8
	$R_{ch} \geq 80\%$	10
由可再生能源提供电量比例 R_e	$0.5\% \leq R_e < 1.0\%$	2
	$1.0\% \leq R_e < 2.0\%$	4
	$2.0\% \leq R_e < 3.0\%$	6
	$3.0\% \leq R_e < 4.0\%$	8
	$R_e \geq 4.0\%$	10

6.2 光伏发电系统设计

6.2.1 光伏发电系统是利用太阳能电池的光伏效应将太阳辐射能直接转换成电能的系统。与公共电网无连接的独立光伏发电系统宜配置储能设施。并网光伏发电系统分为发电全部上网型、自发自用余电上网型、并网不上网型三种形式。建筑光伏发电系统可由电池板、变换器、储能设施等组成，系统框架如图6.2.1-1和图6.2.1-2所示，其中虚线部分为可选设施或功能。

电池板 → 变换器 → 储能设施 → 变换器 → 负载

图6.2.1-1 独立光伏发电系统框图

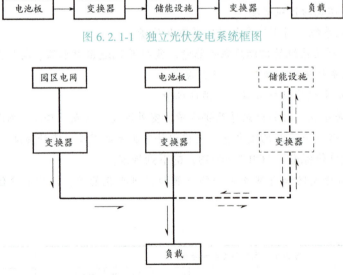

图6.2.1-2 并网光伏发电系统框图

6.2.2 光伏发电系统设计应符合下列要求：

1. 根据项目所在地太阳能资源情况、可安装太阳能光伏组件的有效建筑面积等进行光伏组件布置。

2. 计算光伏发电系统装机容量，对光伏发电系统框架进行设计并计算光伏发电功率。
3. 对建筑用电负荷、光伏发电量进行自消纳分析，确定光伏发电系统储能容量与并网形式。
4. 光伏发电系统的电气设计，包括配电、防雷等设计。
5. 明确对建筑荷载的要求。

【指南】

1. 设备选型

系统设备选型见表6.2.1，光伏电池的性能对比见表6.2.2。

表6.2.1 系统设备选型表

序号	设备名称	性能要求	备注
1	光伏组件	在屋顶、室外雨棚等场所宜采用单晶硅、多晶硅电池；光伏幕墙宜采用薄膜光伏电池，薄膜电池用在幕墙系统时，应注意透光率对薄膜电池的转换率的影响，透光率越高，其单位面积转化效率越低。安装倾斜角需根据所处地理位置、建筑造型和排水要求综合确定，应注意满足光伏组件通风的要求，降低温升，在人员可视场所安装时，其反射系数宜控制在10%以内，减少光污染。正常条件下的使用寿命不低于25年，在10年使用期内输出功率不低于90%的标准功率，在25年使用期限内输出功率不低于80%的标准功率；光伏组件第1年内输出功率衰减率≤3%；光伏组件前3年内累计输出功率衰减≤5%	
2	光伏并网变换器	变换器功率需与光伏组件发电功率匹配，并考虑适当裕量，具备功率因数自动调节功能，谐波治理功能，转换效率不低于95%。光伏系统变换器安装位置宜处于光伏组件阵列负荷中心位置，光伏组串到变换器的电压降不宜超过2%	在并网点附近安装
3	直流汇流箱	钢制箱体，防护等级IP65，根据光伏组件的电压等级、功率、组串数量选型，考虑防水、防锈蚀、通风散热等措施。直流汇流箱具备防雷以及监控功能，能实现对每串输入的电压、电流进行监控	在光伏组件附近安装
4	直流配电柜	根据光伏系统容量选型，直流配电柜具备直流输入断路器、防反二极管、光伏防雷器以及其他相关功能	在屋顶或并网点附近安装
5	交流配电柜	根据光伏系统容量选型，考虑设置防逆流装置或者双向电表	在并网点安装
6	光伏组件支架	单晶硅组件一般采用表面为热浸锌处理的钢结构支架结合屋顶结构安装，光伏幕墙安装方式同立面幕墙安装方式	
7	交流电缆	室内安装时，选型同建筑配电系统电缆选型，室外安装时，需要考虑防潮防水要求	
8	直流电缆	光伏组串电缆选用光伏专用电缆，电缆大小的选取应满足线损在3%以内	
9	光伏发电控制系统	系统包括控制主机及配套软件，系统采用MPPT运行模式，对逆变器、环境监测仪、汇流箱、电表设备进行实时监控，具有数据采集与处理、事故报警、运行监控、发电控制、电能质量控制、电能管理与预测、数据统计与制表、时钟同步、系统自诊断与自恢复、系统维护等功能	
10	储能系统	根据当地供电部门要求选配	

表 6.2.2　主要光伏电池的性能对比表

常见光伏电池种类		转化效率（实验室数据）	单价/（元/W）	优缺点
硅基光伏电池	单晶硅电池	24.2%	1.04~1.12	转化率较高，价格较高，硅耗大，工艺复杂，寿命长，光伏电站和屋顶采用
	多晶硅电池	22.8%	0.73~0.83	转化率低，价格低，硅耗小，工艺简单，寿命长，光伏电站和屋顶采用
薄膜光伏电池	碲化镉薄膜电池（CdTe）	22.1%	4.6	运行转化效率高于非晶硅电池，性能稳定，制造成本低，碲稀有，镉有毒，适用于BIPV
	铜铟镓硒薄膜电池（CIGS）	23.4%	5	转化率较高，重量轻，弱光性能好，有不同颜色，铟元素稀有，适用于BIPV
	砷化镓薄膜电池（GaAs）	35.5%	38	转化率最高，价格昂贵，难加工，耐高温，稳定性好，适用于空间卫星、无人飞行器等
新概念电池	钙钛矿电池（PSCs）	26.7%	1	转化率较高，制备成本最低，材料稳定性差，技术有待完善，发展应用潜力大

2. 应用案例

（1）项目概述及系统组成

案例为办公楼，位于广东惠州市，结合建筑效果，在屋顶和南面室外停车雨棚安装单晶硅光伏组件，光伏组件采用支架固定安装方式。同时，考虑光伏发电与建筑一体化应用，在南立面设置光伏玻璃。系统主要由光伏发电组件、汇流箱、直流配电柜、逆变器、控制器及其配套系统组成，系统接线图如图6.2.2所示，光伏组件平面布置如图6.2.3~图6.2.5所示。

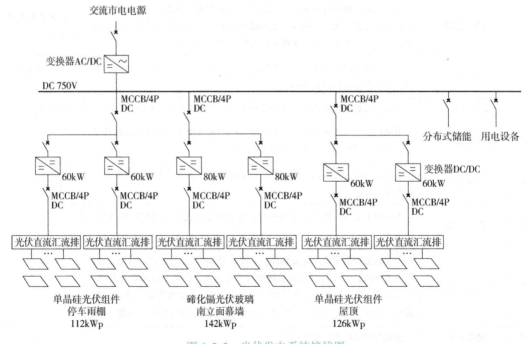

图 6.2.2　光伏发电系统接线图

6 双碳智慧园区新能源系统设计——实施指南

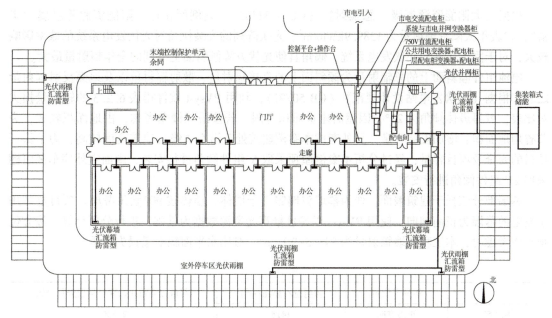

图6.2.3 室外光伏发电雨棚及首层配电干线平面图

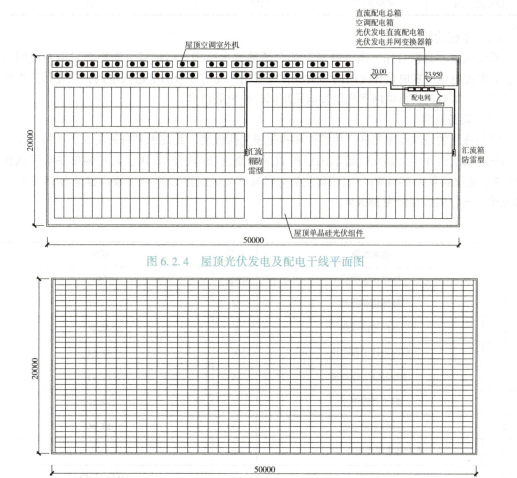

图6.2.4 屋顶光伏发电及配电干线平面图

图6.2.5 南立面光伏玻璃排布图

根据《太阳能资源等级 总辐射》（GB/T 31155），案例所在地太阳能资源等级属"丰富"；代表年太阳总辐射量为1389.9kWh/m²。光伏阵列的安装倾角对光伏发电系统的效率影响较大，对于固定式并网光伏发电系统，倾角宜使光伏方阵倾斜面上受到的全年辐射量最大。

电池组件倾斜面上的总辐射量为倾斜面上的直接辐射量、散射辐射量以及地面反射辐射量之和。根据《光伏发电站设计规范》（GB 50797），利用PVsyst软件得表6.2.3的辐射量损失对比表，可得最佳倾角为21°，因屋面建筑面积有限，若按最佳倾角考虑，占地面积较大，为节省用地面积、增加安装容量，另外考虑本案例建筑处于沿海边缘且建筑高度较高，为了保证项目的安全及项目容量，经过分析本案例屋顶采取5°组件倾角进行安装，南面室外停车区雨棚采用21°组件倾角进行安装。

幕墙部分依托于建筑墙面，作为幕墙玻璃镶嵌于墙体，整体按90°倾角考虑。项目整体用于发电的幕墙为正南朝向，使用PVsyst以场址推算光资源数据为基础，进行分析计算，按方位角正南考虑时，本工程幕墙辐射量为841.5kWh/m²，对比水平面辐射量损失严重。

表6.2.3 辐射量损失对比表

组件方位角		辐射量/(kWh/m²)	与最佳倾角相比辐射量损失百分比
倾角5°	正南方向	1418	2.68%
最佳倾角21°	正南方向	1457	0.00%

（2）系统功能

系统采用"自发自用、余电并网"的自消纳并网模式，尽量减少新能源发电对电网的冲击，太阳能电池所发电量优先给内部负载，负载用不完的多余的电送入电网，当光伏发电电量不足以供给负载时，由电网和光伏发电系统同时给负载供电。

（3）设备选型

案例选用的是双面单晶硅光伏组件和碲化镉光伏玻璃，其技术规格见表6.2.4和表6.2.5，单晶硅光伏组件和碲化镉光伏玻璃的组串数量分别为20块和16块，共安装单晶硅光伏组件441块，装机容量为238kWp，安装碲化镉光伏玻璃光伏组件1353块，装机容量为142kWp，项目光伏发电总装机容量为380kWp。

表6.2.4 单晶硅光伏组件技术规格

序号	技术参数	单位	规格
1	标称峰值功率	Wp	540
2	标称功率公差	%	0~+5
3	组件转换效率	%	20.8
4	标称最佳工作电压	V	41.64
5	标称最佳工作电流	A	12.97
6	标称开路电压	V	49.60
7	标称短路电流	A	13.86
8	最大绝缘耐受电压（I_{EC}）	Vdc	1500
9	尺寸	mm	2285×1134×35

表6.2.5 碲化镉光伏玻璃技术规格

序号	技术参数	单位	规格
1	标称峰值功率	Wp	105
2	标称功率公差	Wp	0~+5
3	组件转换效率	%	16
4	标称最佳工作电压	V	48.6
5	标称最佳工作电流	A	2.16
6	标称开路电压	V	61.9
7	标称短路电流	A	2.48
8	最大绝缘耐受电压(I_{EC})	Vdc	1000
9	尺寸	mm	1200×600×6.8

（4）项目成效（产品优势）

通过安装光伏发电系统，该项目实现了以下效益：

1）建筑光伏发电系统的安装，可以增加建筑对新能源的利用，延缓建筑用能电气化给建筑电气系统扩容带来的压力，对建筑实现减碳节能增效有积极意义。

2）项目年发电量估算为31.9万kWh，年用电量估算为38.74万kWh，从年时间尺度和日时间尺度看，项目能够内部消纳完案例的光伏组件发电量，项目可以实现零碳建筑运行。

3）按上网电价0.4元/kWh计算，项目每年可节约电费12.8万元，每年节约标准煤96.61t、减少CO_2排放量274.24t、减少SO_2排放量9.58t、减少氮氧化合物排放量4.79t、每年减少排"碳"86.87t。

6.3 建筑太阳能光伏光热系统（PV/T）设计

6.3.1 PV/T系统利用太阳能电池的光伏效应将太阳辐射能直接转换成电能，并将光电转换过程中产生的热量用于太阳能集热器加热，同时输出电能和热能，实现电热联供。系统由光伏光热组件、热泵主机、储热水箱/缓冲水箱等组成。系统框架如图6.3.1所示。

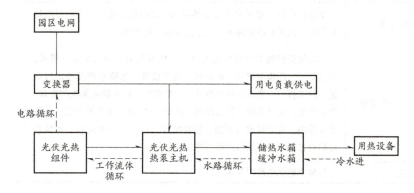

图6.3.1 建筑太阳能光伏光热系统（PV/T）框架

6.3.2 系统设计应符合下列要求：

1. 太阳能电池在发电过程中，通过集热组件带走光伏组件热量，提升发电效率。

2. 系统利用太阳能光伏光热组件作为空气源热泵的外挂蒸发器收集热量，通过热泵组件进行供热。
3. 供热使用端采用水循环换热器进行隔离。
4. 系统采用物联网及变频技术，实现远程控制。
5. 系统能在-25~40℃环境温度下正常运行。

【指南】
1. 设备选型

系统设备选型见表6.3.1。

表6.3.1 系统设备选型表

序号	设备名称	设备功能	备注
1	终端显示控制设备	智能手机、计算机等终端设备	
2	光伏光热组件	单件发电功率不小于380W（规格2287mm×878mm），满足热负荷需求的前提下选择PVT组件数量，PVT光伏发电功率不满足需求时，可补充常规光伏组件补充发电	在并网点附近安装
3	光伏光热热泵主机	可选择热水、供暖、制冷等功能。满足热负荷需求的前提下选择PV/T主机，制冷负荷不满足的可补充常规制冷主机补充制冷	在光伏组件附近安装
4	储热水箱、缓冲水箱	根据项目热水容量选型	
5	光伏并网变换器	变换器功率需与光伏组件发电功率匹配，并考虑适当裕量，具备功率因数自动调节功能，谐波治理功能，转换效率不低于95%。光伏系统变换器安装位置宜处于光伏组件阵列负荷中心位置，光伏组串到变换器的电压降不宜超过2%	在并网点附近安装
6	直流汇流箱	钢制箱体，防护等级IP65，根据光伏组件的电压等级、功率、组串数量选型，考虑防水、防锈蚀、通风散热等措施。直流汇流箱具备防雷以及监控功能，能实现对每串输入的电压、电流进行监控	在光伏组件附近安装
7	直流配电柜	根据光伏系统容量选型，直流配电柜具备直流输入断路器、防反二极管、光伏防雷器以及其他相关功能	在屋顶或并网点附近安装
8	交流配电柜	根据光伏系统容量选型，考虑设置防逆流装置或者双向电表	在并网点安装
9	组件支架	单晶硅组件一般采用表面为热浸锌处理的钢结构支架结合屋顶结构安装，光伏幕墙安装方式同立面幕墙安装方式	
10	光伏光热控制系统	系统包括控制主机及配套软件，光伏系统采用MPPT运行模式，对逆变器、环境监测仪、汇流箱、电表设备、水箱水位及进出口水温、热泵状态、热量计量设备进行实时监控，具有数据采集与处理、事故报警、运行监视、发电控制、制冷/热控制、水流量控制、电能质量控制、电能管理与预测、数据统计与制表、时钟同步、系统自诊断与自恢复、系统维护等功能	
11	储能系统	根据当地供电部门要求选配	

2. 应用案例

（1）项目概述及系统组成

项目为某假日酒店，位于江苏南通市，项目光伏光热系统每天提供60t热水，热水主要用于淋浴，发电量为36.5kWp。本项目光伏光热系统一机多用，可实现全年含冬季生活热水日需求量60t，同时36.5kWp的光伏装机发电，可满足用户的发电、热水等需求。

在满足日总热负荷2790.7kWh需求的前提下选择光伏光热组件96件，光伏发电功率不满足需求时，可补充常规光伏组件补发电，选用光热主机制备生活热水，在满足小时热负荷173.5kW需求的前提下选择光伏光热热泵主机10p机组6台。酒店光伏光热系统如图6.3.2所示。

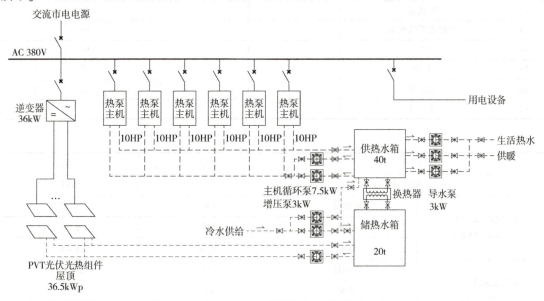

图6.3.2 酒店光伏光热系统

（2）系统功能

光伏光热系统实现四季发电、全年供热水、冬季供暖等多样化功能。系统具备光伏发电和太阳能集热的功能，系统利用光伏板进行发电，在光伏板背面安装集热器，通过循环流体将多余的热量吸收利用，并提高光伏板的发电量，多余的热量转移为生活用水加热或者进行室内供暖。当阴天或雨雪天气的情况下，专用热泵自动切换空气源模式保证热水或者暖气正常供应。系统可实现光伏、光热、空气能多种能源的有效互补，以较低成本实现建筑低碳运行。

（3）设备选型

系统设备选型见表6.3.2、表6.3.3。

表6.3.2 系统设备选型表

序号	名称	型号/规格	材质	单位	数量
1	PVT光伏光热组件380W	380W	尺寸2287mm×878mm	件	96
2	PVT热水主机	10p		台	6
3	逆变器	36kW		套	1
4	支架配件		热镀锌	套	96
5	光伏专用电柜		柜子为不锈钢	套	1
6	直铜管		铜	项	1
7	铜管配件		铜	套	96

(续)

序号	名称	型号/规格	材质	单位	数量
8	供热水箱	40t	不锈钢	套	1
9	储热水箱	20t	不锈钢	套	1
10	水路管道阀门管件			套	1
11	主机循环泵			台	2
12	导水泵			台	3
13	末端增压给水泵			台	2
14	辅材			项	1
15	工质			项	1
16	安装费			项	1
17	吊装费			项	1

表6.3.3　光伏光热热泵主机选型表

项目		单位	参数
机组匹数		—	10匹
空气能额定制热一 （20℃/15℃）	制热量	kW	38.85
	功率	kW	8.73
	COP	W/W	4.45
空气能额定制热二 （-7℃/-8℃）	制热量	kW	26.44
	功率	kW	8.28
	COP	W/W	3.19
空气能额定制热三 （-12℃/-14℃）	制热量	kW	20.9
	功率	kW	8.11
	COP	W/W	2.57
空气能额定制热四 （-20℃）	制热量	kW	14.8
	功率	kW	7.29
	COP	W/W	2.03
最大输入功率		kW	9.7
最大输入电流		A	19.02
名义产水量		L/h	765
循环水流量		m³/h	7.7
额定出水温度		℃	55
最高出水温度		℃	60
电源形式		V/Hz	380V/50Hz
制冷剂		—	R22
热交换最大工作压力		MPa	3.0
高/低压侧最高工作压力		MPa	3.0/0.8
防触电等级		—	Ⅰ类

(续)

项目	单位	参数
防护等级	—	IPX4
机组噪声	dB（A）	≤65
机组进出水压差	kPa	40
工作范围	℃	-30~45
PVT组件数量	—	16
接光伏板连接管径	mm	4-φ19.05
外形尺寸（L/W/H）	mm	1520×820×1050
主机接管尺寸	国标	DN40内螺纹
设备质量	kg	260
机组外观	—	

(4) 项目成效（产品优势）

1) 系统的优势在于一机多用、运行费用低，可实现零能耗供暖，满足用户的发电、供暖、热水等需求。按热水费用7元/t，电价0.75元/kWh，较普通电加热本项目每年可节约费用约65万元。

2) 高效节能，PVT集热板从空气中获得大量低品位热能，整套系统所消耗的电能仅仅是热泵运转工质将低品位热能转化成高品位热能所需的能量，因此制等量的热量，其用电量仅仅是传统电热水器的1/5左右，可为用户节省大量的电费。

3) 运行成本低，投资回报期短收益高，PVT热电联供系统可以节省90%的能源，与传统空气源热泵、太阳能热水器、燃气和电加热相比，运行成本最低，是传统空气源热泵的1/2左右，太阳能热水器（辅助加热）1/3左右、燃气热水器的1/4左右，电热水器的1/6。实验数据显示PVT热电联供系统发电+集热收益与投入成本比较，对于热水系统通常1.5年内收回投入成本，对于供暖系统通常5年左右收回投入成本，后期收益高且持久。

4) 安全可靠，热电联供系统不使用电力直接加热，消除了电加热、燃气加热等设备使用中存在的危险性，安全系数大大提高。

5) 智能调控，PVT热电联供系统采用先进控制系统全自动运行，可以随时供应热能，无需专人看管。

6) 应用广泛，PVT热电联供系统安装简便，可应用于医院、学校、宾馆、宿舍、别墅等供热需求场所。

7) 环保低碳，使用热泵系统可避免空气污染，运行过程无碳排放，绿色节能高效，有利于环境保护。

8) 适应范围广，环境温度从-35℃至40℃，常年使用，无阴天、雨雪等恶劣天气及黑夜限制，均可正常使用。

6.4 分散式小型风力发电系统设计

6.4.1 分散式小型风力发电系统利用风力带动风轮旋转促使发电机发电，将风的动能转换为电能。低风速场地宜采用全功率型风力发电机，高风速场地宜选择双馈型风力发电机，发电机具有垂直轴或水平轴两种布置方式。系统由风轮、发电机、变流器、运行控制及监控设备等组成。

1. 全功率型风力发电机由风轮、永磁同步发电机、全功率变换器等组成，系统框架如图 6.4.1-1 所示。

图 6.4.1-1　全功率型风力发电系统框架

注：箭头表示功率流向。

2. 双馈型风力发电机由风轮、双馈异步发电机、全功率变换器等组成，系统框架如图 6.4.1-2 所示。

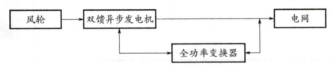

图 6.4.1-2　双馈型风力发电系统框架

注：箭头表示功率流向。

6.4.2 系统应符合下列要求：

1. 机组具备宽风速区域风力利用能力，宜布置在园区低风速环境的场地。
2. 并网性能应满足所接入电网的相关要求。
3. 风力发电系统运行模式分为并网型和离网型，并网型又分为自发自用余电不上网型和自发自用余电上网型。
4. 为降低风电机组功率扰动对园区配电系统稳定性的影响，提高新能源发电互补特性和新能源发电量，机组宜配套储能设备。

【指南】

1. 设备选型

系统设备选型见表 6.4.1。

表 6.4.1　系统设备选型表

设计要求	机组结构选材应充分考虑轻量化要求，机组机械部分设计应充分考虑低噪声运行要求，电气系统及机械系统安装要求、计量控制及通信等应符合《风力发电机组　设计要求》（GB/T 18451.1）要求
并网性能要求	应满足所接入电压等级电网的相关要求，考虑配电台区容量要求，不向上级电网返送电，优先以T接或π接方式并网，应按照 GB/T 20320 进行电能质量测试
控制系统	安全通信机制应符合 GB/Z 25320.7 的规定
齿轮箱	应满足 GB/T 19073 的要求
电气系统	可采用中压、低压两种方式接入，中压开关柜应符合 GB/T 3906，变压器应满足 GB/T 1094.16 的要求

2. 应用案例

（1）项目概述及系统组成

某新能源园区建设项目位于广西自治区，总占地面积约 $7000m^2$，包括若干分散的适宜风机建设用地。该项目应用了微风发电低风速技术，一个风电机组由 3~6 台风机组成，单个风机额定功率为 1~2kW。该技术是基于轻量化的材料和独特的结构设计，主要借助微风环境下的风力转化为电能，对风场的选择性也更宽泛，可实现风能利用最大化。同时全程无污染并能回收再利用，是一种环境友好型技术。系统组成如图 6.4.2 所示。

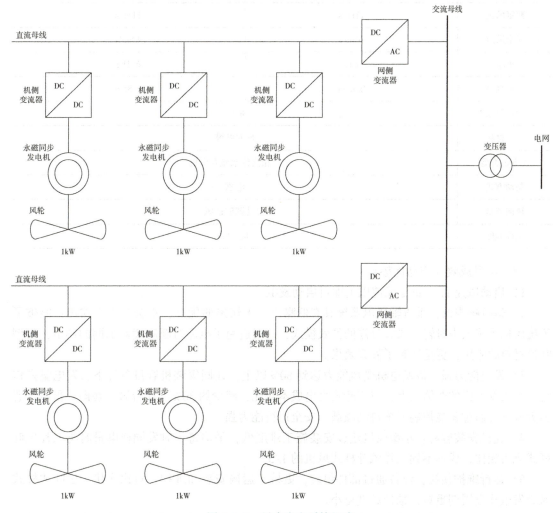

图 6.4.2 风力发电系统组成

（2）系统功能

该项目应用一种全功率变化型风力发电机组，包括主动偏航、主动变桨、全功率变流器等关键核心部件。该机组具有更高的发电效率、更低的切入风速、更新的全功率变流器并网功能，可以应用于更复杂多样的环境地域，有助于提高地区周边的新能源消纳比例。

（3）设备选型

机身材料为铝合金，风轮叶片采用尼龙纤维材质，配以优化的气动外形设计和机构设计。发电机采用永磁转子交流发电机，配以特殊的定子设计，可有效降低发电机的阻转矩，同时使风轮与发电机具有更为良好的匹配特性、机组运行的可靠性。采用最大功率跟踪智能型微处理器控制,有效调节电流电压。根据不同功率等级需求,具体系统设备技术参数见表6.4.2。

表 6.4.2 系统设备技术参数

型号	S-1000	S-2000
额定功率	1000W	2000W
启动风速	3.0m/s	3.0m/s
额定风速	11m/s	11m/s
安全风速	40m/s	40m/s
主机净重	6kg	6.1kg
风轮直径	0.80m	0.85m
叶片数量	8片	
叶片材料	尼龙纤维	
发电机类型	三相交流永磁发电机	
制动方式	电磁	
风向调整	自动调整迎风	
工作温度	−40~80℃	

(4) 项目成效（产品优势）

1) 启动风速低：3m/s 风速以上即可启动发电。

2) 运行噪声低：垂直轴风电系统具有低噪声、无切出的优点,不会产生尖啸声；突破了传统风机系统风小时转,风大时停的低效模式,同时避免了电流时断时续对电网的冲击；新型叶片材料的应用,更是达到了静音效果。

3) 发电能力强：该发电机受风能力达到 80% 以上,在同等装机容量条件下,发电量是传统三叶式发电机的两倍以上,与三叶式发电成本对比,减少约 30%。在台风、暴雨、雷电等恶劣天气下可通过智能控制系统自动减载,安全运行能力强。

4) 建设安装容易：小型风机建设安装施工难度低,平均每小时发同样电量时与三片风叶杆式风机相比,成本不到三片风叶杆式风机的 1/5。

5) 运行维护便捷：设备通过部件组装,更易于运输安装和维护。对比光伏、三叶式柱式风力发电建设周期更短,维护难度更小。

产品具备较好的低风速启动能力及宽风速范围风能转化能力,通过在风力资源较好、地势开阔地区采用分散式风力发电系统,实现本地新能源自发自用、余电上网,系统总装机容量 3MW,年预计发电量约 600 万 kWh,投资回报周期约 8.5 年。

6.5 电动汽车充换电设施系统设计

6.5.1 电动汽车充换电设施系统为电动汽车提供充电或换电服务,由供电系统、充换电设施及管理系统等组成,可由公共充电站、电池更换站、分散式的充电设备等组成,系统框架可参考图 6.5.1，其中虚线部分为可选设施或功能。

6.5.2 系统设计应符合下列要求：

1. 当电动汽车动力电池作为建筑储能设备时，充电装置宜具备双向充放电功能。

2. 园区电池更换站应符合现行国家标准《电动汽车电池更换站设计规范》（GB/T 51077）的相关规定。当电池更换站作为区域储能站时，其配电系统应具备并网逆流功能。

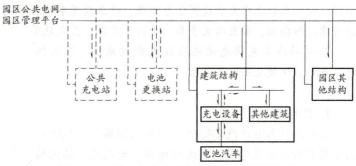

图 6.5.1 园区电动汽车充换电设施系统框架图

3. 园区设置的电动汽车公共充电站，交流充电设备末端配电回路应设置过载、短路、限流式电气防火等保护措施。交流充电桩应设置额定剩余动作电流不大于 30mA 的 A 型 RCD。

4. 当充换电场地有构筑物时，可在构筑物顶设置光伏发电系统，并配置适量储能设施，实现光、储、充一体化功能。

5. 不同充电设备的需要系数宜符合表 6.5.1 及图 6.5.2 的规定。

表 6.5.1 不同充电设备的需要系数

充电设施类型		需要系数	应用场景
交流充电桩	单台交流充电桩	1	家用、公共场所
	非运营场所 2 台及以上单相交流充电桩	0.28~1（可参考图 6.5.2）	住宅小区停车场（库）、公共场所停车场（库）
非车载充电机	1 台	1	公共场所停车场（库）
	2~4 台	0.8~0.95	
	5 台及以上	0.3~0.8	
	运营单位专用	≥0.9	运营单位
充电主机系统	社会公共停车场（库）	0.45~0.65	公共场所停车场（库）
	运营单位专用	≥0.9	运营单位

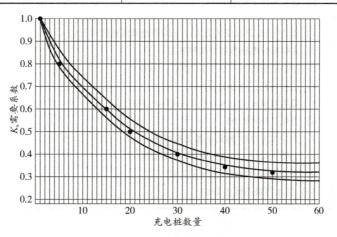

图 6.5.2 7kW 单相交流充电桩需要系数

6. 汽车库内应为充电车位设置防火单元，每个防火单元内设置能覆盖所有车位的 2 只消防水枪；每个车位上部至少设置 2 个喷头，并应设置事故后清洗与污水排放系统。室外充换电站应考虑消防措施，配置防火手套、干粉灭火器、灭火毯等。

7. 电动汽车充换电设施应设置监控系统，包括供电、充电、环境及安防等监控。

【指南】

1. 充电桩功能

充电站是为电动汽车提供电能补给的场所。充电站可配置多台交流充电桩、直流充电桩、充电堆、站内监控消防设备等，可为不同型号动力电池的车辆进行交流慢充、直流快充以及超充，可满足不同车辆的充电要求。

充电站主要由供电系统、充电系统、监控系统以及配套设施组成。供电系统给充电桩及照明等提供电能，充电系统为电动汽车补充电能，监控系统用于监控充电站的运行情况，配套设施包含站内建筑、消防、服务等设施。充电站系统图如图 6.5.3 所示。

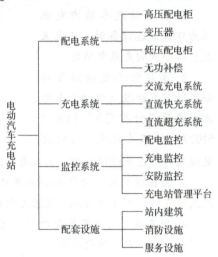

图 6.5.3 充电站系统图

2. 设备选型

系统设备选型见表 6.5.2。

表 6.5.2 系统设备选型表

序号	设备名称	性能要求	备注
1	交流充电桩	1) 支持壁挂/落地安装方式，支持单枪和多枪同时充电 2) 采用连接方式 C：供电设备有永久链接线缆和插头连接方式 3) 单枪最大输出功率 7kW，输出电流 32A 4) 内部电量计量精度不低于 1.0 级 5) 具有过压、欠压、过载、短路、接地、过温和防雷等保护 6) 采用 A 型或 B 型漏电保护，保护电流不大于 30mA 7) 支持 RS485、以太网或 4G 通信功能 8) 支持刷卡或扫描支付可选功能 9) 防水等级不低于 IP65	
2	直流充电桩	1) 支持壁挂/落地安装方式，支持单枪和多枪同时充电 2) 支持部分电压段的恒功率输出 3) 输出电压范围不小于 DC 200~1000V 4) 支持均充，均分输出方式 5) 稳流精度≤±0.5%、纹波系数≤0.5% 6) 待机功耗≤0.1% 7) 支持 12V/24V 辅助电源切换可选 8) 支持 RS485、以太网或 4G 通信功能 9) 支持刷卡或扫描支付可选功能 10) 防水等级不低于 IP54	

(续)

序号	设备名称	性能要求	备注
3	充电堆	1) 最大支持 12 路同时充电，输出总功率不小于 480kW 2) 支持部分电压段的恒功率输出 3) 输出电压范围不小于 DC 200~1000V 4) 支持均充，均分输出方式 5) 稳流精度≤±0.5%，纹波系数≤0.5% 6) 待机功耗≤0.1% 7) MTBF 不小于 8760 8) 支持 RS485、以太网或 4G 通信功能 9) 支持刷卡或扫描支付可选功能 10) 防水等级不低于 IP54	

3. 应用案例

（1）项目概述及系统组成

某充电站建设项目，总建筑面积约 4.2 万 m^2，充电桩装机总功率 2526kW。建设配置 TBEZ3 充电堆 480kW 分体式 4 套，主柜 4 台，双枪快充终端 20 台，单枪快充终端 6 台，超充液冷终端 2 台；TBEZ2 直流充电桩 120kW 双枪 4 台；TBEJ 交流慢充桩 7kW18 台，有小充电车位 70 个，大巴车充电车位 13 个，系统接线示意如图 6.5.4 所示。高低压成套设备为充电桩供电，站内配置后台管理监控系统，可监控充电桩的实时运行情况及场站安保等，可与上一级监控中心进行连接。

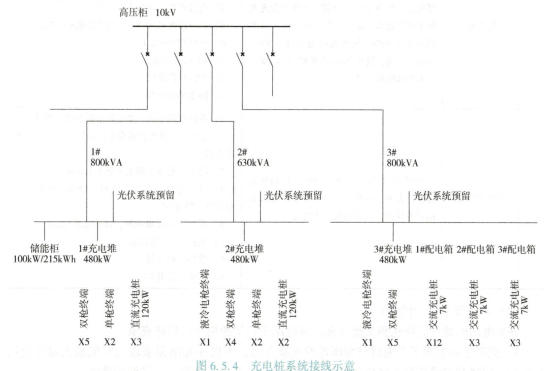

图 6.5.4 充电桩系统接线示意

（2）系统功能

该系统主要为电动汽车进行充电，充电桩将桩体、交流配电、功率分配、充电接口、人机交互界面、通信、计量等部分集成一个整体。桩体采用防水、防尘、散热设计，高防护等级，适用于室内室外安装。充电机输出功率可按需分配，具有配置灵活、安全可靠、安装方便、功能全面等特点。具备输入过压、欠压保护、输出防反接保护、过流保护、输出过压保护、输出过流保护、输出短路保护、过温保护；准确的计费功能等。

（3）设备选型

设备选型见表6.5.3。

表6.5.3 设备选型

序号	名称	配置	参数
1	充电堆	采用4套480kW的充电堆模块，配备双枪终端20台、单枪终端6台和超充液冷终端2台。常规单个充电枪最大输出电流250A，液冷充电枪最大输出480A，可实现现场的快速充电，同时系统支持有序充电	1）支持12路同时充电，输出总功率为480kW 2）支持部分电压段的恒功率输出 3）输出电压范围 DC 200~1000V 4）支持均充、均分输出方式 5）稳流精度≤±0.5%、纹波系数≤0.5% 6）待机功耗≤0.1% 7）支持4G通信功能 8）支持扫描支付 9）防水等级 IP54
2	直流充电桩	采用4台120kW双枪直流快充充电桩，最大支持8台电车快速充电。产品采用强制风冷，噪声不大于65dB。运用全新充电整流模块技术，功率因数可达99%。效率最高可达95%。输出电压范围宽，200~1000V可调，宽电压恒功率输出（300~1000V恒功率）	1）双枪最大功率可达到120kW 2）支持部分电压段的恒功率输出 3）输出电压范围 DC 200~1000V 4）支持均充、均分输出方式 5）稳流精度≤±0.5%、纹波系数≤0.5% 6）待机功耗≤0.1% 7）4G通信功能 8）支持扫描支付 9）防水等级 IP54
3	交流充电桩	采用18台7kW交流充电桩，产品具有过压、欠压、过载、短路、接地、过温和防雷等保护。可实现现场的慢充	1）落地安装方式，单枪输出最大功率7kW 2）采用C：供电设备有永久链接线缆和插头连接方式 3）内部电量计量精度不低于1.0级 4）具有过压、欠压、过载、短路、接地、过温和防雷等保护 5）采用A型漏电保护，保护电流30mA 6）支持4G通信功能 7）支持扫描支付 8）防水等级 IP65

（4）项目效果（含优势）

该充电站配置直流快充和交流慢充，可适用于现场的快速和慢速充电：

1）此充电站实现了充电桩与变压器的互联互通，不仅在充电需求较大时能最大限度使用变压器，同时在空载情况下将变压器调容，降低变压器的空载损坏，降低碳排放。

超级快充采用液冷超充技术，最大可输出600A的电流，极速实现充电5min，续航200km，能解决客户紧急的充电需求；液冷超充技术采用液体冷却方式对新能源汽车进行快速充电，通过在充电过程中将冷却液循环流动,将电池产生的热量带走并散发到外界,从而实现电池的快速冷却和充电,相比传统的风冷、水冷等散热方式,液冷技术具有更高的散热效率和更好的适应性。

2)充电堆具有20台直流快充终端,可依据所有终端输出功率协调各终端的输出电流,实现最大输出250A电流的充电功率。

3)常规快充最大输出250A电流,同时具有44个快充车位,解决常规直流快速充电需求。

4)交流慢充可解决无直流充电接口的混动汽车充电需求。

5)现场支持扫描支付充电,可按定电量、定金额或定时间充电,满足不同的客户需求。

6.6 储能系统设计

6.6.1 电化学储能系统以电化学电池为储能载体,通过储能变流器进行可循环电能存储、释放。系统由电池、电池管理、能量管理及辅助系统等组成。辅助系统可由消防报警及灭火、温度探测及控制、电能计量等系统组成,系统框架如图6.6.1所示。

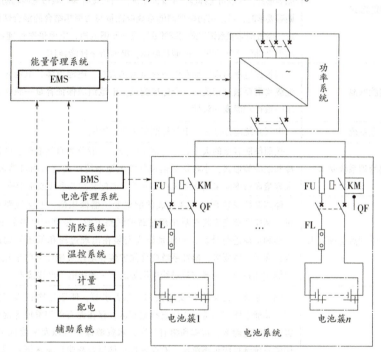

图 6.6.1 储能系统框架图

注:本节适用于额定功率不小于100kW且储能时间不小于15min的电化学储能系统。

6.6.2 储能系统设计应符合下列要求:

1. 电化学储能载体包括锂离子电池、铅酸蓄电池、液流电池、钠硫电池、钠离子电池等。

2. 宜选择能量型储能系统;当系统具有辅助城市电网调峰调频要求时,可采用功率型储能系统或能量与功率相结合的混合储能系统。

3. 户外型储能系统宜选择预制舱/户外柜的安装方式,户内型储能系统应单独设置机房。

4. 应具有电池管理功能,可监测电池状态,确保电池电芯性能的一致性,提高电池系统充放电转换效率。

5. 应具有消防报警及灭火功能,储能系统发生热失控时,应快速精准灭火并及时将有毒、有害、可燃气体排出。

6. 当有多套储能系统时,应具有远程集中监控、协同功能。

【指南】

1. 设备选型

系统设备选型见表 6.6.1。

表 6.6.1 系统设备选型表

序号	名称	设备功能及要求	备注
1	终端显示设备	智能手机、计算机等终端设备	
2	系统主机	搭载"储能管理系统"平台的服务器	
3	储能形式	宜采用锂离子电池、铅蓄电池、液流电池、钠硫电池、钠离子电池或氢等形式;建筑中物理储能宜采用飞轮储能、压缩空气储能或超级电容器储能等形式。一般可选择能量型储能系统,当系统有参与城市电网辅助调峰调频要求时,可采用功率型储能系统或能量与功率相结合的混合储能系统。能量型储能系统宜采用磷酸铁锂或三元锂电池,电池倍率性能<1C;功率型储能系统宜采用钛酸锂电池,电池倍率性能≥1C	
4	储能电池	应根据电池筛选标准对电池成组筛选管控,电池单体、电池包、电池簇均需要通过相关的安全标准测试。电池组应保证容量一致性、电压一致性和温度一致性	
5	配电系统	电气系统应遵循相关电气标准采用保护措施	
6	对电池热管理系统要求	按照储能容量的大小和运行倍率区分,一般分为自然散热、强制风冷和液冷等形式,小容量低倍率储能电池系统产品宜采用自然散热,大容量高倍率应采用强制风冷和液冷且需配套空调系统或制冷机	
7	对储能系统并网点选择要求	储能系统安装在易出现过载的配电变压器低压侧;根据线路载荷量,储能系统应安装在易出现过载的线路下游;根据配电网的电源、网架和负荷进行计算,储能系统应安装在出现过压和低压问题的节点;在无特殊要求,储能系统应优先安装在电压灵敏度高的节点;用户侧储能系统应选择交流进线电压等的下一等级电压母线接入	
8	对土建要求	储能系统选址应选择交通便利,靠近水源,便于运输和施工的地方;储能系统布局选址不应选择地震区,存在泥石流和滑坡等地质灾害,爆破危险区,水库和湖泊下游,水资源保护区以及文物保护区;储能系统选址应远离潮湿、有腐蚀性气体以及粉尘严重区域;园区内及靠近建筑物的地区储能系统选址应尽量避开绿化带,储能系统防火间距应满足《电化学储能电站设计规范》(GB 51048)的相关要求;站房式储能系统应独立空间放置,并且安装位置应满足储能系统防火、防爆、通风要求;用户侧储能系统放置位置应靠近配电房,并且便于线缆敷设和施工	
9	对防雷接地要求	系统应考虑防雷接地措施	
10	对消防设施要求	应具有消防报警及灭火功能,储能系统发生热失控时,可快速报警,精准灭火并及时将有毒、有害、可燃气体排出	
11	对安装形式要求	储能系统安装形式主要也是预制舱/户外柜和站房式两种,对应的是户内与户外布置两种方式	

(续)

序号	名称	设备功能及要求	备注
12	对系统接口要求	提供智慧园区系统和电网需求侧响应接口，可以与智慧园区实现联动，实现园区各类终端统一运维和运营管理	

2. 应用案例

（1）项目概述及系统功能

某水泥厂工业储能项目，储能系统在室外安装，采用预制舱式设计，设置高效的磷酸铁锂电池储能系统8套，每套储能系统功率为500kW，储能时长2h，能源转换效率不低于88%，系统单次最大储电容量4000kWh，采用两充两放策略时日均最大放电量可达8000kWh，储能通过2台2000kVA变压器接入市政电网。储能系统设置能量管理系统（EMS），利用峰谷电价差实现套利，夜间谷电价和中午平电价期间充电，上下午尖峰电价期间放电，储能系统设置电网互动接口，参与电网辅助调峰调频调度并通过电力市场结算辅助服务补贴收益。项目储能系统接线示意图如图6.6.2所示，设备安装示意图如图6.6.3所示。

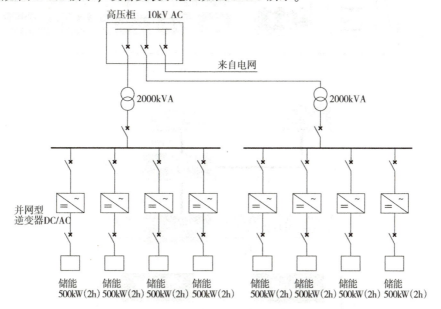

图6.6.2 储能系统接线示意图

图6.6.3 设备安装示意图

项目储能系统能量管理、电池管理系统如图 6.6.4、图 6.6.5 所示。

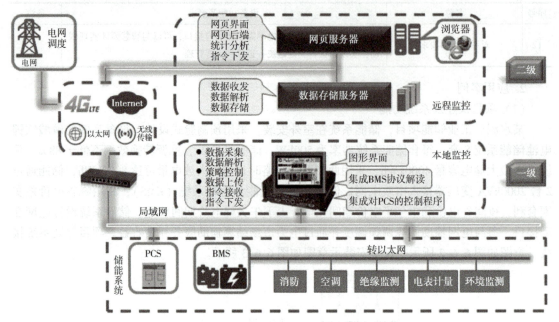

图 6.6.4　能量管理平台架构示意图

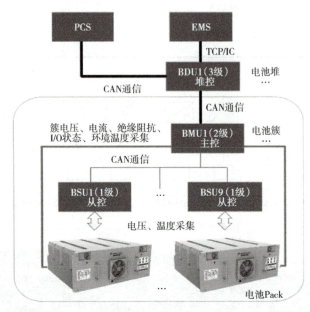

图 6.6.5　电池管理系统示意图

（2）系统功能

储能系统应基于网络平台，对电池状态进行实时监测，使电池系统工作在合适的温度范围内，并对采集到的数据综合分析评价，从而优化电池充放电管理，提升系统转换效率。系统主要功能要求见表 6.6.2。

表6.6.2 储能系统主要功能要求

序号	功能分类	功能描述
1	电池管理	采用高效的电池管理技术，提高电池一致性，从而提高电池系统充放电转换效率，通过电池温度来控制空调的开启，降低温控系统能耗等。引用新风系统，利用环境温度来实现散热，降低空调使用，采用高压设计方案，减小电流，降低线路损耗和发热量
2	电池状态监测及管理	通过结合不同电池特性，设置对应的使用阈值，并通过实时监测，及时调整控制指令，保证电池在安全范围内工作
3	电池热管理	使电池系统工作在适宜的温度范围内。措施主要包括优化散热设计，制定合理的热管理控制策略；优化保护参数，采用先进的预警技术；设计以高内聚、低耦合为原则，将系统分为若干个独立的小系统，每个小系统均有自己独立的保护和控制策略，宜进行电池分舱设计
4	消防报警及灭火	设置火灾报警探测器、气体灭火系统、排烟系统和水消防系统，消防气体应及时覆盖，做到快速精准灭火，及时将有毒、有害、可燃气体排出，避免再扩大；储能系统发生热失控时，应能够采用水消防灭火措施；灭火剂应具有降温、隔绝氧气、降低可燃物浓度等作用。应设置多级消防作为消防后期防复燃防爆措施
5	能量管理	具有多套储能系统远程集中监控、协同功能；定制化的多种工作模式；集成视频监控画面；集成数据可视化看板等其他网页应用；数据采集、解析、分类、计算、转换等；数据多形式展示；手动遥调遥控、自动执行调峰策略；计划曲线设置、通信配置、协议录入；报警监测、事件记录、安全保护策略；数据存储、查询、报表导出、历史数据图表

（3）设备选型
系统设备选型见表6.6.3。

表6.6.3 系统设备选型表

序号	名称	设备功能及要求	备注
1	终端显示设备	智能手机、计算机等终端设备	
2	系统主机	搭载"储能管理系统"平台的服务器	
3	储能电池	采用磷酸铁锂电池，单次最大储电容量8000kWh，日均最大放电量可达16000kWh。根据电池筛选标准对电池成组筛选管控，电池单体、电池包、电池簇均需要通过相关的安全标准测试。电池组应保证容量一致性、电压一致性和温度一致性	
4	配电系统	遵循相关电气标准采用保护措施，系统转换效率不低于93%	
5	对电池热管理系统要求	采用强制风冷，配套空调系统或制冷机	
6	对储能系统并网点选择要求	在10kV电压母线接入	
7	对土建要求	放置位置应靠近配电房，便于线缆敷设和施工的地方	
8	对防雷接地要求	考虑防雷接地措施	
9	对安装形式要求	采用预制舱式，户外布置	
10	对系统接口要求	提供智慧园区系统和电网需求侧响应接口，可以与智慧园区实现联动，实现园区各类终端统一运维和运营管理	

(4) 项目成效（产品优势）

储能系统能有效实现需求侧管理、消除用电高峰、平滑电力负荷，还能提高电力设备运行效率、降低供电成本。同时，储能技术还可以促进可再生能源的应用，提升电网运行稳定性和可靠性，调整电力频率，并对负荷波动进行补偿。此外，储能技术还能够协助系统在灾害事故后重新启动和快速恢复，提高系统的自恢复能力。

项目通过每天"两充两放"的充放电策略，在低电价时段充电，高电价时段放电，预计年放电量约 550 万 kWh、减碳排放量 3240t/年，按峰谷电价价差 0.9 元/kWh 计算，每年可以为企业带来收益 495 万元。不仅为企业降本增效，也有助于电网稳定运行，帮助企业提升社会效益、经济效益、环境效益和发展效益，成为传统企业能源结构转型的示范。

6.7 新能源微网管理系统设计

6.7.1 新能源微网管理系统应具备实时监测和调控、功率平衡控制、运行优化、故障检测保护及电能质量治理等功能。系统由主机、智能网络控制设备、终端显示设备、终端数据采集设备及专用的管理平台软件等组成，系统框架如图 6.7.1 所示。

6.7.2 系统设计应符合下列要求：

1. 平台可采用云网边端架构，系统宜采用物联网、云边端协同、大数据、AI 智能分析等技术。

2. 支持并网、离网两种运行模式。并网运行模式时，系统可采用 PQ 恒功率控制方式运行，市电故障时系统应按离网模式运行。

3. 支持系统设备状态评估、健康管理、系统故障预测与诊断。

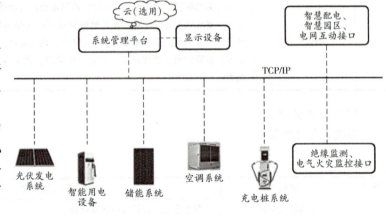

图 6.7.1　新能源微网管理系统框架图

4. 支持与变换器、储能单元等"源网荷储"设备对接，实现设备的即插即用。

5. 支持与绝缘监测、电气火灾监控、光伏发电、风力发电、储能、电动汽车充换电设施、智慧配电、空调等子系统对接。

【指南】

1. 设备选型

系统设备选型见表 6.7.1。

表 6.7.1　系统设备选型表

序号	名称	设备功能及要求	备注
1	终端显示设备	智能手机、计算机等终端设备	
2	系统主机	搭载"新能源微网管理系统"平台的服务器	
3	智能网络控制设备	以太网交换机及边缘网关设备	

(续)

序号	名称	设备功能及要求	备注
4	对变换器选型要求	选用可以通过网络与其他设备或系统进行交互的智慧变换器（带有各类传感器以及执行器的智能化元件）。微网中央控制器可以分时段执行不同控制策略，自动完成微网内部功率分配及指令下达	
5	对断路器选型要求	选用支持远程开、关的智能断路器（带网络模块，支持通信指令远程控制、故障/手动分闸后锁定远程控制、远程锁定本地禁止合闸等）	
6	对系统接口要求	提供智慧园区系统和电网需求侧响应接口，可以与智慧园区实现联动，实现园区各类终端统一运维和运营管理	

2. 应用案例

（1）项目概述及系统组成

项目为新能源微网建设项目，位于北方某地区，项目涵盖多种设备类型，包括光伏装机5MW、储能10MWh、地源热泵上千户，具备与电网的交互支撑能力。

新能源微网管理系统主机设置于当地调度大厅内，可通过计算机随时随地进行系统操作。系统主机通过智能网络控制设备搭建的网络，对光伏、储能及地源热泵单元进行实时监测、状态评估、健康管理及故障诊断，实现源网荷储优化调度运行，改善电能质量，提升区域供电能力。新能源微网管理系统示意图如图6.7.2所示。

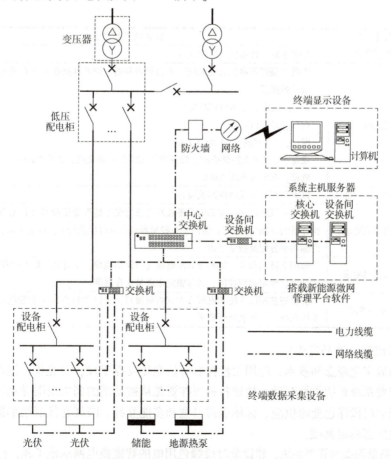

图6.7.2 新能源微网管理系统示意图

（2）系统功能

通过新能源微网管理系统，实现对光伏、储能及地源热泵设备的实时监测、状态评估、健康管理及故障诊断，可提前预估设备运行风险，保障区域可靠供电；具备电网交互接口，并网运行时，可为电网提供支撑；电网故障时系统自动切换离网模式运行。主要功能如下：

1）对分布式新能源进行不同尺度的发电预测、负荷预测。

2）储能协调控制，满足无控制、本地控制、调度控制模式切换。控制模式支持恒功率、恒功率因数、恒充电/放电电流、无功功率控制、电压控制模式切换。实现有功控制、无功控制、速率调节、死区调节。

3）可通过变换器灵活对接"源网荷储"设备及系统，包括绝缘监测、电气火灾监控、光伏发电、风力发电、储能、电动汽车充换电设施、智慧配电、空调等子系统。实现源网荷储的就地优化协同控制。

4）系统支持并网、离网两种运行模式。并网运行模式时，系统可采用 PQ 恒功率控制方式运行，市电故障时系统应按离网模式运行。

5）实现设备的实时监测、状态评估、健康管理及故障诊断，支持能源设备的即插即用。

6）具备智慧园区系统和电网互动接口，可跟随电网调度曲线运行，满足调控需求。

（3）设备选型

系统设备选型见表 6.7.2。

表 6.7.2　系统设备选型表

序号	名称	设备功能及要求
1	终端显示设备	智能手机、计算机等终端设备
2	系统主机	搭载"新能源微网管理系统"平台的服务器，服务器操作系统采用国产 Linux 系统 服务器配置： CPU：至强 E5，10 核 20 线程 内存：32G ECC 网口：4 千兆网卡+1 MGMT LAN 硬盘：8 盘位支持热插拔；配备容量 32T 企业级硬盘，支持 Raid5 电源：双冗余电源 800W
3	智能网络控制设备	以太网交换机及边缘网关设备
4	对变换器选型要求	选用可以通过网络与其他设备或系统进行交互的智慧变换器（带有各类传感器以及执行器的智能化元件）。微网中央控制器可以分时段执行不同控制策略，自动完成微网内部功率分配及指令下达
5	对断路器选型要求	选用支持远程开、关的智能断路器（带网络模块，支持通信指令远程控制、故障/手动分闸后锁定远程控制、远程锁定本地禁止合闸等）
6	对系统接口要求	提供智慧园区系统和电网需求侧响应接口，可以与智慧园区实现联动，实现园区各类终端统一运维和运营管理

（4）项目成效（产品优势）

系统采用数字化理念和技术，应用柔性控制等信息化支撑手段，与光伏、地源热泵、储能为主的绿色消费系统智能柔性互动，构建各种可控资源从被动消纳到主动引导利用的绿色智能微电网，实现全时段绿色能源供应、区域能源自愈和多能互补，园区光伏消纳率提高 30%，为区域全电绿色生态奠定基础。

通过采用新能源微网管理系统，建设全时段绿色用电的智能微电网示范工程，打造智慧供能、精益配能、绿色用能的典范。大幅提升了供电质量及新能源发电效率，降低北方区域碳排放量。

采用数字化技术，构建光、储多能耦合互补、多元聚合互动的绿色智能微电网，实现各种可控资源从被动消纳到主动引导和利用，将传统微网改造为"可并网、可离网、运行方式灵活"的"有源自治的绿色微网"，增强园区微网供电可靠性，为园区重要负荷提供不少于2h的确保供电时间，助力双碳实施方案的有效落地。

6.8 建筑直流配电系统设计

6.8.1 建筑直流配电系统是指以直流方式实现与用户电气系统交换电能的配电系统。系统由变换器、断路器、直流母线、接地装置、保护装置及监测计量仪表等组成，系统框架如图6.8.1所示。

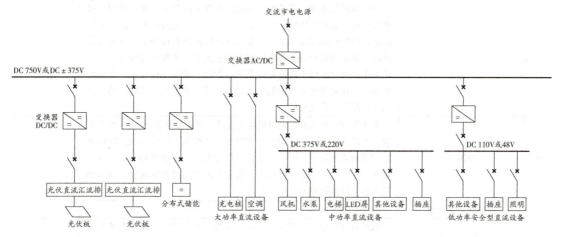

图6.8.1 建筑直流配电系统框图

注：本节适用于电压不超过1500V的建筑直流配电系统。

6.8.2 系统设计应符合下列要求：

1. 系统宜采用单极系统，当系统要求提供两种供电电压时，宜采用双极系统。

2. 建筑直流配电系统接地方式宜采用IT或TN方式。采用IT接地方式时，电压等级高于DC48V的直流配电系统应设置绝缘监测系统（IMD），直流母线宜配置独立的IMD。

3. 直流系统电压等级的选择应考虑系统效率、配电设备接入、线路线损等因素。在额定电压和额定功率条件下，线路压降不宜大于额定电压的5%，系统运行时电压偏差宜控制在额定电压的-10%~5%。

4. 直流配电系统保护应包括电击防护、过电流保护及电压保护。电击防护包括基本保护、故障保护和特殊情况下采用的附加保护。过电流保护应根据不同故障类别和项目具体要求，装设过载、短路保护。电压保护应针对过压和欠压等电压异常设置保护功能。

5. 线缆的耐压水平应按照一同敷设的线缆中最高电压等级选择，双极系统耐压等级应按正负两极间电压考虑。

【指南】

1. 设备选型

系统设备选型见表6.8.1。

表 6.8.1 系统设备选型表

序号	名称	设备功能及要求	备注
1	断路器	（1）接线方式：直流断路器接线方式应根据直流配电网的接地类型选择不同的接线方式 （2）额定电压：断路器的额定工作电压选择应满足直流系统电压保护的要求 （3）过电流脱扣器：断路器的过电流脱扣器整定电流需要根据负载的工作电流来确定，脱扣器整定电流应满足过载保护条件 （4）分断能力：低压直流系统应根据接地形式选择断路器的额定极限短路分断能力 （5）大电流场合直流断路器的接线方式：在大电流场合，可通过极间并联来获得相应的整定值。采用极间并联方式时应考虑瞬时磁脱扣值的降容系数 （6）保护脱扣器：直流配电系统断路器采用热磁式脱扣器用于过载保护时，其动作特性曲线与交流相同，用于短路保护时必须采用低整定倍数的热磁脱扣器，当交流热磁脱扣器直接用于直流配电系统时，其瞬动保护值必须根据制造商提供校正系数进行校正。当交流电磁式脱扣器用于直流配电系统保护时，必须进行校正。直流配电系统必须采用直流专用型电子式脱扣器，交流电子式脱扣器不应用于直流配电系统保护	
2	变换器	主干节点的变换器宜采用模块化设计，实现变换器的 $N+1$ 冗余配置，在低功率情况应适当关断部分变换器模块，降低能耗；应能快速切断故障回路或采用故障电流的穿越技术；变换器功率需与回路功率匹配，并考虑适当裕量；具备功率因数自动调节功能，谐波治理功能，转换效率不低于95%	
3	浪涌保护器主机	采用直流专用型	
4	RCD 剩余电流探测	选用具有直流分量探测型，用作人身安全保护时，剩余电流值宜为 80mA	
5	计量仪表	采用直流专用型	在并网点附近安装
6	共直流母线空调配电系统	（1）电动机负载应采用不含整流装置的直流逆变器，其接入直流网的时候，需要做预充电的操作 （2）有多个电源接入时，系统应做电压下垂控制 （3）较长的共直流母线上，有多个不同类型的电源和设备接入时，应设隔离及保护装置	在光伏组件附近安装
7	电能路由器	（1）宜选用共直流母线多端口变流器拓扑结构 （2）电能路由器端口配置原则 1）光伏接入端口：由建筑物本体设计决定；优先自消纳，富余给储能充电，余量上网 2）市电接入端口：交流 380V 接口 3）储能接入端口：容量满足系统稳定要求，并考虑参与电网辅助调频调峰套利 4）负载接入端口：满足负载接入需求，负载容量以满足光伏自消纳为最优 （3）电能路由器的检测 电能路由器需要进行对地绝缘和电磁兼容等检测，满足电气设备安全运行规程的相关要求；同时对各功能端口进行检测 1）市电接入端口检测：检测该端口输出电能质量应能满足新能源	在屋顶或并网点附近安装

6 双碳智慧园区新能源系统设计——实施指南

（续）

序号	名称	设备功能及要求	备注
7	电能路由器	并网条件要求,电压谐波和波形畸变、电压偏差、电压波动和闪变、电压不平衡度、直流分量在规定的范围内 2）光伏接入端口检测：检测该光伏接入端口要满足光伏接入电能路由器的条件，能实现 MPPT 等功能 3）储能接入端口检测：储能端口要满足功率双向流动，电压波动要满足储能装置的电压工作范围 4）负载端口检测：负载端口要求能满足负载电压和功率的要求	在屋顶或并网点附近安装
8	系统保护要求	（1）电击防护：直流配电系统的电击防护包括基本保护、故障保护和特殊情况下采用的附加保护。除了 DC 48V 系统采用安全特低压防护可以不考虑基本防护外，其余系统均应采用基本保护和故障保护兼有的保护措施 （2）过电流保护：直流配电系统过载、短路保护原则同交流系统 （3）电压保护：系统应针对过压和欠压等电压异常设置保护功能。当直流母线处于 70%~80% 额定电压范围，且持续时间不超过 10s 时，系统应保持运行；当直流母线处于 20%~70% 额定电压范围，且持续时间不超过 10ms 时，系统应保持运行，欠压保护不应动作。当外部交流电压传入窜入直流电气系统时，直流电气系统应能识别并报警 （4）监测功能：采用 IT 接地方式时，电压等级高于 48V 的直流配电系统应具备绝缘监测功能，绝缘监测功能应由绝缘监测系统（IMD）完成，直流母线宜配置独立的 IMD （5）线缆选择：线缆的耐压应按照一起敷设的线缆中最高电压等级的运行电压选择；对于三线 IT 系统，耐压应统一按正负两极间电压考虑 （6）电能质量：在额定电压和功率条件下，线路压降不应大于 5% 额定电压，直流电气系统运行时电压偏差应控制在 -10% 和 5% 额定电压之间	在并网点安装

2. 应用案例

（1）项目概述及系统组成

项目为办公楼，位于广东惠州市，建筑总面积 $5000m^2$，一共 5 层，每层面积约 $1000m^2$，建筑坐北朝南，面宽 50m，进深 20m，建筑高度 20m。一至五层均是办公室。采用多联机空调系统，室外机在屋顶安装，占地面积约 $100m^2$，立面为幕墙结构。项目除消防设备、电梯外，均采用直流配电系统供电，直流配电系统由直流配电母线、变换器、断路器、浪涌保护器、RCD 剩余电流探测器、计量仪表、低压直流配电综合保护系统等组成。

（2）系统接线设计

项目在屋顶采用单晶硅光伏组件，在南立面安装碲化镉薄膜电池光伏玻璃。选用的是双面单晶硅光伏组件和碲化镉光伏玻璃，单晶硅光伏组件和碲化镉光伏玻璃的组串数量分别为 20 块和 16 块，共安装单晶硅光伏组件 441 块，装机容量为 238kWp，安装碲化镉光伏玻璃光伏组件 1353 块，装机容量为 142kWp，项目光伏发电总装机容量为 380kWp。

储能按光伏装机容量的 30% 安装，在室外配置 120kWh 的磷酸铁锂电池，在室外采用集装箱安装方式，在室外设置 5 个 30kW 充电桩。

结合光伏组件安装和储能安装情况，案例直流系统接线示意图如图 6.8.2 所示。光伏发电系统、储能、市电、屋顶多联机、办公干线均采用直流 750V 供电电压，电梯、智能化用电、公共照明、应急照明、开水器、打印机和楼层办公用电水平干线等采用直流 375V 供电电压，末端办公用房采用 48V 特低安全电压供电。系统采用两线制系统，考虑目前变换器短路故障耐受度差，系统采用可变接地形式的方式，系统正常工作时采用 IT 系统配合绝缘监测的方式，在系统一点接地后，转化为负极接地的 TN 系统后采用直流剩余电流保护装置通过断路器来自动切断电源。

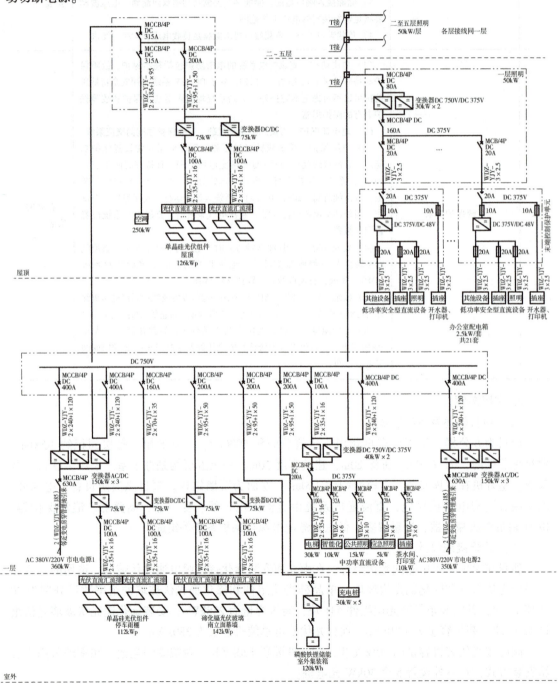

图 6.8.2 直流系统接线示意图

(3) 设备选型

系统设备选型见表 6.8.2。

表 6.8.2 系统设备选型表

序号	设备名称	性能要求	备注
1	断路器	直流 750V 配电系统断路器采用额定电压为 1000V 的直流断路器，直流 375V 配电系统断路器额定电压为 500V 的直流断路器，断路器极数均为四极，接线方式采用四极两两串联方式接线，脱扣器采用热磁式或专用直流电子式脱扣器	
2	变换器	接入直流 750V 配电系统的设备均通过隔离型变换器接入，变换器采用模块化设计；能快速切断故障回路或采用故障电流的穿越技术；变换器功率需与回路功率匹配，并考虑适当裕量；具备功率因数自动调节功能，谐波治理功能，转换效率不低于 95%	
3	浪涌保护器	采用直流专用型	
4	RCD 剩余电流探测器	选用具有直流分量探测型，用作人身安全保护时，剩余电流值宜为 80mA	
5	计量仪表	采用直流专用型	在并网点附近安装
6	共直流母线空调配电系统	(1) 电动机负载应采用不含整流装置的直流逆变器，其接入直流网的时候，需要做预充电的操作 (2) 有多个电源接入时，系统应做电压下垂控制 (3) 较长的共直流母线上，有多个不同类型的电源和设备接入时，应设隔离及保护装置	在光伏组件附近安装
7	电能路由器	(1) 宜选用共直流母线多端口变流器拓扑结构 (2) 电能路由器端口配置原则 1) 光伏接入端口：由建筑物本体设计决定；优先自消纳，富余给储能充电，余量上网 2) 市电接入端口：交流 380V 接口 3) 储能接入端口：容量满足系统稳定要求，并考虑参与电网辅助调频调峰套利 4) 负载接入端口：满足负载接入需求，负载容量以满足光伏自消纳为最优 (3) 电能路由器的检测 电能路由器需要进行对地绝缘和电磁兼容等检测，满足电气设备安全运行规程的相关要求；同时对各功能端口进行检测： 1) 市电接入端口检测：检测该端口输出电能质量应能满足新能源并网条件要求，电压谐波和波形畸变、电压偏差、电压波动和闪变、电压不平衡度、直流分量在规定的范围内 2) 光伏接入端口检测：检测该光伏接入端口要满足光伏接入电能路由器的条件，能实现 MPPT 等功能 3) 储能接入端口检测：储能端口要满足功率双向流动，电压波动要满足储能装置的电压工作范围 4) 负载端口检测：负载端口要求能满足负载电压和功率的要求	在屋顶或并网点附近安装

(续)

序号	设备名称	性能要求	备注
8	综合保护系统	（1）电击防护：直流配电系统的电击防护包括基本保护、故障保护和特殊情况下采用的附加保护。除了 DC 48V 系统采用安全特低压防护可以不考虑基本防护外，其余系统均应采用基本保护和故障保护兼有的保护措施 （2）过电流保护：直流配电系统过载、短路保护原则同交流系统 （3）电压保护：系统应针对过压和欠压等电压异常设置保护功能。当直流母线处于 70%~80% 额定电压范围，且持续时间不超过 10s 时，系统应保持运行；当直流母线处于 20%~70% 额定电压范围，且持续时间不超过 10ms 时，系统应保持运行，欠压保护不应动作。当外部交流电压传入窜入直流电气系统时，直流电气系统应能识别并报警 （4）监测功能：采用 IT 接地方式时，电压等级高于 48V 的直流配电系统应具备绝缘监测功能，绝缘监测功能应由绝缘监测系统（IMD）完成，直流母线宜配置独立的 IMD （5）线缆选择：线缆的耐压应按照一起敷设的线缆中最高电压等级的运行电压选择；对于三线 IT 系统，耐压应统一按正负两极间电压考虑 （6）电能质量：在额定电压和功率条件下，线路压降不应大于 5% 额定电压，直流电气系统运行时电压偏差应控制在 -10% 和 5% 额定电压之间	在并网点安装

项目中末端办公室设置末端控制保护单元，内部设置直流 48V 安全特低电压配电系统，除开水器及打印机外其余办公室用电均列入安全特低电压供电范围，提高末端人员用电安全性。开水器及打印机等无法接入到直流 48V 系统的较大功率设备直接接入直流 375V 系统的插座回路。

（4）项目成效（产品优势）

低压直流配电具有以下优势：

1）适应大多数分布式发电、储能系统的接入。

2）减少直流设备的整流环节，提高整体效率，降低成本。与交流系统相比，项目节能效果在 5%~15%，在直流产品进一步完善后，节能效果还能更加显著。

3）可实现快速切换，不需要相位检测、同步等环节。

4）更高的电能质量，消除谐波等问题。

5）更高的传输效率，没有电感损耗与集肤效应。

6）具有更高的安全电压水平，比交流电使用更加安全。

7）便于实现电源协同控制和实现负荷柔性调节。

6.9 建筑柔性用电管理系统设计

6.9.1 建筑柔性用电管理系统应对建筑内部的储能、充电桩及可控用电设备等进行监控，对设备进行状态读取、用能调配及运行管理。系统由主机、终端显示设备、智能网络控制设备、终端数据采集设备及专用管理平台软件等组成，系统框架如图 6.9.1 所示。

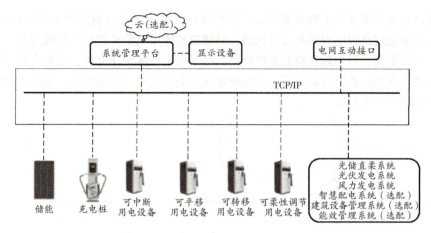

图 6.9.1　建筑柔性用电管理系统框图

6.9.2 系统设计应符合下列要求：

1. 平台可采用云网边端架构，系统宜采用物联网、云边端协同、大数据、AI 智能分析等技术。

2. 可控用电设备分为可中断、可平移、可转移、可柔性调节等类型。

3. 可接收分布式发电系统的发电量预测，对用电设备进行用电量预测，给出电网调度指令响应潜力分析。

4. 可分解电网调度指令，对发、用、储设备进行协同控制。

5. 应保证建筑供配电、供冷、供热等系统的稳定运行。

【指南】

1. 设备选型

系统设备选型见表 6.9.1。

表 6.9.1　系统设备选型表

序号	名称	设备功能及性能	备注
1	终端显示设备	智能手机、计算机等终端设备	
2	系统主机	搭载"建筑柔性用电管理系统"平台的服务器	
3	智能网络控制设备	以太网交换机及边缘网关设备	
4	对变换器选型要求	选用可以通过网络与其他设备或系统进行交互的智慧变换器（带有各类传感器以及执行器的智能化元件）	
5	对断路器选型要求	选用支持远程开、关的智能断路器（带网络模块，支持通信指令远程控制、故障/手动分闸后锁定远程控制、远程锁定本地禁止合闸等）	
6	对系统接口要求	提供智慧园区系统和电网需求侧响应接口，可以与智慧园区实现联动，实现园区各类终端统一运维和运营管理	

2. 应用案例

（1）项目概述及系统组成

项目位于某直辖市，主要功能是办公楼，建筑面积约 3 万 m^2，按零能耗建筑标准建设，项目设置屋顶光伏发电系统和电化学储能系统。

建筑柔性用电管理系统主机设置于保安监控室内，可通过计算机随时随地进行系统操作。系统主机通过智能网络控制设备搭建的网络，对建筑整体用电负荷进行全时段监控，并将负荷分为三类：重要负荷、可中断负荷及柔性负荷，根据用电数据统计分析，结合光伏及储能设备状态，对整体建筑用电进行智能调节，在保障建筑供电的同时，降低能耗。建筑柔性用电管理系统示意图如图6.9.2所示。

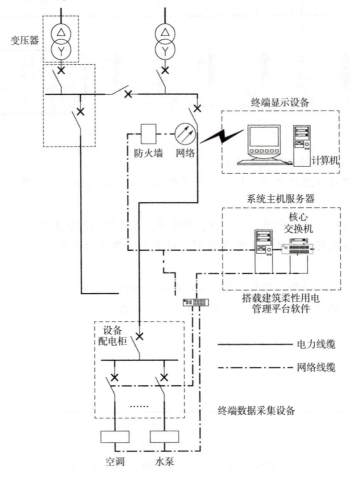

图 6.9.2　建筑柔性用电管理系统示意图

（2）系统功能

通过建筑柔性用电管理系统，实现对建筑整体负荷的实时监测，能量管理及能效分析，根据不同时段的用电需求，智能控制光伏发电及储能运行状态；以全楼整体能耗最小为目标，柔性控制建筑内部用电，最大化消纳光伏发电，提升绿色能源自供率。系统主要功能如下：

1）应结合历史数据及环境数据对建筑内部发电侧的光伏发电、风力发电等发电系统进行年、月、日、时、分钟等多时间尺度的发电量预测。

2）应结合历史数据及环境数据对建筑内部用电侧的空调系统、风机、水泵、热水、照明等用电设备进行年、月、日、时、分钟、秒、毫秒等多时间尺度的用电量预测。

3）应能根据建筑内部发电系统预测发电量及给定的日、时、分钟、秒、毫秒等多时间尺度的市电响应要求，在确保建筑正常运行的情况下，给出建筑内部用电设备电能使用计划和储能系统、充电桩及电动汽车的电能充放电计划，并向电网侧反馈是否接受电网调度指令和响应调度指令的深度。

4）接受电网调度指令后，在与电网互动过程中，应根据建筑内部发电实际系统实际发电量及用电设备实际用能情况，及时调整发电系统发电量、用电设备的用电量和储能、充电桩及电动汽车的充放电策略，在确保建筑内部供用电系统稳定可靠运行的前提下，使建筑使用市电的情况尽量在时间和功率幅值上都跟随电网调度指令。

5）系统可对建筑内部用户的用电舒适度考虑分级指标，舒适度指标主要包括在建筑参与电网调度指令后，对用户用电习惯的影响，对室内温度调节造成的环境舒适度的影响。

6）系统需考虑建筑供用电系统、电供暖和电空调系统的稳定性和可靠性。

（3）设备选型

系统设备选型见表6.9.2。

表 6.9.2　系统设备选型表

序号	名称	设备功能及性能
1	终端显示设备	智能手机、计算机等终端设备
2	系统主机	搭载"建筑柔性用电管理系统"平台的服务器，服务器操作系统采用国产 Linux 系统 服务器配置： CPU：至强 E5，10核20线程 内存：32G ECC 网口：4 千兆网卡+1MGMT LAN 硬盘：8 盘位支持热插拔；配备容量 32T 企业级硬盘，支持 Raid5 电源：双冗余电源 800W
3	智能网络控制设备	以太网交换机及边缘网关设备
4	对变换器选型要求	选用可以通过网络与其他设备或系统进行交互的智慧变换器（带有各类传感器以及执行器的智能化元件）
5	对断路器选型要求	选用支持远程开、关的智能断路器（带网络模块，支持通信指令远程控制、故障/手动分闸后锁定远程控制、远程锁定本地禁止合闸等）
6	对系统接口要求	提供智慧园区系统和电网需求侧响应接口，可以与智慧园区实现联动，实现园区各类终端统一运维和运营管理

（4）项目成效（产品优势）

通过采用建筑柔性用电管理系统，应用绿色低碳节能技术、融合智慧能源管控技术，保障建筑内的直流微网提供持续稳定、高质量、高效率的电能，实现建筑零能耗目标；系统集光伏发电、储能应急供电等功能于一体，大大降低建筑整体能耗，达到节能减排的目的。

系统集成六种智能用电模式，实现低碳建筑能量自治管理，综合转换效率达到95%，基本实现整体建筑零能耗。同时采用光储联合运行模式，光伏发电利用率达到100%，结合储能灵活充放电特性，保障建筑整体不断电，有效提升建筑用电质量。

6.10　热泵系统设计

6.10.1　热泵系统是一种有效地利用外界热源，将低温热量转换成高温热量的热力系统，包括地源、空气源、水源等形式热泵。本节仅对地源热泵系统做相关规定。

6.10.2 地源热泵系统由水源热泵机组、地热能交换系统、建筑物内系统等组成。系统框架如图6.10.1所示。

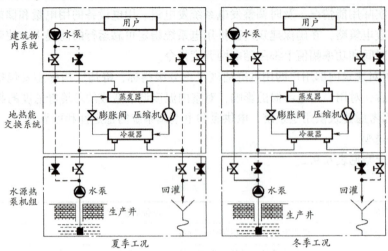

图6.10.1 地源热泵系统架构图

6.10.3 地源热泵系统设计应符合下列要求：

1. 系统可作为供暖、制冷、生活用热水的冷热源供应。有稳定热水需求的公共建筑，宜采用部分或全部热回收型水源热泵机组。全年供热水时，应选用全部热回收型水源热泵机组或水源热水机组。

2. 可采用岩土体、地下水或地表水为低温热源。在冬季有冻结可能的地区，地埋管、闭式地表水和海水换热系统应采取防冻措施。水温在10~100℃时，可优先利用海、湖或水池等地表水换热。利用地表水换热时，应征得当地环保部门同意。

3. 系统应考虑配套的智慧化控制系统。

【指南】

1. 设备选型

系统设备选型见表6.10.1。

表6.10.1 系统设备选型表

序号	设备名称	性能要求	备注
1	地源热泵机组	采用水冷离心式地源热泵机组，空调主机采用环保冷媒	
2	地埋管换热器	地埋管换热器采用竖直安装。一次水源为浅层地下水，一次水源经板式换热器变为二次水源	
3	冷冻水系统	采用大温差的两管制一次泵变流量系统。制冷机位于水泵压出端；冷冻水水泵电动机频率根据末端设备流量的变化自动调节，使其流量与系统流量匹配。冷冻水水泵、冷却水泵与制冷机组均为一对一布置	
4	供回水系统	采用水平及竖向同程或异程相结合方式敷设。水系统的最高点及有可能积聚空气的部位设置自动排气阀，系统的最低点及有可能积水的部位，应设置排污泄水装置	

(续)

序号	设备名称	性能要求	备注
5	水源井潜水泵	扬程及流量应满足一次水源流量要求，采用高效节能水泵	
6	定压/补水气压罐	采用自动排气补水定压装置进行定压补水	
7	水处理设备	全自动物化一体水处理加药系统，冷冻水加入缓蚀剂、除垢剂；冷却水加入缓蚀剂、除垢剂及灭藻剂，以降低水系统内菌类的滋生和对管道的腐蚀。全自动加药装置带机房水位报警监测装置；具有水质预设定、水质监测、水质调节功能；具有钠离子置换、去除钙镁离子功能；具有铝离子絮凝沉淀，压差自动反洗排污功能。确保水质满足《工业循环冷却水处理设计规范》（GB 50050）的要求。制冷机冷凝器进出水管处设置冷凝器在线清洗装置，清除冷凝器管壁污垢。冷却塔设置平衡管，避免冷却水溢出	
8	空调末端系统	恒温恒湿区域、需要分区考虑供冷或供热要求场所设备为四管制，其余区域为两管制	
9	智慧化控制系统	搭载"地源热泵智慧化控制系统"平台的服务器	
10	终端显示设备	智能手机、计算机等终端设备	

2. 应用案例

（1）项目概述

本项目位于河南安阳，是世界级博物馆，总建筑面积约5万m^2，空调面积约34452m^2，其中恒温恒湿空调面积4433m^2，空调供热及采暖面积36828m^2。空调总冷负荷为5030kW，其中恒温恒湿空调冷负荷582kW，舒适性空调冷负荷4502kW；空调总热负荷为4650kW，其中恒温恒湿系统热负荷407kW，舒适性空调热负荷4323kW。

本项目空调系统采用地源热泵系统，系统框图如图6.10.2所示。

冷/热源采用3台水冷离心式地源热泵机组，单机制冷/热量为1830kW/1750kW，空调主机采用环保冷媒。另外设置7台制冷量为130kW的风冷热泵机组作为恒温恒湿空调的备用冷热源（机组按总热量在冬季室外-7℃时衰减40%选取），其中2台带热回收，在制冷的同时可以回收热量，免费为恒温恒湿机组提供再热量。

地源热泵系统的地埋管换热器采用竖直安装，各管井间距25m，井深度120m，共15口井运行时5抽10灌，其中5抽10灌可任意组合，抽灌交替使用。管井分布于室外绿化广场内。地源热泵板式换热器后至地埋管室外部分的接管及打井等工艺性设计由当地专业单位深化设计。

地源热泵机组、冷/热水泵、冷却水泵、定压、补水气压罐、水处理设备均设置于负一层地下室的空调主机房内。冷水机组冷冻水进出水温度为6℃/13℃，冷却水进出水温度为32℃/37℃，热水进出水温度为38℃/45℃；风冷热泵冷冻水进出水温度为7℃/12℃，热水进出水温度为40℃/45℃。

（2）系统功能

系统能够转移地下土壤中热量或者冷量到所需要的地方，实现空调制冷或者供暖用途。地源热泵利用了地下土壤巨大的蓄热蓄冷能力，冬季地源把热量从地下土壤中转移到建筑物内，

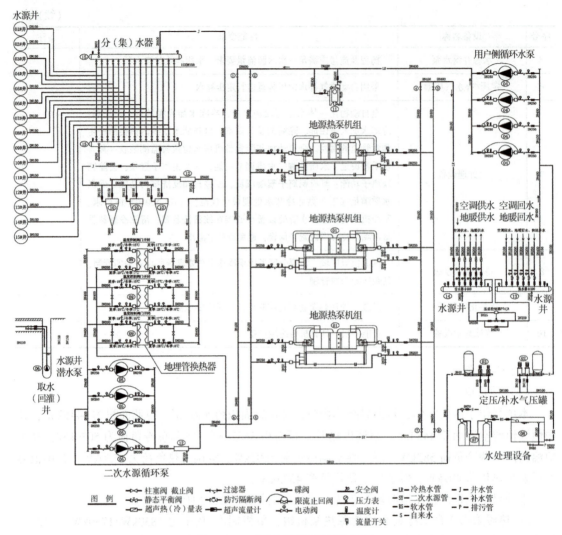

图6.10.2 项目地源热泵系统框图

夏季再把地下的冷量转移到建筑物内,一个年度形成一个冷热循环。

在供暖状态下,压缩机对冷媒做功,并通过换向阀将冷媒流动方向换向。由地下的水路循环吸收地表水、地下水或土壤里的热量,通过蒸发器内冷媒的蒸发,将水路循环中的热量吸收至冷媒中,在冷媒循环的同时再通过冷凝器内冷媒的冷凝,由风机盘管循环将冷媒所携带的热量吸收。在地下的热量不断转移至室内的过程中,以热风的形式为房间供暖。

在制冷状态下,地源热泵机组内的压缩机对冷媒做功,使其进行汽-液转化的循环。通过蒸发器内冷媒的蒸发将由风机盘管循环所携带的热量吸收至冷媒中,在冷媒循环同时再通过冷凝器内冷媒的冷凝,由水路循环将冷媒所携带的热量吸收,最终由水路循环转移至地水、地下水或土壤里。在室内热量不断转移至地下的过程中,通过风机盘管,以冷风的形式为房间供冷。

(3)设备选型

系统设备选型见表6.10.2。

表 6.10.2　系统设备选型表

序号	名称	性能要求	备注
1	地源热泵机组	采用水冷离心式地源热泵机组，空调主机采用环保冷媒，采用3台水冷离心式地源热泵机组，单机制冷/热量为1830kW/1750 kW。另外设置7台制冷量为130kW的风冷热泵机组作为恒温恒湿空调的备用冷热源（机组按总热量在冬季室外-7℃时衰减40%选取），其中2台带热回收，在制冷的同时可以回收热量，免费为恒温恒湿机组提供再热量。冷水机组冷冻水进出水温度为6℃/13℃，冷却水进出水温度为32℃/37℃，热水进出水温度为38℃/45℃；风冷热泵冷冻水进出水温度为7℃/12℃，热水进出水温度为40℃/45℃	
2	地埋管换热器	一次水源为浅层地下水，一次水源经板式换热器变为二次水源，井水（一次水源）单井出水量90t/h，冬季一次水源供回水温为16℃/8℃，冬季二次水源供回水温为15℃/7℃，夏季一次水源供回水温为17℃/28℃，夏季二次水源供回水温为18℃/29℃。地源热泵系统的地埋管换热器采用竖直安装，各管井间距25m，井深度120m，共15口井运行时5抽10灌，其中5抽10灌可任意组合，抽灌交替使用。管井分布于室外绿化广场内	
3	冷冻水系统	采用大温差的两管制一次泵变流量系统。制冷机位于水泵压出端；冷冻水泵电动机频率根据末端设备流量的变化自动调节，使其流量与系统流量匹配。冷冻水泵、冷却水泵与制冷机组均为一对一布置。空调冷冻水和冷却水系统静压力均不超过24m，冷冻水系统工作压力为620kPa	
4	冷热水系统	采用水平及竖向同程或异程相结合方式敷设。水系统的最高点及有可能积聚空气的部位设置自动排气阀，系统的最低点及有可能积水的部位，应设置排污泄水装置	
5	水源井潜水泵	每个抽井内均配置一个潜水泵，流量为100m³/h，采用高效节能水泵	
6	定压/补水气压罐	采用自动排气补水定压装置进行定压补水	
7	水处理设备	全自动物化一体水处理加药系统，冷冻水加入缓蚀剂、除垢剂；冷却水加入缓蚀剂、除垢剂及灭藻剂，以降低水系统内菌类的滋生和对管道的腐蚀。全自动加药装置带机房水位报警监测装置；具有水质预设定、水质监测、水质调节功能；具有钠离子置换，去除钙镁离子功能；具有铝离子絮凝沉淀，压差自动反洗排污功能。确保水质满足《工业循环冷却水处理设计规范》（GB 50050）的要求。制冷机冷凝器进出水管处设置冷凝器在线清洗装置，清除冷凝器管壁污垢。冷却塔设置平衡管，避免冷却水溢出	
8	空调末端系统	恒温恒湿区域、需要分区考虑供冷或供热要求场所设备为四管制，其余区域为两管制	
9	智慧化控制系统	搭载"地源热泵智慧化控制系统"平台的服务器	
10	终端显示设备	智能手机、计算机等终端设备	

（4）项目成效（产品优势）

1）地源热泵系统属于可再生能源利用技术，可以有效节约能源，减少环境污染。地下水温度全年波动较小，使得热泵机组的季节性能系数具有恒温热源热泵的特性，相比传统的空调系统，本项目地源热泵系统的运行效率高 40%~60%，投入 1kW 的电能可以得到 4kW 以上的热量或 5kW 以上冷量，节能效果显著。

2）地下水的温度相对稳定，排除了空气源热泵和冬季除霜等难点问题，使地源热泵系统的运行更可靠、稳定，同时保证了系统的高效性和经济性。与常规空调因外界气温变化引起的多耗电、效果不佳等缺点不同，地源热泵系统可以长期自动运行，维护费用低。

3）地源热泵机组运行时，不消耗水也不污染水，不需要锅炉、冷却塔，也不需要堆放燃料废物的场地，环保效益显著。与电供暖相比，地源热泵系统可以为本项目减少 70% 以上的能耗；与空气源热泵相比，可以为本项目减少 40% 以上的能耗；制热系统比燃气锅炉的效率平均提高近 50%，比燃油炉的效率高出 75%。

7 双碳智慧园区建筑电气节能系统设计——实施指南

7.1 一般规定

7.1.1 双碳智慧园区建筑电气节能系统设计包括变配电智能监控、建筑能效管理、建筑设备监控、一体化智能配电与控制、智慧预约用电管理、智能照明控制、智慧照明新技术、室外一体化照明、智慧电缆安全预警、智慧充电桩集群调控管理、无源光局域网、以太光局域网、智慧电池安全预警、智慧办公、室内环境低碳节能控制、智慧室内导航、可控磁光电融合安全云存储、低碳智慧景观座椅管理、智慧遮阳等系统设计。

7.1.2 双碳智慧园区建筑电气节能系统设计应符合现行国家标准《建筑节能与可再生能源利用通用规范》（GB 55015）、《公共建筑节能设计标准》（GB 50189）、《工业建筑节能设计统一标准》（GB 51245）等的规定。

7.1.3 各节能系统应具备接入双碳智慧园区管理平台、有需求的新能源子系统及其他建筑电气节能系统的接口条件，应采用标准通信协议。

【指南】

7.1.1 双碳智慧园区建筑电气节能系统主要包括内容如图7.1.1所示、见表7.1.1。

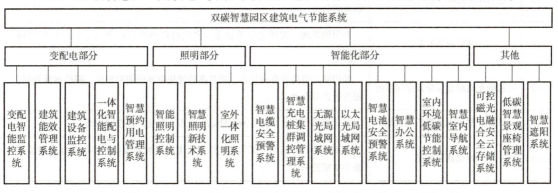

图 7.1.1 双碳智慧园区建筑电气节能系统主要内容

表 7.1.1 双碳智慧园区建筑电气节能系统主要内容简介

序号	系统名称	系统简介
1	变配电智能监控系统	对变配电回路及设备状态实时监控、远程管理，并集成消防、安防、环境监测等功能
2	建筑能效管理系统	通过数据和运行信息采集，对能耗进行监视、分析、调控，实现能源分析调控策略
3	建筑设备监控系统	集中监控与管理楼宇内各类机电设备，实现对建筑内部环境、能耗等数据的自动化监控与管理

(续)

序号	系统名称	系统简介
4	一体化智能配电与控制系统	采用模块化成品集成定制配电、控制柜,实现减少设备、数据融合、节能低碳
5	智慧预约用电管理系统	基于网络平台,通过设备终端对用电设备预约使用,实现错峰用电
6	智能照明控制系统	实现照明系统的开关、照度调节等功能,满足照明需求及灯具正常工作
7	智慧照明新技术系统	包括PLC数字化照明系统、无源无线照明控制系统、智慧光纤导光照明系统等,实现智能照明控制
8	室外一体化照明系统	实现对室外亮化工程的照明控制、能耗监测、数据采集和分析
9	智慧电缆安全预警系统	实现电缆的温度监测、故障预警及空间故障定位
10	智慧充电桩集群调控管理系统	对充电桩集群输出功率实时调控,提升供电系统利用率
11	无源光局域网系统	基于POL技术组网,实现楼层弱电间无需电源,优化网络布线
12	以太光局域网系统	基于以太全光技术组网,实现楼层设备无源,网络布线优化
13	智慧电池安全预警系统	通过蓄电池的状态参数自动在线连续监控,实现电池安全预警与控制
14	智慧办公系统	包括无纸化多媒体会议、多媒体特效投射、数字档案管理及多功能智慧办公桌等系统
15	室内环境低碳节能控制系统	实现对智能照明、暖通空调、门禁、遮阳帘、空气质量等多协议系统设备的集成联控
16	智慧室内导航系统	利用物联网、蓝牙定位等技术,实现对移动终端或个人的室内位置精确测定
17	可控磁光电融合安全云存储系统	采用磁光电混合存储技术,提升高频使用数据的调取速度,降低运算能耗,提升数据安全性
18	低碳智慧景观座椅管理系统	基于网络平台,实时监测座椅运行状态,优化产品空间布局
19	智慧遮阳系统	包括电动百叶遮阳系统和真空低碳发电遮光玻璃系统,实现立面遮阳装置集中智能控制

7.1.2 双碳智慧园区建筑节能系统设计应满足现行国家及行业标准的相关规定,如:

《建筑节能与可再生能源利用通用规范》(GB 55015)第3.3.5条,甲类公共建筑应按功能区域设置电能计量。

《建筑节能与可再生能源利用通用规范》(GB 55015)第3.3.8条,建筑的走廊、楼梯间、门厅、电梯厅及停车库照明应能够根据照明需求进行节能控制;大型公共建筑的公用照明区域应采取分区、分组及调节照度的节能控制措施。

《建筑节能与可再生能源利用通用规范》(GB 55015)第5.2.1条,新建建筑应安装太阳能系统。

《公共建筑节能设计标准》(GB 50189)第6.2.2条,配变电所应靠近负荷中心、大功率用电设备。

《工业建筑节能设计统一标准》(GB 51245)第6.3.9条,当注入电网的谐波超过允许值时，应根据不同行业的要求、谐波源的特点采取相应的滤波措施。

7.2 变配电智能监控系统设计

7.2.1 变配电智能监控系统可对变配电回路及设备状态实时监控、远程管理，并集成消防、安防、环境监测等功能。系统由监控软件、综合保护装置、智能监控装置及第三方设备等组成。系统框图如图 7.2.1 所示。

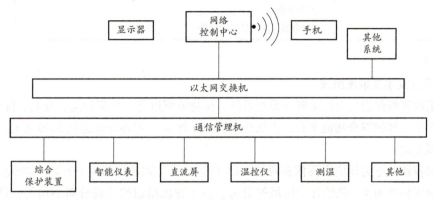

图 7.2.1 变配电智能监控系统框图

7.2.2 系统实现对变配电所（站）远程监控，具备遥信、遥控、遥测、遥调等功能，具有电气参数实时监测、设备参数远程调整、故障录波、异常预警及事故报警、事件记录、统计报表的整理及打印、电能量成本管理和负荷监控等综合功能。

【指南】

1. 选型

变配电智能监控系统选型见表 7.2.1。

表 7.2.1 变配电智能监控系统选型表

序号	设备名称	性能要求	备注
1	监控软件	1）支持 Windows7、Windows8、Windows10、Windows Server 2008/2012 操作系统，支持多种协议和开放接口 2）基于 Web 的应用软件，可直接与现场设备连接通信 3）支持无限个客户端同时在线访问 4）具有系统绘制图形以及编程调试功能 5）支持虚拟机安装	
2	终端显示设备	智能手机、计算机等终端设备	
3	通信网关	1）支持 RS485 串口、以太网接口等 2）支持 Modbus RTU、Modbus TCP、DL/T 645—2007、CJ/T 188—2018、OPC UA 等协议的数据接入 3）Modbus TCP（主、从）、104（主、从）建筑能耗、SMP、MTT 等协议上传，支持断点续传、双 L、JSON 进行数据传输，支持标准 8GB SD 卡，支持不同协议向多平台转发数据	

（续）

序号	设备名称	性能要求	备注
4	综合保护装置	适用于配电线路、主变压器、配电变压器、电动机、电容器、PT监测/PT并列、母联/备自投等中高压柜微机保护	
5	智能监控装置	1）支持 RS485 串口、以太网接口等 2）支持 Modbus 等通信协议、DI、DO 点位 3）采集设备状态、电压、电流、功率、电量、电能质量、温度、湿度等参数 4）数据存储、事件记录等	

2. 案例

（1）项目概述及系统组成

某国家物流枢纽应用变配电智能监控系统。该物流枢纽是一个集货运、仓储、配送、信息服务等功能于一体的综合物流平台，占地面积约 100 万 m^2，年吞吐量达到 2000 万 t，是该国最大的物流枢纽之一。

该物流枢纽的电力供应主要依靠两条 10kV 的进线，分别连接到两个 10kV 的配电站，再通过变压器降压到 0.4kV，供给各个区域的负荷。由于物流枢纽的负荷分布不均匀，且受季节、天气、节假日等因素的影响，负荷波动较大，导致电力供应不稳定和不经济。

为了提高物流枢纽电力供应的可靠性和效率，该物流枢纽采用了变配电智能监控系统，实现了对变配电设备的实时监测和控制，以及对电力数据的分析和优化。系统由监控软件、终端显示设备、通信管理机、综合保护装置、智能监控装置等组成，功能具体如下：

1）变配电设备的实时监测和控制：通过安装智能测量终端、智能传感器、智能控制器等设备，对变配电设备的状态、电流、电压、功率因数等参数进行实时监测和控制，及时发现设备的异常情况，并通过边缘服务器和云平台进行远程控制，如开关、调节、复位等，保障设备的安全稳定运行。

2）电力数据的分析和优化：通过边缘服务器和云平台，对监测到的电力数据进行处理、存储和转发，以及进行数据分析、挖掘和趋势分析，提供设备运行状况的报告和建议，帮助物流枢纽进行电力管理和节能诊断，如负荷预测、负荷平衡、电力分配、电力调度等，降低电力成本，提高电力利用率。系统示意图如图 7.2.2 所示。

（2）系统功能

变配电智能监控系统是一种用于监测和控制变配电设备的系统，它可以实时监测变配电设备的状态、电流、电压、功率因数等参数，检测设备运行的异常情况，及时发出警报并采取措施，保障电力设备的安全稳定运行。同时，变配电智能监控系统还可以通过数据分析，提供设备运行状况的报告和趋势分析，帮助用户进行设备维护和优化管理，提高设备的可靠性和运行效率。

其关键功能如下：

1）实时监测：能够实时监测变配电设备的状态、电流、电压、功率因数等参数，反映设备运行情况。实时监测功能可以帮助用户及时了解设备的工作状况，发现设备的异常或故障，避免设备的损坏或事故的发生，保障设备的安全稳定运行。

7 双碳智慧园区建筑电气节能系统设计——实施指南

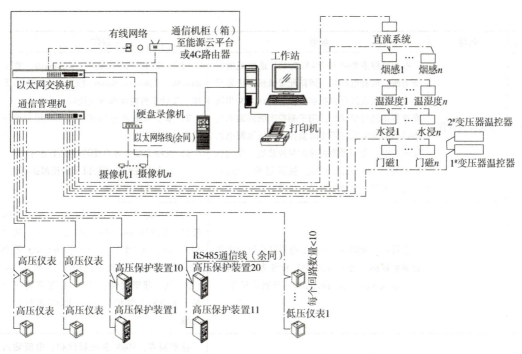

图 7.2.2 变配电智能监控系统示意图

2）警报提示：能够检测设备运行的异常情况，及时发出警报提示，提醒用户采取措施，保障设备的安全稳定运行。警报提示功能可以帮助用户及时发现设备的异常或故障，及时进行处理或报修，减少设备的停机时间，降低设备的维修成本，提高设备的可靠性。

3）数据分析：能够对监测到的数据进行分析，提供设备运行状况的报告和趋势分析，帮助用户进行设备维护和优化管理，提高设备的可靠性和运行效率。数据分析功能可以帮助用户对设备的运行数据进行统计、分析和展示，提供设备的运行报告和趋势分析，帮助用户进行设备的维护和优化管理，提高设备的寿命和运行效率，节约能源成本。

4）远程控制：能够通过远程控制，实现对变配电设备的远程监控和控制，方便用户进行设备管理和维护。远程控制功能可以帮助用户通过网络或移动设备，实现对变配电设备的远程监控和控制，方便用户进行设备管理和维护，提高设备的灵活性和响应速度，减少人工操作的风险和成本。

5）多级权限：能够设置多级权限，限制用户的访问和操作权限，保障系统的安全性和稳定性。多级权限功能可以帮助用户根据不同的角色和职责，设置不同的访问和操作权限，保障系统的安全性和稳定性，防止非法入侵和篡改，提高系统的可信度和可靠性。

6）可扩展性：能够根据用户需要进行扩展，添加新的监测点和设备，满足不同用户的需求。可扩展性功能可以帮助用户根据不同的需求，进行系统的扩展，添加新的监测点和设备，满足不同用户的需求，提高系统的适应性和兼容性。

（3）系统选型
变配电智能监控系统选型见表 7.2.3。

表 7.2.3 变配电智能监控系统选型表

序号	名称	配置	参数
1	系统管理软件	电力监控主要针对 10kV/0.4kV 地面或地下变电所，对变电所高压回路配置微机保护装置及多功能仪表进行保护和监控，对 0.4kV 出线配置多功能计量仪表，用于测控出线回路电气参数和用能情况，可实时监控高低压供配电系统开关柜、变压器微机保护测控装置、发电机控制柜、ATS/STS、UPS，包括遥控、遥信、遥测、遥调、事故报警及记录等	1）支持 Windows7、Windows8、Windows10、Windows Server 2008/2012 操作系统，支持多种协议和开放接口 2）基于 Web 的应用软件，可直接与现场设备连接通信 3）支持无限个客户端同时在线访问 4）具有系统绘制图形以及编程调试功能 5）支持虚拟机安装
2	网关	支持标准 8GB SD 卡，支持不同协议向多平台转发数据，每个（32GB）设备多个报警设置。输入电源：AC/DC 220V，导轨式安装	8 路 RS485 串口，光耦隔离，2 路以太网接口，支持 Modbus RTU、Modbus TCP、DL/T 645—2007、CJ/T 188—2018、OPC UA 等协议的数据接入，Modbus TCP（主、从）、104（主、从）建筑能耗、SMP、MTT 等协议上传，支持断点续传、双 L、JSON 进行数据传输
3	微机保护装置	适用于 6~35kV 配电线路、主变压器、配变压器、电动机、电容器、PT 监测/PT 并列、母联/备自投等中高压柜微机保护	技术要求：10kV 变压器保护；电流输入 5A；零序电流输入 1A；操作电源 DC 220V；带防跳闸；不带 GPS 对时功能 通信协议：RS485 接口，Modbus RTU 协议或 103 规约可设置 辅助电源：DC 220V
4	高压柜智能操控、节点测温	5in 大液晶彩屏动态显示一次模拟图及储能指示、高压带电显示及闭锁、验电、核相、3 路温湿度控制及显示、远方/就地、分合闸、储能旋钮预合闪光指示、分合闸完好指示、分合闸回路电压测量、人体感应、柜内照明控制	1 路以太网、2 路 RS485、1 路 USB 接口，GPS 对时，高压柜内电气接点无线测温，全电参量测温，脉冲输出，420mA 输出
5	多功能电力仪表	三相电量量 U、I、P、Q、S、PF、F 测量，总正反向有功电能统计，正反向无功电能统计；2~31 次分次谐波及总谐波含量分析、分相谐波及基波电参量（电压、电流、功率）	电流规格 3×1.5（6）A，有功电能精度 5s 级，无功电能精度 2 级；工作温度：-10~+55℃；相对湿度：95%不结露
6	其他	温度控制器、无线温湿度传感器、无线中继、测温探头等	—

(4) 项目效果（含优势）

通过应用变配电智能监控系统，该物流枢纽实现了以下效益：

1) 提升物流枢纽的运营水平：物流枢纽是物流网络中的重要节点，其电力供应的稳定性和效率直接影响到物流业务的正常运行。变配电智能监控系统能够为物流枢纽提供可靠的电力供应，并有效降低运营成本，提高运营效率。如系统根据物流枢纽的负荷变化，自动调节电力分配，避免电力浪费或不足，保证物流设备的最佳运行状态，提高物流速度和准确率。

2) 提升物流枢纽的服务质量：物流枢纽的服务质量是衡量物流企业竞争力的重要指标，

其服务质量的高低直接影响到客户的满意度和忠诚度。变配电智能监控系统能够为物流枢纽提供优质的电力服务,提升物流枢纽的服务质量。如系统通过预警和故障诊断功能,及时发现并处理电力故障,减少物流设备的停机时间,提高物流设备的可用性和可靠性,保证物流服务的连续性和稳定性。

3)提升物流枢纽的竞争力:物流枢纽的竞争力是物流企业在市场中的核心竞争力,其竞争力的高低直接影响到物流企业的市场份额和盈利能力。变配电智能监控系统能够为物流枢纽提供竞争优势,提升物流枢纽的竞争力。如系统通过数据分析和优化功能,为物流枢纽提供电力消耗的报告和建议,帮助物流枢纽进行电力管理和节能诊断,降低电力成本,提高物流利润。

7.3 建筑能效管理系统设计

7.3.1 建筑能效管理系统通过对变配电所(站)设备、公共动力配电设备、暖通空调设备、新能源发电及储能设备、照明设备、充电桩及其他各类用能设备进行数据和运行信息采集,对能耗进行监视、分析、调控,可制定能源分析调控策略,并通过建筑设备监控系统对负载进行调控。系统由管理软件、云端管理平台、通信管理机、接入交换机、建筑设备监控系统、智能监测单元、传感器、控制器等组成。系统框图如图7.3.1所示。

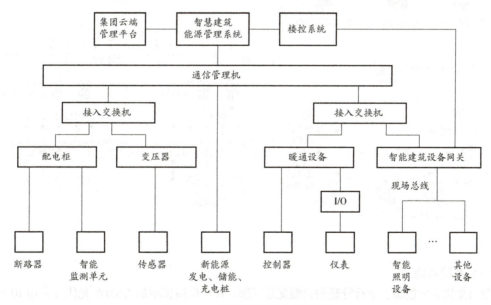

图 7.3.1 建筑能效管理系统框图

7.3.2 系统能够实现电力在线监控、电能质量分析、能效分析、能流分析、KPI考核、用能报表、综合能源管理、碳排放评估和规划、数字运维、移动运维等功能。系统可对能源进行综合管理,实现负载调控、高效运维、降低成本、减少碳排放。

【指南】

1. 选型

系统设备选型见表7.3.1。

表 7.3.1 系统设备选型表

序号	名称	性能要求	备注
1	终端显示设备	智能手机、计算机等终端设备	
2	系统主机	搭载"智慧建筑能效管理"平台的服务器	
3	智能网络控制设备	以太网交换机及边缘网关设备	
4	对变压器选型要求	选用可通过网络与其他设备或系统进行交互的智能变压器（带有各类传感器以及执行器的智能化元件）	
5	对断路器选型要求	选择智能型断路器脱扣器，配置测温模块，通信接口支持多种协议	

2. 案例

（1）项目概述及系统组成

某企业厦门工业中心是该企业全球最大制造基地之一，占地达 40 万 m^2。2020 年启动园区智慧能源升级改造工程，在现有电力能源上，增加屋顶光伏系统、储能系统和充电桩等设施，通过综合能源管理系统进行统筹调配，并上传到合作伙伴的云端交易管理平台。该厦门工业中心被打造成全球领先的"碳中和"示范基地。智慧工业园区方案图如图 7.3.2 所示。

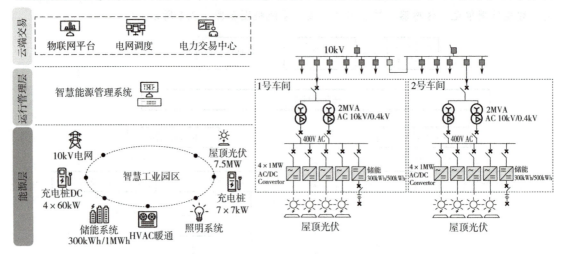

图 7.3.2 智慧工业园区方案图

（2）系统功能

项目架构分成能源、运行管理和云端交易三层。在厂房屋顶增加 7.5MW 光伏（占用 10 万 m^2 工厂屋顶面积），建设 300kWh/1MWh 储能系统及 4 台 60kW 直流充电桩和 7 台 7kW 交流充电桩等设施。各种能源通过智慧综合能源管理系统在园区层面统一进行调配管理，上传到合作伙伴的云端管理平台进行电网调度及电力交易。能源管理系统进行优化计算及碳减排预测，给出节能量及碳减排的实时数据显示。能源管理系统与办公楼的建筑设备监控系统对接，对暖通等设施进行负荷调配。能源管理系统还与 MES 制造系统联动，提供能源最优配置的生产排单计划，降低能源成本。

采用合同能源管理商业模式，由综合能源公司负责投资。能源管理要求：优先使用新能源发电，并通过储能系统，实现新能源 100% 自发自用；通过储能实现削峰填谷；暖通空调及充电桩作为可调负载，作为第二优先级调节。

(3) 设备选型

建筑能效系统选型见表7.3.2。

表 7.3.2　建筑能效系统选型表

序号	名称	配置
1	终端显示设备	智能手机、计算机等终端设备
2	系统主机	搭载"智慧建筑能效管理"平台的服务器
3	智能网络控制设备	以太网交换机及边缘网关设备
4	对变压器选型要求	选用可通过网络与其他设备或系统进行交互的智能变压器（带有各类传感器以及执行器的智能化元件）
5	对断路器选型要求	选择智能型断路器脱扣器，配置测温模块，通信接口支持多种协议

(4) 项目效果（含优势）

厦门中心项目将采用合同能源管理的模式，能源公司总投资约3500万元人民币，园区管理者前期无需额外投资即可享受节能收益，预计全生命周期25年可累计节约电费1200万元人民币，年均减少 CO_2 排放8500t。新能源使用比例提升到园区用电的25%。

7.4　建筑设备监控系统设计

7.4.1　建筑设备监控系统可实现对楼宇内各类机电设备的集中监控与管理，包括冷热源、空调与通风、给水排水、供配电等各类建筑设备，并实现对建筑内部环境、能耗等数据的自动化监控与管理。系统由监控系统软件、系统管理器、应用控制器、扩展模块、传感器、执行器、网关等组成。系统框图如图7.4.1所示。

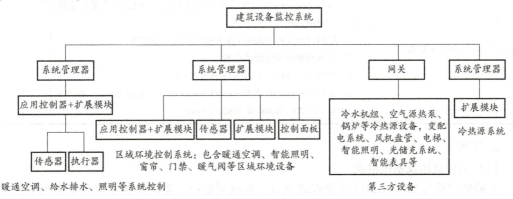

图 7.4.1　建筑设备监控系统框图

7.4.2　系统能够实现建筑设备智能管理，具有分布式、集中式等管理功能，支持多站点管理，设备支持以太网链接云端，实现远程控制器程序编制、运行测试、系统图形界面编制、后期设备远程运维管理等服务，并通过高阶加密机制保障整个控制网络的操作安全性。系统可控制各类机电设备的启停、联锁，实现安全运行；可对各类机电设备的故障自动监测、自动报警，及时发现故障。

【指南】

1. 设备选型

建筑设备监控系统设备选型见表 7.4.1。

表 7.4.1 建筑设备监控系统设备选型表

序号	设备名称	性能要求	备注
1	系统管理软件	1）采用 B/S（Browser/Server）系统结构，支持 Windows7、Windows8、Windows10、Windows Server 2008/2012 操作系统，支持多种协议和开放接口 2）基于 Web 的应用软件，可直接与现场设备连接通信，实现楼宇的集中监视与管理，同时能提供照明管理和能源分析的功能 3）具有多级别密码管理功能 4）可视化彩色动态图形显示 5）支持无限个客户端同时在线访问 6）具有系统绘制图形以及编程调试功能 7）支持虚拟机安装	
2	终端显示设备	智能手机、计算机等终端设备	
3	系统控制器	1）具有 BTL 认证的 BACnet 楼宇控制器（B-BC），BACnet Gateway（B-GW） 2）3 端口，10/100 Ethernet 交换机，支持 BACnet/IP 及 BACnet over Ethernet 协议，2 RS485 端口，支持 BACnet MS/TP 协议，支持 Modbus 协议，支持 BACnet SC 协议，2USB 端口 3）实时时钟（温度补偿） 4）超级电容电源备份（RTC 及存储器数据的电源后备）	
4	应用控制器	1）采用 32-bit CPU，不低于 2MB 的闪存 2）支持 BACnet 协议，BTL 认证级别不低于：BACnet 高级应用控制器 B-AAC 级 3）同时具有支持 Ethernet 和 RS485 总线通信接口 4）具有超级电容电源或电池 5）符合 CE、FCC、UL、BTL 认证/标准 6）支持 BACnet/IP 及 BACnet/Ethernet 协议，支持 BACnet MS/TP @ 9600、19200、38400 或 76800（bps）	

2. 案例

（1）项目概述及系统组成

某购物广场是某集团 2013 年旗舰级项目，在该项目中，建筑设备监控系统实现了针对冷热源、空调、变配电、给水排水、电梯等设备的实时监控和管理，充分满足了甲方设计标准中涉及的众多要求，最终实现了在云端对设备进行监测及控制，并通过 BAS 系统内置的控制逻辑有效保证了机电设备在最优状态下运行。

建筑设备监控系统是随着计算机在环境控制中的应用而发展起来的一种智能化控制管理网络。目前，系统中的各个组成部分已发展成标准化、专业化产品，使系统的设计、安装及扩展更加方便、灵活，运行更加可靠，投资也大大降低。此项目的建筑设备监控系统应用于大楼智能管控及能源管理，是国际上最先进的系统之一。该系统适应性非常强，系统为模块化结构，可分为不同等级的独立系统，每级都具有非常清楚的功能和权限，这就使该系统既可用于单独的楼宇管理，也可用于一个区域的、分散的楼宇集中管理。

该系统由系统管理器、高级应用控制器、扩展模块、传感器、执行器、网关，同时配备楼控系统软件组成。其系统框架如图7.4.2所示。

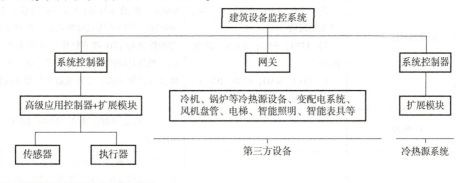

图7.4.2 建筑设备监控系统框架示意图

（2）系统功能

1）楼宇自控及能源管理功能：针对建筑内设备设施的监控、工程分析及各种报告，实施楼宇集中式的管理及操作，可以根据用户的实际需求创建自己的仪表盘满足管理需求。

2）支持国际通用标准BACnet SC协议：支持多站点式管理，设备可以直接支持以太网链接上云，便于远程实现控制器程序编制、运行测试、系统图形界面编制、后期设备远程运维管理等服务内容，并通过BACnet SC协议的高阶加密机制严格保障整个控制网络的操作安全性。

3）实现数字化运营：基于现代计算机技术、网络技术、自动化技术和信息技术，实现对建筑设备进行实时运行状态监控、能源计量、数据分析、系统管理等功能，同时对建筑的设备管理、系统运行建立相应的数据库，通过多维度的数据采集和综合分析，为科学决策和运行管理提供基础数据。

（3）设备选型

系统设备选型见表7.4.2。

表7.4.2 系统设备选型表

序号	名称	配置	参数
1	系统管理软件	包含绘图组件、虚拟机支持组件、能源管理组件、数据库组件	基于Web的应用软件，同时提供楼宇设备的集中管理和能源分析的功能。B/S架构，支持云端应用，支持100个Sites及5000个用户账户创建
2	系统管理器	enteliBUS管理器；双路由	支持BACnet协议，BTL认证级别不低于B-BC楼宇级。3端口，10/100 Ethernet交换机，支持BACnet/IP及BACnet/Ethernet协议，2RS485端口，2USB端口，支持Modbus协议，支持BACnet SC协议。具有实时时钟（温度补偿）及超级电容电源备份（RTC及存储器数据的电源后备）

(续)

序号	名称	配置	参数
3	高级应用控制器	1）6UI，6BO；BACnet 以太网通信 2）6UI，3AO，3BO；BACnet 以太网通信 3）11UI，8AO；BACnet 以太网通信 4）11UI，4AO，6BO；BACnet 以太网通信	支持 BACnet 协议，BTL 认证 B-AAC 级，支持 BACnet/IP 及 BACnet/Ethernet 协议，支持 BACnet MS/TP。采用通用式编程语言，可简易地完成各种逻辑控制和 PID 调节程序。具备电源故障保护功能，系统长时间断电后保证不会丢失数据，来电后能恢复正常工作，无需重新下载程序或编程
4	扩展模块		4UI；4UI，4BO；4UI，4AO；16UI；8DI；16DI；8DI/8DO
5	传感器		包含电磁流量变速器、流量开关、水压力变送器、水管温度传感器、防冻开关、压差开关、风道型温度传感器、风道型温湿度传感器、一氧化碳变送器、液位开关等
6	网关	2 口网关	支持 300 多种协议转 BACnet/IP，1 个网口，2 个串口，动态支持 512 点

（4）项目效果（含优势）

建筑设备监控系统优势集中表现为全面感知、泛在互联、综合分析、辅助决策以及智能控制，同时还应考虑建筑的安全性、便利性和节能环保等特点。

该项目采用 enteliWEB 平台整合建筑内大型机电设备，通过持续优化策略、灵活部署设备运营模式满足不同季节的各项环境指标及要求，同时降低运营成本。作为系统监控平台，可视化显示设备及能源使用状况，对于异常情况进行紧急通报，管理者可通过 Web 操作随时随地远程查看，并无缝整合电梯、智能照明、电力/水利监控系统、环境监测系统，让监控范围点面俱到。

对于公建项目来说，耗电主要集中在制冷机房、照明、空调末端、动力系统等几大方面。其中，暖通空调系统在公共建筑中是用能大户，节能潜力巨大。暖通空调系统一般都是按恶劣工况的最大负载并增加一定余量设计，而实际上在一年中，满负荷下运行时间极少，几乎绝大部分时间负载都在 70%以下运行。建筑在同一天内对制冷量的需求也是不一样的，这与一天的环境温度、人们的活动情况有关。合理设定运行状态参数，在保证空调需求的情况下，节约低负荷时制冷主机和水泵、风机系统的电能消耗，具有极其重要的经济意义。建筑设备监控系统的节能控制就是依据负荷变化，自适应智能调节制冷主机，变频调节水泵、风机的运行，从而提升暖通空调系统的效率，降低能耗。使用节能控制逻辑后该项目的节能率可达 25%左右，从而实现节能降碳的目的。

7.5 一体化智能配电与控制系统设计

7.5.1 一体化智能配电与控制系统集低碳节能控制理念与计算机、网络通信、配电控制技术为一体，采用模块化、数字化成品集成，标准化接线，将机电系统集成于同一监控平台，且满足强弱电物理隔离及屏蔽要求，实现了设备数量减少、数据融合、综合管理、节能低碳。系统由平台设备及软件、有线或无线传输网络、一体化配电与控制箱（柜）、现场传感器和执行器组等组成。系统框图如图7.5.1所示。

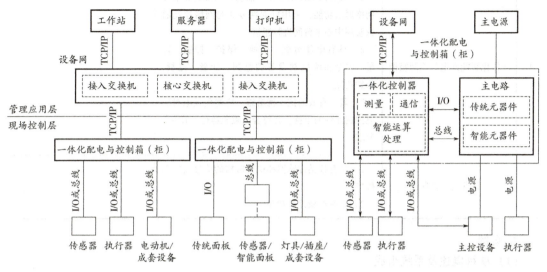

图7.5.1 一体化智能配电与控制系统框图

7.5.2 系统具有设备监控、电力及安全监控、照明监控、环境监测、能效管理、智能运维、节能控制、自主学习等功能。系统运用人工智能、专家系统及神经网络等技术，完成数据过滤及运算，主动推送状态变位、数据突变等信息，构建主动防御体系；可实现故障分析、持续跟踪、远程维保等功能。箱（柜）及系统平台具有标准化接口，实现智能元器件、设备及其他系统平台的对接。

【指南】

1. 设备选型

系统设备选型见表7.5.1。

表7.5.1 系统设备选型表

序号	设备名称	性能要求	备注
1	系统主机	搭载"智能一体化管控系统平台"软件的服务器	主机含软件，具备与火灾自动报警系统（FAS）及安全防范系统（SAS）的通信接口
2	终端显示设备	智能手机、计算机等终端设备	
3	网络控制设备	以太网交换机： 端口数量：12/24/48 端口类型：电口/光口 上行端口速率：百兆/千兆 下行端口速率：百兆/千兆 机架类型：标准机架 散热形式：自然/风扇	

(续)

序号	设备名称	性能要求	备注
4	一体化智能配电与控制箱柜	1）具有人机控制操作、信息、状态的显示和网络通信功能，采用以太网方式与网络控制器或管理中心平台间进行通信 2）具有电能分配、变换、保护、控制、计量、安全和所控制设备的监测、计量、控制、保护功能 3）具有有效的抗干扰措施，应避免强电对弱电控制元件的干扰，并符合电磁兼容性（EMC）要求	
5	一体化智能控制器	1）具有各类传感器和执行机构的信号或控制接口 2）具备边缘计算功能	

2. 案例

（1）项目概述及系统组成

某综合体项目，建筑高度 99.3m，建筑面积约 12 万 m^2；地下一、二层为停车库及设备用房；地上一至四层为裙房，为商业用房；两栋塔楼分别为写字楼及酒店，一体化智能配电与控制系统包含给水排水、通风、冷热源、空调、供配电、智能照明、电梯、环境、远程抄表、能耗等监控。

根据客户及建筑机电设计要求，利用智能化设计的综合布线系统，末端均采用一体化智能配电与控制箱（柜），将给水排水、通风、冷热源、空调、供配电、智能照明及环境感知设备信号通过现场总线和 I/O 传输技术接入箱（柜）内，经过底层数据处理后直接控制末端设备，并通过智能化设备网采用 TCP/IP 网络传输技术上传信息到管控平台，其中电梯监控及远程抄表采用独立接口网关的方式接入一体化智能配电与控制系统平台；将多系统信息通过现场采集技术进行数据整合复用，利用以太网高速通信能力进行数据交互。系统可实现现场手动（优先）运行、脱机自主自动运行、后台遥控及策略等多种运行控制方式，支持云端、手机客户端等远程监控方式。

系统采用两层网络架构，即管理网络层和现场网络层，管理网络层采用 TCP/IP 网络传输技术，现场网络层采用现场总线和 I/O 传输技术；采用集配电、采集、控制、节能、能耗计量及分析、安全报警、现场总线通信为一体的智能化设备，通过传感器感知环境及行为状态，对建筑的给水排水、送排风、冷热源、新风及空调机组、室内外照明等设备进行高效的监控和管理。系统采用感知、分析、分项能耗计量、节能控制策略结合现场总线技术，进一步降低建筑设备运行能耗，全面提升工作效率。

系统主要示意图如图 7.5.2~图 7.5.6 所示。

（2）系统功能

系统稳定、安全、可扩展，具有良好的操作性，维护简便；平台软件底层采用数据仓库技术，建立不同类别需求的数据方体，可完成对相关数据的深入挖掘分析、提供自由组态功能、最大限度满足用户增长性需求。

7 双碳智慧园区建筑电气节能系统设计——实施指南

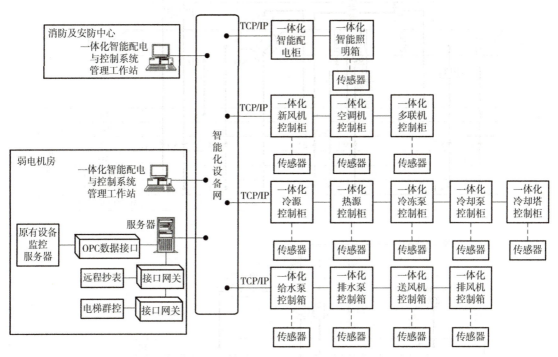

图 7.5.2　一体化智能配电与控制系统示意图

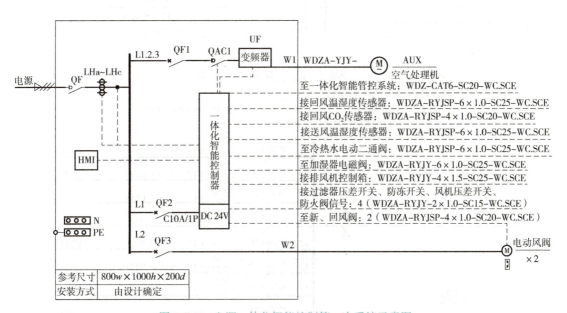

图 7.5.3　空调一体化智能控制箱一次系统示意图

111

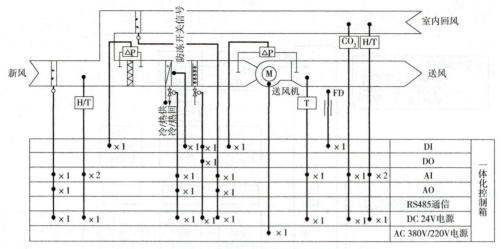

图 7.5.4 空调一体化智能控制箱控制原理示意图

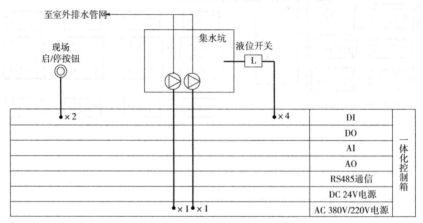

图 7.5.5 排水泵一体化智能控制箱控制原理示意图

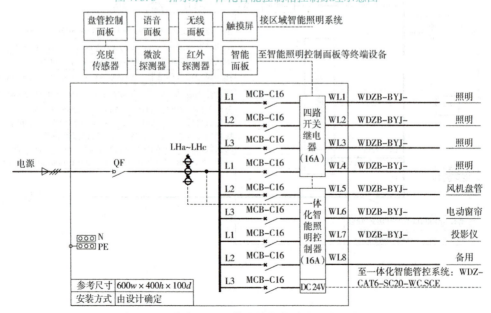

图 7.5.6 智能照明一体化控制箱一次系统示意图

本工程通过一体化智能管控平台，对建筑设备正常运行和事故状态等进行实时监控，实现遥测、遥信、遥控、遥调功能；可定时自动报表打印或召唤报表打印，图形化运行监控、状态、越限和事故报警，事件顺序记录与事故追忆，历史数据管理，权限管理，趋势曲线分析，系统自诊断功能，进行数据采集与处理，完成智能监控功能，能耗、环境等数据分析，传送远动信号与数据，接收调度遥控命令，以及其他一些运行管理功能；平台与火灾自动报警（FAS）及安全防范（SAS）等系统通过数据通信接口，实现应急联动。

系统末端选用一体化智能配电与控制箱（柜），采用以太网方式与管理中心平台通信，实现人机交互操作、信息、状态的显示及设备的监测、计量、控制、保护功能；箱柜内选用具备边缘计算功能一体化智能控制器，与现场传感器和执行机构直接进行信号采集和控制执行，实现数据底层过滤，主动推送状态变位、数据突变、故障信息等，双向传输可靠，可脱机运行，采用自动 PID 调节、模糊控制或其他智能调节算法，实现针对不同配电设备低碳节能控制。

（3）设备选型

1）系统主机选型，见表 7.5.2。

表 7.5.2 系统主机选型表

序号	名称	配置	参数
1	系统硬件	服务器	CPU 类型：Intel 至强 E-2124；CPU 频率：3.4GHz；智能加速主频：4.5GHz；三级缓存：8MB；CPU 核心：四核；CPU 线程数：四线程 内存：ECC DDR4 16GB 2666MT/s UDIMM 硬盘：1TB×2 7.2k RPM SATA 6Gbps 512n 3.5in 有线硬盘 网络控制器：2 个 1GbE LOM 网络接口控制器（NIC）端口 标准接口：前置：1×USB 2.0 接口，适用于 iDRAC Direct 的微型 USB 2.0 接口；后置：2×USB 3.0 接口，VGA，串行接口；内置：1×USB 3.0 接口 电源：双冗余电源 800W
2	系统软件	操作系统	Windows Server 或国产 Linux 系统
		平台软件	智能一体化管控系统平台

2）对一体化智能配电与控制箱柜的要求：

①具有人机控制操作、信息、状态的显示和声光报警、网络通信功能，采用以太网方式与管理中心平台间进行通信。

②具有电能分配、变换、保护、控制、计量、安全和所控制设备的监测、计量、控制、保护功能。

③具有有效的抗干扰措施，具备 EMC 电磁兼容检测报告及 CCC 认证。

3）对一体化智能控制器的要求：

①具有各类传感器和执行机构的信号或控制接口。

②具备边缘计算功能，内嵌自动 PID 调节、模糊控制及其他智能调节算法。

4）网络控制设备：核心交换机和楼层接入交换机由综合布线系统提供，其选型见表 7.5.3。

表 7.5.3　智能网络控制设备选型表

序号	名称	固定端口	端口类型	端口速率	交换容量	包转发率	形态	外形尺寸（宽×深×高）	散热方式
1	核心交换机	24	全光口	万兆	2.4Tbps/24Tbps	720Mpps/792Mpps	标准机架式	442×420×43.6	自然+风扇散热
2	楼层接入交换机	24	光口+电口	千兆	336Gbps/3.36Tbps	51Mpps/126Mpps	标准机架式	442×220×43.6	自然散热

（4）项目效果（含优势）

本工程设置了一体化智能配电与控制系统，采用一套一体化智能管控平台软件实现给水排水、通风、冷热源、空调、供配电、智能照明、电梯、环境、运程抄表、能耗等监控，运用人工智能、专家系统及神经网络等技术实现采集、控制、学习为一体的智慧化，结合底层自动PID调节、模糊控制或其他智能调节算法，从而实现针对不同配电设备的低碳节能控制。

系统为两层网络架构，采用TCP/IP网络传输技术，大幅减少数据传输时延，提高实时同步性；利用项目的综合布线系统，采用VLAN划分技术，大幅降低网络及线缆建设成本。

末端一体化智能控制器实现控制回路、强弱电系统、软硬件集成，以及外形、接口、控制软件的模块化，从而简化接线、缩短生产周期、降低加工成本；末端一体化智能配电与控制箱（柜）可脱机运行，实现单机现场调试，方便现场调试、减少工种交叉、显著缩短调试周期，箱（柜）自带显示屏实现可视化操作和声光报警，状态、故障及数据一目了然，减轻调试及运维压力，提升安全易操作性能，从而实现工程建设及运维管理成本的明显降低。

通过采用一体化智能配电与控制系统，采用一套软件，利用综合布线系统和VLAN划分技术，从而减少软件平台、传感器、网络设备及布线等建设成本。一体化智能控制器的标准化及模块化，实现一体化智能配电与控制箱（柜）对比传统楼控及配电与控制箱（柜）在生产、安装、调试、维保周期上的大幅缩短，从而减少人力及管理成本，节省人力50%以上；通过高度定制化设计、深度跟踪学习和智能AI算法，在实时监控的同时实现预测预警、调配设备运行、优化运行方案、推送运维计划及故障维修方案等，从而降低故障影响、延长设备寿命、提高设备节能效率、提升舒适度、减轻运维压力。

采用一体化智能配电与控制系统，通过软件的信息处理、数据分析、逻辑判断和图形处理，及时启停或调节相关设备，避免设备不必要的操作，可以有效地实现建筑设备节能运行，空调系统节能约25%，智能照明区域系统节能约40%，风机及水泵系统节能约30%。平台软件具备深度自学习能力，不断优化控制策略，提升节能空间，减少碳排放，进一步降低能耗。

7.6　智慧预约用电管理系统设计

7.6.1　智慧预约用电管理系统是基于网络平台，通过设备终端对用电设备预约使用，实现错峰用电的管理系统。该系统是对用电设备综合分析、统一调配、优化管理，提升供电系统利用率的智慧管理系统。系统由终端显示设备、系统主机、智能网络控制设备、终端数据采集设备及专用的管理平台软件等组成。系统框图如图7.6.1所示。

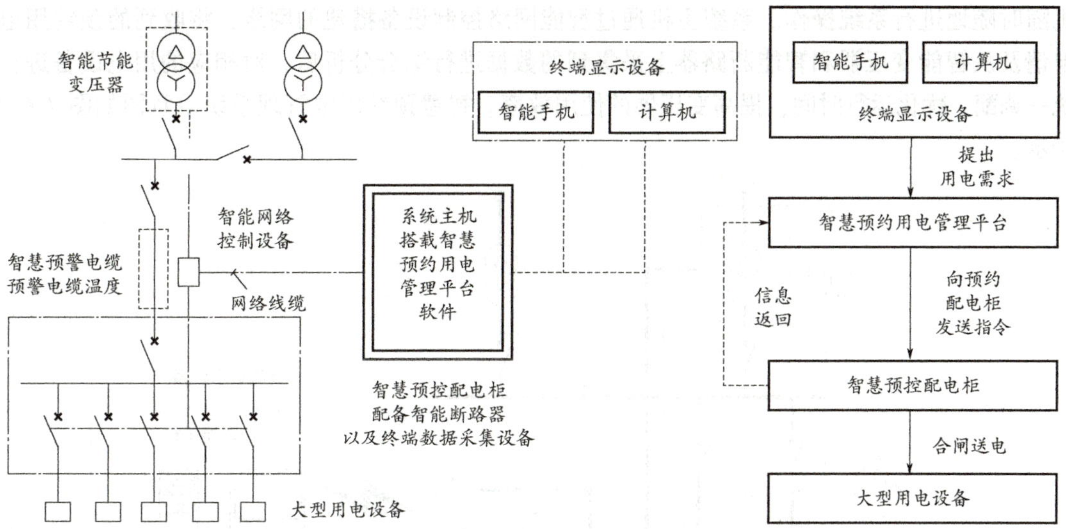

图 7.6.1　智慧预约用电管理系统框图

7.6.2　系统具有用电设备预约、监测电能数据、用电系统优化等功能，通过建立用电预约管理平台、数据分析，进行针对性的用电管理，实现能源的有效利用。

【指南】

1. 设备选型

系统设备选型见表7.6.1。

表 7.6.1　系统设备选型表

序号	设备名称	性能要求	备注
1	系统主机	搭载"智慧预约用电管理平台"软件的服务器	主机含软件
2	终端显示设备	智能手机、计算机等终端设备	
3	智能网络控制设备	以太网交换机： 端口数量：12/24/48 端口类型：电口/光口 上行端口速率：千兆/万兆 下行端口速率：千兆/万兆 机架类型：标准机架 散热形式：自然/风扇	对变压器的选型要求： 过载能力达到50% 国家二级能耗以上 具备与其他设备或系统进行交互的网络接口 对断路器的选型要求： 具备与其他设备或系统进行交互的网络接口

2. 案例

（1）项目概述及系统组成

某高校大型实验室建设项目，总建筑面积约18万 m^2，涉及多个领域的国家重点实验室。总设备容量（P_e =37071.6kW）极大，大功率用电设备种类繁多（60余种），各实验室分散在4个楼宇之中。

系统由系统主机、终端显示设备、智能网络控制设备等组成。

智慧预约用电管理系统主机（管理平台）设置于综合管理室内，可通过智能手机、计算机随时随地进行系统操作。系统主机通过智能网络控制设备搭建的网络，将收到的预约用电申请及从智能变压器和智能断路器上采集到的数据进行综合分析后，对相应的用电设备进行统一调配、优化运行时间，提高变压器的使用效率。智慧预约用电管理系统示意图如图 7.6.2 所示。

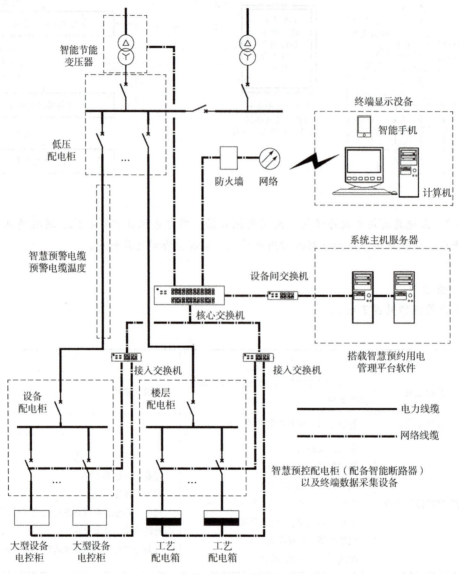

图 7.6.2　智慧预约用电管理系统示意图

（2）系统功能

通过智慧预约用电管理平台，实时监测工艺设备的用电数据；通过调研各实验室使用状况，工艺设备使用周期、时限、顺序等，制定实验室使用手册。设定需要预约用电的设备；通过预约用电管理系统，对阶段性时间周期内的使用数据进行分析研究，为优化实验室供配电系统提供依据。智慧预约用电管理系统逻辑关系图如图 7.6.3 所示。

7 双碳智慧园区建筑电气节能系统设计——实施指南

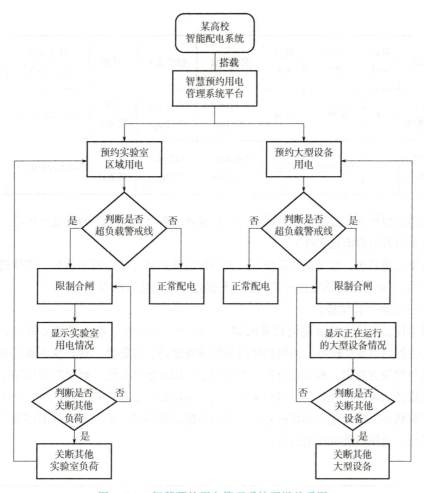

图 7.6.3 智慧预约用电管理系统逻辑关系图

(3) 设备选型

1) 系统主机选型,见表 7.6.2。

表 7.6.2 系统主机选型表

序号	名称	配置	参数
1	系统硬件	服务器	CPU:至强 E5,10 核 20 线程 内存:32G ECC 网口:4 千兆网卡+1MGMT LAN 硬盘:8 盘位支持热插拔;配备容量 32TB 企业级硬盘,支持 Raid5 电源:双冗余电源 800W
2	系统软件	操作系统	国产 Linux 系统,包括但不限于 openEuler、深度 Linux（Deepin）、腾讯 TencentOS、龙蜥 AnolisOS 8 等
		平台软件	智慧预约用电管理系统

2) 终端显示设备：智能手机、计算机等终端设备。

3) 智能网络控制设备：核心交换机和楼层接入交换机,其设备选型见表 7.6.3。

表 7.6.3 智能网络控制设备选型表

序号	名称	固定端口	端口类型	端口速率	交换容量	包转发率	形态	外形尺寸（宽×深×高）	散热方式
1	核心交换机	24	全光口	万兆	2.4Tbps/24Tbps	720Mpps/792Mpps	标准机架式	442×420×43.6	自然+风扇散热
2	楼层接入交换机	24	光口+电口	千兆	336Gbps/3.36Tbps	51Mpps/126Mpps	标准机架式	442×220×43.6	自然散热

对变压器选型要求：选用可通过网络与其他设备或系统进行交互的智能变压器（带有各类传感器以及执行器的智能化元件）。

对断路器选型要求：选用支持远程开、关的智能断路器（或带网络模块，支持通信指令远程控制、故障/手动分闸后锁定远程控制、远程锁定本地禁止合闸等）。

（4）项目效果（含优势）

通过对学校各区域实验室用电设备的调研、统计，其用电设备虽然种类繁多、用电量较大，但同时使用的可能性较小，为提高供电系统的安全性、可靠性，提升变压器的负载率，节能低碳，经与建设方商定，本工程设置一套智慧预约用电管理系统，对需要预约用电的实验室用电设备采取预约报备管理制度，对相关的大功率用电设备采取错峰使用机制，最大限度地提高变压器的负载率，降低变压器装机容量，实现节能低碳目的。表 7.6.4 是采用智慧预约用电管理系统前后，变压器装机容量的对比。

表 7.6.4 变压器装机容量的对比

序号	实验板块名称	额定总负荷/kW	采用智慧预约用电管理系统前后对比					
			不采用			采用		
			计算总容量/kVA	变压器选型/kVA	变压器负载率（%）	计算总容量/kVA	变压器选型/kVA	变压器负载率（%）
1	水环境实验板块	2667.9	1867.5	2×2000	93.38	1239.0	2×1600	77.44
		2451.1	1715.8		85.79	1135.7		70.98
2	机器人实验板块	2600.0	1820.0	2×2000	91.00	1218.6	2×1600	76.16
3	可调谐实验板块	2493.0	1745.1		87.26	1148.5		71.78
4	先进焊接实验板块	2622.0	1835.4	2×2000	91.77	1217.5	2×1600	76.09
		2772.8	1940.9		97.05	1290.8		80.68
5	特种材料实验板块	5197.8	2598.9	2×1600	81.22	1628.8	2×2000	81.44
		5543.8	2771.9	2×1600	86.62	1757.9		87.90
6	城市安全实验板块	3235.8	1941.5	2×2500	77.66	1428.4	2×2000	71.42
		3822.7	2293.6		91.74	1715.4		85.77

(续)

序号	实验板块名称	额定总负荷/kW	采用智慧预约用电管理系统前后对比					
			不采用			采用		
			计算总容量/kVA	变压器选型/kVA	变压器负载率（%）	计算总容量/kVA	变压器选型/kVA	变压器负载率（%）
7	空间信息实验板块	1844.9	1241.3	2×1600	77.58	1241.3	2×1600	77.58
8	网络安全实验板块	1869.8	1252.7		78.29	1252.7		78.29
9	变压器数量/台		14			12		
10	变压器总容量/kVA		26600			20800		

注：该工程仅对"工艺设备"实施预约用电管理，表格中的"计算总容量"，除了包含工艺设备以外还包含照明、通风等公用工程设备。

通过采用智慧预约用电管理系统，实现用电设备统一管理、错峰使用，变压器总装机容量下降22.5%，大大降低了变压器的投资成本。另外，通过对采集到的用电数据的综合分析，可以根据实际情况将变压器的负载率控制在科学、合理的范围内。

通过对实验室设备的预约管理，推断实验室的工作状态，并将信息反馈给建筑设备监控系统，实现对实验室整体通风设备的节能运行，达到降低能耗的目的。

7.7 智能照明控制系统设计

7.7.1 智能照明控制系统可在满足照明需求及灯具正常工作的条件下，实现照明系统的开关、照度调节等功能。系统由开关/调光驱动器、感应器、现场智能面板等组成。系统框图如图7.7.1所示。

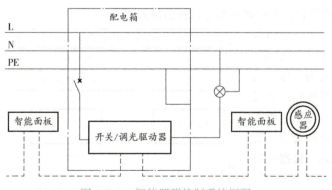

图7.7.1 智能照明控制系统框图

7.7.2 系统具有照明的手动控制、自动控制、场景控制、定时控制、中央控制、系统联动等功能。

【指南】

1. 设备选型

系统设备选型见表7.7.1。

表 7.7.1 系统设备选型表

序号	设备名称	性能要求	备注
1	系统主机	搭载"智能一体化管控系统平台"软件的服务器	主机含软件
2	网关型控制器 LDN2000-ZA	与平台通信速率不小于 100Mbps 与设备通信速率不小于 9.6Mbps 4 路 16A 开关控制 具备网关、电量采集显示、场景切换、参数设置及各回路监控功能	含软件，出线电流 1.0 级，进线计量 0.5 级
3	四路开关控制器 LDN2000-ZM4	4 路 16A 开关控制 4 路电流采集	含软件，电流 1.0 级
4	八路开关控制器 LDN2000-ZM8	8 路 16A 开关控制 8 路电流采集	含软件，电流 1.0 级
5	四路调光控制器 LDN2000-ZT4	4 路 16A 调光（0~10V）控制 4 路电流采集	含软件，电流 1.0 级
6	四位智能场景面板 LDN2000-ZK4	4 个输入按键 可定义 8 个场景	
7	微波移动探测器 LDN2000-ZGW	灵敏度可调，遮光角可调	

2. 案例

（1）项目概述及系统组成

某写字楼项目，建筑高度 78.5m，建筑面积约 3 万 m^2；地下一、二层为停车库及设备用房；地上一至四层为裙房，为餐饮；两栋塔楼均为写字楼，智能照明控制系统包含地下车库、大堂、餐饮、公共走道、电梯厅、会议室、多功能室及部分办公室等场所。

根据设计要求，利用智能照明控制系统将智能照明及环境感知设备信号通过现场总线和 I/O 传输技术接入系统，经现场智能面板直接控制末端灯具，并通过智能化设备网采用 TCP/IP 网络传输技术上传信息到管控平台，可实现场景预设、时间计划、调光控制、运行优先级、离线自主自动运行，支持平台、手机客户端等远程监控方式。

系统采用现场总线和网络传输技术，将采集、控制、计量、安全报警等功能集成为一体，通过智能面板与传感器感知环境及行为状态，对建筑室内外照明等设备进行高效的监控和管理。管控平台通过现场感知、数据分析实现控制策略优化，实现低耗、环保、调光等智能化办公照明，提升写字楼的安全性、舒适性、艺术性，提高工作效率，降低人力及能源成本。系统架构图如图 7.7.2 所示。

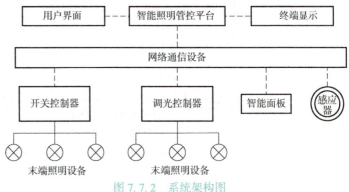

图 7.7.2 系统架构图

（2）系统功能

本工程为分布式智能照明控制系统，通过现场智能面板、传感器及预设时间计划等，实现针对不同需求下的照明设备低碳节能控制。

本工程通过智能照明管控平台,实现四遥功能,对建筑照明设备正常运行和事故状态等进行实时监控;可图形化运行监控、状态、越限和事故报警,具有事件顺序记录与事故追忆、历史数据管理、权限管理、趋势曲线分析、系统自诊断,进行数据采集与处理,完成智能监控,能耗、环境等数据分析,传送远动信号与数据,接收调度遥控命令,以及其他一些运行管理功能。

系统稳定、安全、可扩展、维护简便,可满足手机、平板、云端、操作站等不同客户端有效权限内的访问与监控,与火灾自动报警(FAS)及安全防范(SAS)等系统通过数据通信接口,实现应急联动。

(3)设备选型

1)系统主机选型,见表7.7.2。

表7.7.2 系统主机选型表

序号	名称	配置	参数
1	系统硬件	服务器	CPU类型:Intel 至强 E-2124;CPU频率:3.4GHz;智能加速主频:4.5GHz;三级缓存:8MB;CPU核心:四核;CPU线程数:四线程 内存:ECC DDR4 16GB 2666MT/s UDIMM 硬盘:1TB×2 7.2k RPM SATA 6Gbps 512n 3.5英寸有线硬盘 网络控制器:2个1GbE LOM 网络接口控制器(NIC)端口 标准接口:前置:1×USB 2.0接口,适用于iDRAC Direct的微型USB 2.0接口;后置:2×USB 3.0接口,VGA,串行接口;内置:1×USB 3.0接口 电源:双冗余电源800W
2	系统软件	操作系统	Windows Server 或国产 Linux 系统
		平台软件	智能一体化管控系统平台

2)终端显示设备:智能手机、平板、计算机等终端设备。

3)终端监控设备:控制器、面板、传感器等终端设备,其设备选型见表7.7.3。

表7.7.3 终端监控设备选型表

序号	名称	配置	参数
1	控制终端	网关型控制器 LDN2000-ZA	220V,4路16A控制输出 4路DI输入(无源) 2路RJ45,2路RS485 3in 彩色监控屏 三相电流(5A)、电压输入端子 供电电源 DC 24V
		四路开关控制器 LDN2000-ZM4	220V,4路16A控制输出 1路RS485 供电电源 DC 24V
		八路开关控制器 LDN2000-ZM8	220V,8路16A控制输出 4路DI输入(无源) 1路RS485 供电电源 DC 24V
		四路调光控制器 LDN2000-ZT4	220V,4路16A控制输出 4路0~10V输出 1路RS485 供电电源 DC 24V

(续)

序号	名称	配置	参数
2	输入终端	四位智能场景面板 LDN2000-ZK4	4个输入按键 1路 RS485 供电电源 DC 10~30V
		微波移动探测器 LDN2000-ZGW	1路 RS485 供电电源 DC 10~30V

4）网络控制设备：核心交换机和楼层接入交换机由综合布线系统提供，其设备选型见表7.7.4。

表7.7.4 智能网络控制设备选型表

序号	名称	固定端口	端口类型	端口速率	交换容量	包转发率	形态	外形尺寸（宽×深×高）	散热方式
1	核心交换机	24	全光口	万兆	2.4Tbps/24Tbps	720Mpps/792Mpps	标准机架式	442×420×43.6	自然+风扇散热
2	楼层接入交换机	24	光口+电口	千兆	336Gbps/3.36Tbps	51Mpps/126Mpps	标准机架式	442×220×43.6	自然散热

（4）项目效果（含优势）

本工程智能照明为分布式智能照明控制系统，采用两层网络架构、TCP/IP 网络传输技术，减少数据传输时延、提高实时同步性；利用项目的综合布线系统，采用 VLAN 划分技术，大幅降低网络及线缆建设成本。

通过智能面板、传感器及视频监控分析感知环境及行为状态，将不同灯光编排组合形式营造出特定的气氛，实现灯光调节、智能调光、延时控制、一键开关、联动控制、离线自主运行、能耗分析、故障报警等功能，保障安全可靠运行、延长灯具寿命、提升便捷管理、提高环境舒适度、降低故障影响、加强节能运行、减轻运维压力。

经过平台软件的数据分析、逻辑判断和人工智能算法等，及时调整控制策略，避免无效操作、提升节能运行能力，智能照明控制区域系统节能约30%。

7.8 智慧照明新技术系统设计

7.8.1 智慧照明新技术系统包括 PLC 数字化照明系统、无源无线智能照明控制系统、智慧光纤导光照明系统，各系统应分别符合下列要求：

1. PLC 数字化照明系统是基于 PLC 电力线通信技术及物联网分布式架构的新型智能照明系统。系统无须调光信号线即可实现对光源的开关控制及亮度、色温、场景的调节。系统由智能控制主机（网关）、PLC 调光调色温模块、能源管理模块、感应探头、PLC 调光调色温光源等组成。系统框图如图7.8.1-1所示。

2. 无源无线智能照明控制系统基于微动能采集技术，采用无线射频信号进行通信，无需敷设信号线和电源线，可实现对光源的在线或离线控制。系统由无源无线智能面板、无线接收控制器、传感器及智能网关等组成。系统框图如图7.8.1-2所示。

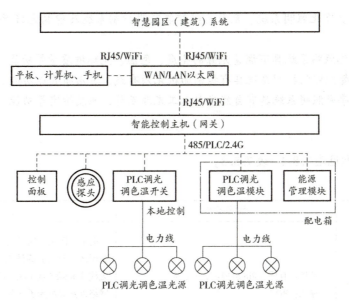

图 7.8.1-1 PLC 数字化照明系统框图

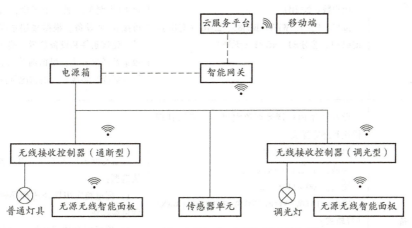

图 7.8.1-2 无源无线智能照明控制系统框图

3. 智慧光纤导光照明系统将太阳光传导至建筑内，实时采集照度数据，通过太阳光与 LED 可调光互补，实现室内照度、照明均匀度的实时恒定。系统由导光仪（太阳跟踪传感器、透光镜）、石英光纤及照明终端等组成。系统框图如图 7.8.1-3 所示。

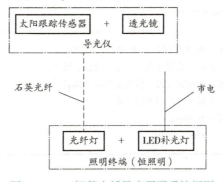

图 7.8.1-3 智慧光纤导光照明系统框图

7.8.2 PLC 数字化照明系统、无源无线智能照明控制系统及智慧光纤导光照明系统应分别具有下列功能：

1. PLC 数字化照明系统具有调整光源的亮度、色温、光环境质量等功能。
2. 无源无线智能照明控制系统具有控制面板无须布线、灵活布置等功能。
3. 智慧光纤导光照明系统具有自然光与人工光源互补、照度恒定等功能。

【指南】

1. 设备选型

系统设备选型见表 7.8.1~表 7.8.3。

表 7.8.1　PLC 数字化照明系统设备选型表

序号	设备名称	性能要求	备注
1	网关	类型：有屏（8in 触摸屏）/无屏 输入：POE 节点：8 点/16 点/32 点/64 点 用户数：20 用户 接口：RJ45、WiFi、RS485、2.4G（有屏）/RJ45×1、蓝牙×1、4G×1（无屏）	向上：网关采用局域网或互联网与上级智慧园区（建筑）系统连接，向下：网关采用无线或 RS485 或 PLC 与下级设备通信；系统网络以网关组为子网节点，系统网络最多可容纳 64 个子网，子网间通过局域网连接，每 10 个网关组成一个子网，每个网关最多可接 64 个设备。根据楼层情况、功能或区域、建筑条件和设备数量，确定网关的子网数量及通信方式，根据网关安装环境，如信号屏蔽强且距离较远的情况优选有线通信
2	设备	设备包含 PLC 调光调色温模块、能源管理模块和感应探头 PLC 调光调色温模块： 类型：导轨式/86 底盒式 输入：100~240V AC 输出：1200W/3000W/5000W/3×1200W（MAX）（导轨式） 150W/300W/600W/1200W（MAX）（86 底盒式） 供电：零火 L/N 灯光控制：ZPLC 接口：RF、BLE、RS485、EPS、DI 远程：RS485/2.4G	设备与网关形成子网，PLC 调光调色温模块选型： 1）配电箱应用场合选择导轨式 PLC 调光调色温模块 2）根据回路情况选择。总负荷不能超过 PLC 调光调色温模块的功率负荷 3）根据安装环境，如信号屏蔽强且距离较远的情况，优先采用 RS485 有线接口
3	光源	内置了新型电力线通信技术解码器的 PLC 调光调色温光源，实现开关、亮度、色温、场景、分组等多种控制方式。根据使用场所选择不同类型、不同尺寸及功率的光源 亮度调节：0~100% 色温调节：2700~5700K	

表 7.8.2 无源无线智能照明控制系统设备选型表

序号	设备名称	性能要求	备注
1	无线动能开关	1）按压发电，无需内置电池 2）支持 EBE-LINK 无线通信 3）IP67 级或以上防尘防水 4）包含 1~4 键	
2	无线接收控制器	1）支持 EBE-LINK 无线通信 2）支持 600W/每回路以上容性负载带载能力 3）包含一、二、三，六回路	
3	传感器	支持 EBE-LINK 无线通信 可安装于顶棚中开孔或底盒中 支持 AC 220V 供电 支持传感人体移动、人体存在，关照强度中的一个或多个参数	
4	智能网关	1）用户可以通过网关连接各个设备，并进行功能参数和场景联动的设置 2）支持 EBE-LINK 无线通信、以太网通信	含智能控制软件

表 7.8.3 智慧光纤导光照明系统设备选型表

序号	名称	性能要求	备注
1	导光仪	单机聚光透镜数量 36 个 单机聚光透镜采光面积 φ94 单透镜采集流明（室外 11 万 lx）700lm 太阳光传输采集效率 20%~30% 透镜材料高纯石英 太阳跟踪自动刷新频率 ≥60 次/s 跟踪平台最小步进角度 ≤0.8″ 单机供电要求 220V、50Hz 控制方式内置自动控制系统 高强度防护罩材料超白钢化浮法玻璃 单机功率 ≤5W 工作温度 -20~80℃	
2	石英光缆	数值孔径 0.40±0.03 衰减@850nm<8.0 芯层直径（1000±10）μm 塑料包层直径（1100±20）μm 外涂敷层直径（1400±50）μm 芯层材料纯石英 包层材料含氟丙烯酸酯 涂敷层材料 ETFE（乙烯-四氟乙烯共聚物） 使用温度 -65℃/+125℃ 工作温度 -40℃/+70℃	

(续)

序号	名称	性能要求		备注
3	灯具参数	光通量	太阳照度 8 万 lx 以上时	单台设备不低于 1500lm	在无天然光条件下，将灯光照度调至需要的恒定照度值，用编程器调用探头的恒定照度功能，将此照度值设置为恒定照度的参考值
		截光角		不少于 30°、45°配光	
		LED 及驱动电源指标参数	色温标准	显色指数 $Ra \geq 90$	
			色容差	SDCM<5	
			电源类型	恒流型或恒压型	
			电源电压范围	220~240V AC（±10%）	
			电流波纹控制	±5%	
			待机功耗	<0.2W	
			电流总谐波	<10%	

2. 案例

（1）PLC 数字化照明系统

1）项目概述及系统组成。某医院项目，主楼单体建筑面积 30 万 m^2，全部采用 PLC 数字化照明系统，系统架构如图 7.8.2、图 7.8.3 所示，系统由网关、调光调色温模块、能源管理模块、感应探头、调光调色温光源等组成。系统覆盖规模大，其中网关及设备超过 2000 台，调光调色温光源超过 30000 盏。项目实施的光环境系统有助于大幅提升医院整体光环境品质，项目系统控制设备数量比传统总线系统方案减少 50%，弱电线缆、控制线缆、调光信号线比传统总线系统方案减少 90%，系统总体工程造价相比采用传统总线方案实现调光调色温降低 30%。根据现行照明功率密度标准值测算，整个项目系统运行综合节能率可达 61%，社会和经济效益显著。

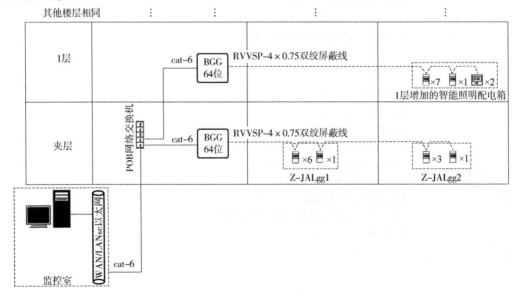

图 7.8.2 系统架构图

7 双碳智慧园区建筑电气节能系统设计——实施指南

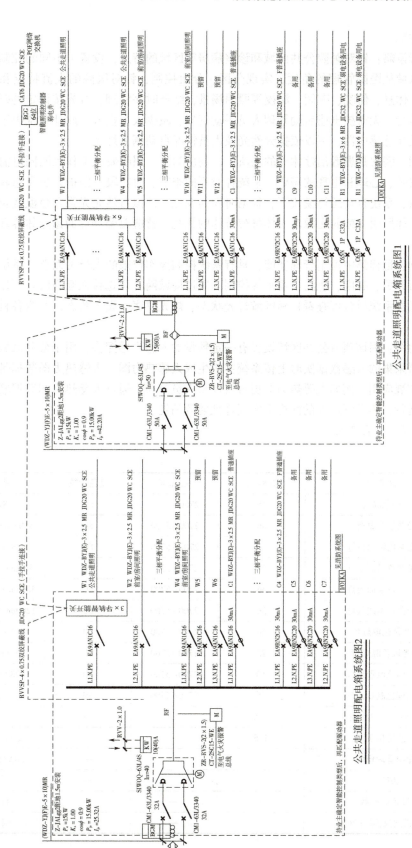

图 7.8.3 配电箱系统图

2）系统功能。

①控制运行策略：针对医院公共区域和诊室病房等区域的特点，设置了不同的控制运行策略，例如公共区域从医院管理的角度，实现分区、分组控制，针对医院的人流特点和使用需求，设置工作、休息、傍晚、夜间、深夜等照明场景，结合时序管理，灯光按设定的时间、亮度、色温自动运行，无需护士或后勤管理人员手动管理，减少人力投入，此外系统出于节能考虑，增加人感及光感感应器，可以依据天然光及人员情况自动调节灯光。

②节律照明：病房是患者治疗休养的场所，以病房为例，照明兼顾工作照明同时需要最大限度符合患者视觉、心理和生理的需要。系统针对不同季节、时间段、医护人员及患者需要设置不同灯光场景，系统自动运行模式下，根据时间的变化，模拟自然光光强及色温变化，通过动态调节实现节律照明，减弱光源对人体昼夜节律的扰乱，营造温馨舒适的诊疗休养环境，利于患者康复。

③远程控制：远程集中控制管理功能，具有系统控制操作权限的人员可以登录系统网页对有权限区域进行开关、亮度、色温、场景等控制，通过局域网（可选接入互联网）可以远程实现照明管理，通过系统后台可查看目标区域灯光状态、灯光时序、设备状态，监测各科室的用电能耗数据等。

④人感热力图：因该项目公共区域设置有一定数量的人感光感探头，用于公共区域照明自动控制，感应器采集的人感数据实时上传系统主机生成人感热力图，人感热力图数据带来了管理上的便利和扩展应用，例如人感热力图更直观反映人员分布，通过人感热力图数据联动或指导空调系统的运行，满足舒适度的前提下实现降低能源消耗。

3）设备选型，见表7.8.4。

表7.8.4 系统设备选型表

序号	产品名称	功率/W	色温/K	显色指数	产品规格
1	调光调色温筒灯	15	2700～5700	80	8in
2	调光调色温面板灯	36	2700～5700	80	600mm×600mm
3	调光调色温面板灯	10	2700～5700	80	300mm×300mm
4	调光调色温面板灯	18	2700～5700	80	300mm×600mm
5	调光调色温面板灯	36	2700～5700	80	300mm×1200mm
6	调光调色温线条灯	36	2700～5700	80	1200mm×200mm
7	调光调色温灯带	36	2700～5700	80	5m/圈
8	调光调色温灯带	25	2700～5700	80	3.6m/圈
9	调光调色温吸顶灯	10	2700～5700	80	φ280×80mm
10	调光调色温日光灯	16	2700～5700	80	T8，1200mm
11	照明控制器（设备）	2.5	—	—	导轨
12	感应探头	1.5	—	—	红外+雷达
13	能源管理模块	2	—	—	50A/1.0级
14	遥控器	—	—	—	无线
15	设置遥控器	—	—	—	44键
16	智能照明控制器（网关）	7	—	—	64点

4）项目效果（含优势）。本项目采用PLC数字化照明系统，系统实施过程中免布线、成本低、施工便捷，系统运行不依赖互联网和中控计算机，安全性可靠性高；光源支持数字化编组，可适应不同的灯光使用需求，设置编组不受供电回路的约束；且基于非视觉效应和健康照明的动态照明技术，实现健康舒适高效的光环境的同时，通过动态调节一定程度上实现节律照明，减弱光源对人体昼夜节律的扰乱。经实际应用，医院空间整体光环境得到了显著提升，在兼顾健康照明需求的同时，有效降低了项目的能耗水平，整体效果良好，使用人员满意度高。经测试，系统的照明节电率可达到61%，节能效益显著。

（2）无源无线智能照明控制系统

1）项目概述及系统组成。某公司新建约2万m^2的钢结构办公大楼，外墙使用玻璃幕墙。为节约能源，达到绿色建筑评价标准，部分区域采用日光与灯光混合照明，有充足日光的时候不开灯，日光降低时采用调光灯补足照度。电梯厅等区域采用人体传感，人来开灯，人走关灯。主要办公区域的工位上设置上班开灯，下班自动关灯。该项目需在钢结构的玻璃墙或板墙中布置照明开关，设计繁琐，工序复杂，造价成本高。采用无源无线的照明控制系统可以免于在墙体中布置照明开关的电源线和通信线。

系统采用传感器自动调节灯光，采用人体传感器自动开关灯，采用光照传感器控制照度恒定，工作日和非工作日的控制策略可以使用移动端及桌面端进行设置，管理人员可通过移动端及桌面端进行灯光的远程控制。系统架构图如图7.8.4所示。

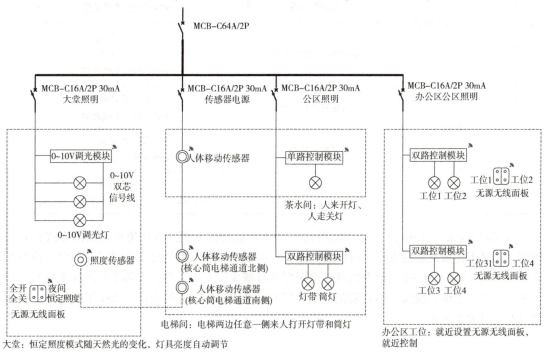

图7.8.4 系统架构图

2）系统功能。工作日在上班时间自动开灯，休息和下班时间自动关灯，减少个别人加班全部灯光亮起的浪费。

就近控制灯光：在大办公区域中，无线动能开关安装在每一排工位的入口，并为每位主管工位设置一个双控，便于员工无需过多走动，就近控制自己上方的灯具。

自动调节灯光照度：通过后台设置在上班时间，具有日光照明的走廊、大堂等区域，开启自动调节亮度，设定照度水平范围。照度传感器将与调光器通信，实时调节室内照度水平。充分利用日光照明，减少能源消耗。

人体感应开关灯：电梯厅茶水间等区域的灯与人体传感器绑定，人来既亮灯，人走后既关灯，以减少不必要的能源浪费。

智能场景控制，在会议室中设置多个智能场景，投影模式（关闭靠近投影屏幕的全部灯），会议模式（开启氛围照明），离开模式（关闭所有灯）等。

3）设备选型，见表7.8.5。

表7.8.5 系统设备选型表

序号	名称	规格	参数
1	无线动能开关	三键无线动能开关	按压发电、无电池 EBE-LINK 无线通信
		六键无线动能开关	IP67 防尘防水 可进行激光刻字
2	无线接收控制器	三路控制器	AC 220V 供电 600W/回路 EBE-LINK 无线通信
		六路控制器	
		0~10V 单路调光器	AC 220V 供电 0~10V 调光 EBE-LINK 无线通信
3	传感器	人体移动传感器	吸顶式安装 EBE-LINK 无线通信
		光照传感器	吸顶式安装 EBE-LINK 无线通信
4	智能网关	网关	AC 220V 供电 支持 EBE-LINK 无线通信、以太网通信、支持离网运行

4）项目效果（含优势）。通过使用无源无线照明控制系统，因其免布线和分布式设置的特征，相对于传统的建设方式，可以减少建设时50%的布线。系统可以实现按需照明，减少平均照明时间，减少29.3%的照明能耗。使用照明时减少了人的参与，大部分时间灯光自行自动控制。减少了电池、铜线、PVC管的使用。降低了环境污染、能源浪费，减少了碳排放。使用效果对比见表7.8.6。

表7.8.6 使用效果对比

对比	总体照明功率	平均照明时间	日照明耗电量
使用系统前	24kW	9.2h	220.8kWh
使用系统后		6.5h	156kWh

(3) 智慧光纤导光照明系统

1）项目概述及系统组成。雁栖湖国际会都项目（2014年APEC主会场）现场图片及系框图如图 7.8.5、图 7.8.6 所示。

图 7.8.5　现场图片

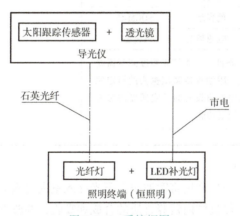

图 7.8.6　系统框图

整个太阳光光纤导入照明系统是由导光仪、φ1.25 石英光纤和 LED-光纤一体灯组成。

2）系统功能。太阳光光纤导入照明采用尖端科技实现太阳轨迹跟踪，利用光学凸透镜将外界太阳光聚焦收集，通过物理光学原理分离出太阳光中过量的紫外线、红外线和有害射线后，用导光纤维把阳光传送到室内或其他需要阳光的地方，极大节省了白天室内的照明用电。

3）设备选型，见表 7.8.7。

表 7.8.7　系统设备选型表

序号	名称	规格	参数
1	导光仪	单机聚光透镜数量 36 个 单机聚光透镜采光面积 φ94 单透镜采集流明（室外 11 万 lx）700lm	太阳光传输采集效率 20%~30% 透镜材料高纯石英 太阳跟踪自动刷新频率≥60 次/s 跟踪平台最小步进角度≤0.8″ 单机供电要求 220V、50Hz 控制方式内置自动控制系统 高强度防护罩材料超白钢化浮法玻璃 单机功率≤5W 工作温度 -20~80℃

(续)

序号	名称	规格		参数
2	石英光缆	数值孔径 0.40±0.03 衰减@ 850nm< 8.0 芯层直径（1000 ±10）μm 塑料包层直径（1100 ± 20）μm 外涂敷层直径（1400 ± 50）μm		芯层材料纯石英 包层材料含氟丙烯酸酯 涂敷层材料 ETFE（乙烯-四氟乙烯共聚物） 使用温度-65℃/+125℃ 工作温度-40℃/+70℃
3	灯具参数	光通量	太阳照度 8万 lx 以上时	单台设备不低于 1500lm
		截光角		不少于 30°、45°配光
		LED 及驱动电源指标参数	显色指数	$Ra \geqslant 80$
			色容差	SDCM<5
			电源类型	恒流型
		在无天然光条件下，将灯光照度调至需要的恒定照度值，用编程器调用探头的恒定照度功能，将此照度值设置为恒照度的参考值，以达到恒照度功能		

4）项目效果（含优势）

①健康光环境效果。本项目通过将宽波段太阳光导入室内对人类健康有重要作用，不仅能调节视觉功能健康，也可以促进体内营养物质的合成和吸收，并改善人们的精神状况，实现健康照明的目的。

②照明用电节能效果。本项目采用 GPS 与四象限探测器相结合的方式追踪太阳光，其中追光器采用透过率更高的石英透镜，不仅提高了透过光的能量，而且透过光谱也更宽。减少人工照明光源的使用，将成为一种行之有效的节能途径。

7.9 室外一体化照明系统设计

7.9.1 室外一体化照明系统能实现对室外亮化工程的照明控制、能耗监测、数据采集和分析，进行远程集中控制与管理。系统由终端照明设备（内置灯控及感应器）、系统工作站、系统服务器、灯控系统软件及配套设备等组成。系统框图如图 7.9.1 所示。

7.9.2 系统具备感应照明、自动调节、数据反馈、故障报警等功能。

【指南】

1. 设备选型

系统设备选型见表 7.9.1。

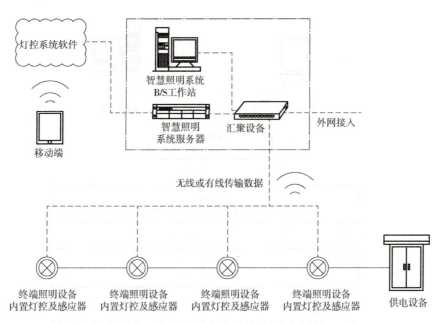

图 7.9.1 室外一体化照明系统框图

表 7.9.1 系统设备选型表

序号	设备名称	性能要求	备注
1	终端显示设备	手机、平板、计算机等终端设备	
2	系统主机	搭载"灯光控制系统软件"的服务器	
3	智能网络控制设备	前端以太网接入交换机、终端人体红外传感器、灯控电路板、以太网核心/汇聚交换机等 端口数量:5/24 端口类型:光口/电口 上行端口速率:千兆/万兆 下行端口速率:千兆/万兆 机架类型:标准机架/桌面式 散热形式:自然/风扇	1)对断路器选型要求: 选用RS485计量智能断路器,支持远程开、关的智能断路器(或带网络模块,支持通信指令远程控制、故障/手动分闸后锁定远程控制、远程锁定本地禁止合闸等) 2)对变压器选型要求: AC 220V~DC 12/24 户外防水变压器

2. 案例

(1) 项目概述及系统组成

某城市公园改造项目,总面积 33hm²,涉及多场景、多功能的人工智能改造。

该系统配置 400 余根室外一体化照明杆及智能控制器,后台机房配置 1 台业务服务器、1 台工作计算机,构成室外照明系统。室外一体化照明案例系统框图如图 7.9.2 所示。

(2) 系统功能

智慧照明系统服务器及管理计算设置于综合管理室内,可在本地部署智慧照明程序方案,也可通过移动端设备进行远程系统操作。系统服务器根据部署好的设定程序,通过网络传输给灯控电路板开关信号,灯控电路板控制智能断路器的开关吸合来实现路灯的开关。路灯内集成红外感应装置,有人员经过时可自动调节亮度,也可根据不同季节及天气情况开启不同的照明

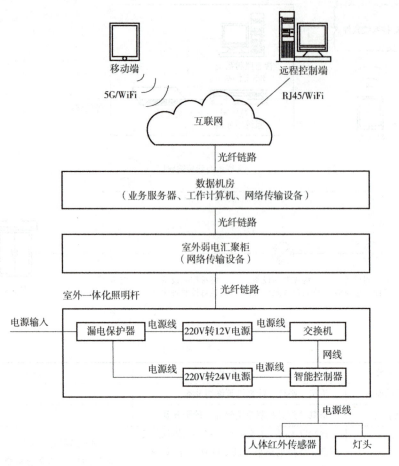

图 7.9.2 室外一体化照明案例系统框图

方案，从而实现节省能耗，科学照明。同时通过后端显示设备可实现对路灯的全程实时监测及远程控制，对园区照明情况进行全面了解，如路灯在线、离线、告警、故障准确定位地点、提示故障信息等，减少人工排查时间与故障时间。

（3）设备选型

系统设备选型见表 7.9.2。

表 7.9.2 系统设备选型表

序号	设备名称	规格	参数
1	终端显示设备	手机、平板、计算机等终端设备	
2	系统主机	搭载"灯光控制系统软件"的服务器	
3	智能网络控制设备	前端以太网接入交换机、终端人体红外传感器、灯控电路板、以太网核心/汇聚交换机等	端口数量：5/24 端口类型：光口/电口 上行端口速率：千兆/万兆 下行端口速率：千兆/万兆 机架类型：标准机架/桌面式 散热形式：自然/风扇

（4）项目效果（含优势）

公园通过智慧公园照明系统建设，形成"园区照明一张图"的科技化、自动化、集约化管理，提升公园日常管理的精细化、节约化管理水平，为智慧公园建设和管理模式提供行业样板。通过对路灯改造，节电效果显著，智慧照明每年可节电约 15742 度，节电率达到 60.47%，节约电费约 18890 元。

7.10 智慧电缆安全预警系统设计

7.10.1 智慧电缆安全预警系统能实现电缆的温度监测、故障预警及空间故障定位。系统由光纤复合电缆、光纤终端、中枢控制管理系统（数据服务器、管理平台、DTS 测温系统）等组成。系统框图如图 7.10.1 所示。

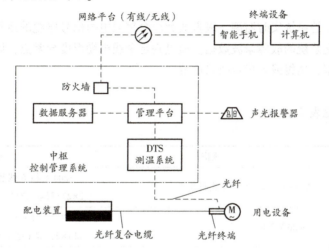

图 7.10.1 智慧电缆安全预警系统框图

7.10.2 系统具有监测电缆温度、故障定位等功能，并具有系统故障、光纤故障、温度预设超限等实时报警功能。

【指南】

1. 设备选型

系统设备选型见表 7.10.1。

表 7.10.1 系统设备选型表

序号	设备名称	性能要求	备注
1	智能电缆预警主机	标准 3U	
2	测温软件	定位精确度±0.5m，测温精确度±1℃	
3	可视化界面	根据电缆敷设路径展示实时运行界面	
4	测温光纤	多模 62.5/125	
5	终端盒（4 个通道 1 个）	两进四出	
6	接续盒	两进两出	

(续)

序号	设备名称	性能要求	备注
7	光纤尾纤（2个通道1根）	多模 APC（62.5/125）	
8	通信光缆	24芯	
9	安装辅材	扎带、电缆、PVC 管材	

2. 案例

（1）项目概述及系统组成

某高速铁路客运专线项目，项目全线长 70km。该系统硬件配置 1 台前置采集服务器兼做历史数据服务器、1 台 8 屏监控工作站、一台打印机、一台交换机，构成该线路电缆故障在线监测系统。

（2）系统功能

智慧电缆安全预警系统实时监测一级贯通和综合贯通电力信号电缆的运行温度状态，并收集变电站综合自动化系统的故障录波数据。通过判定全线电缆温度异常点，以及分析短路或者接地瞬间的波形数据，预警或者确定故障位置。

（3）设备选型

系统设备选型见表 7.10.2。

表 7.10.2 系统设备选型表

序号	设备名称	规格	参数
1	数据服务器兼通信前置机	Powerege 740 2U 机架式服务器	3204 6 核 6 线程/1.9GHz/32G 内存/2×2T/双电 H730P
2	监测工作站	T5820 W2102	8G 1T DVDRW p620（4个 miniDP 口）×2，双 1 拖 4 显卡，8 块 24in 液晶
3	打印机	A4 激光打印机	
4	一体式机柜	2260×800×600	含显示器、电源、无线键鼠等
5	交换机	3C16470	16 口工业交换机
6	电缆故障在线监测系统软件	显示电缆实时温度曲线、报警信息、历史数据、分析报表、计算短路和接地距离等	
7	分布式 DTS 测温主机		多模 8 通道、测量距离 10km
8	主机屏柜	2260×800×600	含显示器、防雷、电源、无线键鼠、网线等
9	光纤复合电缆		
10	通信管理机	PPC-9404	

（4）项目效果（含优势）

该系统通过智慧安全预警电缆内的特种光缆进行温度实时监测，从而判断线路是否有温度异常、过载、短路、断路、缺相等故障；同时还监测沿途的电缆敷设环境温度与火灾情况。测温精度±1℃，故障定位≤0.5m，单台智能预警电缆主机最大监测 8 通道。当故障发生时能够在监控平台发出预警信号，准确显示故障线路位置、温度、类型和时间，记录故障信息并进行数据储存，生成线路运行状况报告，利用大数据了解线路长期运行的状况，为线路运行状况提供多重参考依据，可及时对电缆进行合理的维护、检修及更换，保证电缆可靠运行。

7.11 智慧充电桩集群调控管理系统设计

7.11.1 智慧充电桩集群调控管理系统根据配电网内日常用电负荷的变化及变压器的负载情况，对充电桩集群输出功率实时调控，充电功率调控范围为25%～100%。系统由电网电源、充电桩集群和其他用电负荷组成。系统框图如图7.11.1所示。

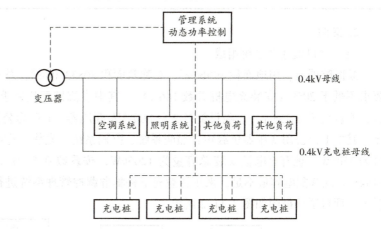

图7.11.1 智慧充电桩集群调控管理系统框图

7.11.2 系统具有对配电网的削峰平谷、三相平衡、动态调控、电网承载能力调控等功能。

【指南】

1. 设备选型

系统设备选型见表7.11.1。

表7.11.1 系统设备选型表

序号	设备名称	性能要求	备注
1	操作站	智能手机、计算机等终端设备	
2	服务器	1）4核CPU 16G及以上内存配置 2）4Mbps及以上带宽 3）100G及以上磁盘容量 4）搭载"动态功率控制管理系统平台"软件	
3	配网监测采集终端	1）具备信息采集、物联代理及边缘计算功能 2）具备后备电源，主电源故障时维持终端正常工作至少3min 3）具备4G、以太网、RS485、电力载波通信接口	
4	智慧开关	1）具备交流采样功能，电流精度小于0.5级，电压精度小于0.5级，有功功率精度小于1级，无功功率精度小于2级 2）具备短路保护、过流保护、过压保护、欠压保护、缺相保护、剩余电流保护功能 3）具备RS485、载波通信接口 4）支持本地控制、远程控制等多种控制方式，可通过本地按钮或机构实现本地分闸、合闸控制，可通过远程预约分闸、合闸，故障/手动分闸后锁定远程控制、远程锁定本地禁止合闸等	

(续)

序号	设备名称	性能要求	备注
5	新能源汽车充电桩	1）防护等级 IP54 及以上 2）具备 4G、以太网、RS485 通信接口 3）支持充电功率柔性调控功能	

2. 案例

(1) 项目概述及系统组成

某医院项目，用地面积 39960m²，总建筑面积 80833.08m²，总车位数 720 辆，充电桩配比要求不低于 20%（安装充电桩总数 146 台），其中直流桩配比要求不低于 1%（安装直流桩 8 台，安装交流桩 138 台）。项目配备 2 台 800kVA 变压器，1 台为公用变压器，1 台为专用变压器，其中 1 台公用变压器负载包含照明系统、空调系统、光伏、充电桩等。充电桩预留配电容量为 350kW，现有充电桩安装总容量为 1206kW，按系数 0.6~0.8 计算后实际使用容量约为 845kW。现有配电容量不足，采用智慧充电桩集群调控管理系统进行动态柔性调控以满足项目需求，项目系统框图如图 7.11.2 所示。

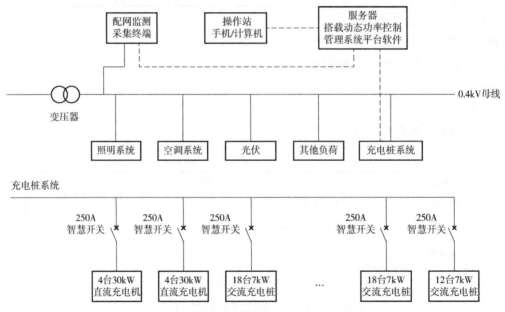

图 7.11.2　某医院项目智慧充电桩集群调控管理系统框图

(2) 系统功能

智慧充电桩集群调控管理系统实现了对充电桩输出功率的实时控制。可根据配网台区用电负荷变化，对充电桩输出功率进行动态的调控，总充电功率调控范围不低于 25%~100%，实现对配电网的削峰平谷、三相平衡等功能。系统实现充电负荷柔性动态调控，提升配电网承载能力和电能质量，降低配网运行损耗和碳排放，实现节能减排。

(3) 设备选型

系统设备选型见表 7.11.2。

表 7.11.2 系统设备选型表

序号	设备名称	规格	参数
1	操作站	智能手机、计算机等终端设备	
2	服务器		1）4核 CPU 16G 内存配置 2）4Mbps 带宽 3）100G 磁盘容量 4）搭载"动态功率控制管理系统平台"软件
3	配网监测采集终端		1）具备信息采集、物联代理及边缘计算功能 2）具备后备电源，主电源故障时维持终端正常工作至少 3min 3）具备 4G、以太网、RS485、电力载波通信接口
4	智慧开关	智慧开关	250A
5	新能源汽车充电桩—直流充电机	直流充电机	30kW
6	新能源汽车充电桩—交流充电桩	交流充电桩	7kW

（4）项目效果（含优势）

1）降低成本：满足相同充电需求情况下，减少楼宇配电网的建设和改造成本 33%，提升资源和能源利用率。

2）效果显著：有效解决楼宇内配电容量不足情况下，满足更多充电需求，充电负荷柔性动态调控可有效缓解配网供需矛盾，增强配网的安全性和稳定性，起到调节器和蓄能池作用。

3）提高能效：提升配网调节能力和能源利用效率，相同供电容量满足充电客户需求是传统方式的 2~4 倍。充电负荷柔性动态调控提升配网供给能力和电能质量，降低配网运行损耗和碳排放，助力"双碳"目标实现。

7.12 无源光局域网系统设计

7.12.1 无源光局域网系统基于 POL 技术进行组网，采用光纤到房间或桌面等信息接入点，实现楼层弱电间无须电源，优化网络布线，满足园区节能、大带宽、高可靠、易部署、易管理等需求。系统由核心交换机、光线路终端、无源光分路器、光网络单元、光纤等组成。系统框图如图 7.12.1 所示。

7.12.2 系统具有全光网传输、多业务（互联网、语音、视频）信号融合传输、终端设备无线连接等功能。

【指南】
1. 设备选型
系统设备选型见表 7.12.1。

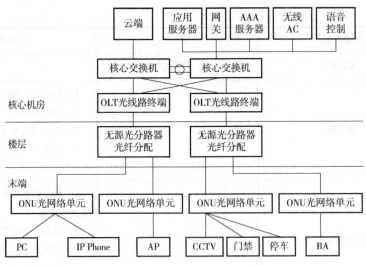

图 7.12.1　无源光局域网系统框图

表 7.12.1　系统设备选型表

序号	设备名称	性能要求	备注
1	OLT	1）支持分布式交换架构，支持 GPON/XGS-PON/XGS-PON Combo/50G PON 平台 2）主控板交换容量 8Tbps，业务板槽位带宽能力 200Gbps 3）MAC 地址数 256K，IPv4 路由表 64K，IPv6 路由表 16K 4）PON 端口数：11U 业务槽位数量 15 个，7U 业务槽位数量 7 个，单板支持 GPON 端口数 16 个，XGS-PON 端口数 8 个，支持 GPON、XGS-PON 业务板混插 5）双主控板、双电源板冗余备份，主控板和业务单板升级不断业务	
2	ONU	根据应用场景选择合适的 ONU，可选择以下类型： 面板型 ONU：支持 86 型电工盒安装，220V 供电（AC 款）或光电复合缆供电（DC 款），支持 GPON 或 XGS-PON 上行，提供 1GE 或 2GE，可选提供 POTS 接口 4 口或 8 口盒式 ONU：支持 GPON 或 XGS-PON 上行，提供 4GE 或 8GE，可选支持 POE 供电，可选提供 POTS 接口，可选提供 WiFi 功能 3 口或 24 口机架式 ONU：支持 2×GPON 或 XGS-PON 上行，提供 24GE，支持 POE 供电，可选提供 2×10GE 电/光口，可选提供 POTS 接口	
3	分光器	光分路器应采用插片式、盒式及 19 in 机架式三种规格，支持 1∶2～1∶64 或 2∶2～2∶64 分光	

2. 案例

（1）项目概述及系统组成

某办公园区总占地面积 1900 亩，建筑面积约 145 万 m²，分为 12 个园区，总体容纳员工约 25000 人。园区内业务包括办公上网、WiFi、桌面云、文印、智能门禁、人员接待、视频会议等信息化应用。

作为智慧园区代表的某研发中心，园区采用 IP+POL 方案实现全光园区，通过一张融合网络实现多业务融合承载。全光园区方案核心层由核心交换机和 OLT 组成，通过无源光分配网络直连末端 ONU 设备，实现光纤到桌面以及各类终端灵活接入。无源光局域网组网架构图如图 7.12.2 所示。

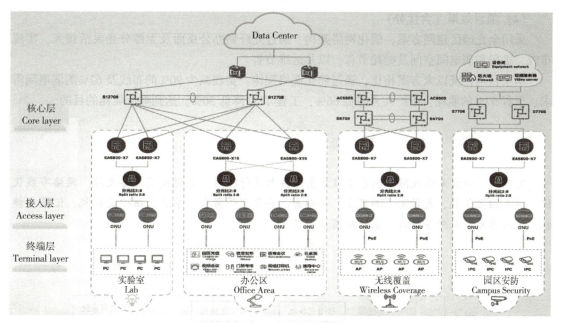

图 7.12.2　某办公园区无源光局域网组网架构图

（2）系统功能

全光园区以 IP+POL 融合网络架构将园区业务统一起来，应用系统部署在云端，简化网络的结构，节省运维开支；桌面 ONU 直达员工办公桌面；无源分光器灵活延伸至 AP、摄像机附近，实现大厅、会议室等区域高密承载 AP、摄像机等设备。通过一张融合网络实现云桌面、语音会议、网络打印、智真会议、园区广播、道闸控制、视频安防监控、无线覆盖、门禁考勤、信息发布等多达 12 种业务系统融合承载。

（3）设备选型

1）核心交换机选型要求。选用满足高容量、高可靠、易扩展等要求的核心交换机，建议具备堆叠、独立监控板卡、基于真实业务流实时检测网络故障能力；支持 SDN VxLAN 功能，以满足网络虚拟化隔离需求；支持业务板集成 WLAN AC 能力，实现对 AP 的接入控制和管理，实现对有线无线终端的统一认证管理、有线无线数据报文的集中转发。

2）OLT 选型要求。选用满足高带宽、高密度和高转发性能要求 OLT，建议支持故障自动倒换和备份，支持软件不中断业务升级功能。建议根据带宽要求选择 GPON、XGS-PON、XGS-PON Combo 或 50G PON 技术，根据可靠性要求选择 PON 系统的保护方式。建议采用网络切片隔离支持多业务承载功能，选择支持不少于 4 个网络切片的 OLT 设备。

3）ONU 选型要求。ONU 设备下沉到办公室/房间等信息配线箱或桌面，根据业务类型、功能要求和安装环境等因素确定 ONU 配置和选型。建议 ONU 上行接口支持 GPON、XGS-PON 或 50G PON 技术，高可靠场景支持双 PON 口上行；下行接口可选配置 GE 或 10GE 接口，可选支持 POE 供电，可选提供 POTS 接口，可选提供 WiFi 功能。

4）光分配网络要求。按带宽需求、ONU 端口数等配置和选择合适的分光比。建议采用一级分光方式，光分路器设置在各楼层弱电间。光分路器到 ONU 之间选用 G.657 单芯或两芯光纤，光分路器到 OLT 之间采用多芯室内/室外 G.652D 光纤光缆。

(4) 项目效果（含优势）

采用全光园区建网方案，简化网络架构，通过光纤到办公桌面及无源分光灵活接入，实现布线、机房和弱电间空间及能耗节省，以及运维节省。

本项目与传统以太方案相比，通过简化网络架构，实现减少 90%的布线及 62%的弱电间需求、节省 57%的能耗，维护人力降低 66%，工程 TCO 降低 30%，达到降低能耗的目的。

7.13　以太光局域网系统设计

7.13.1　以太光局域网系统基于以太全光技术进行组网，实现楼层设备无源，网络布线优化，满足园区节能、大带宽、高可靠、易部署、易管理等需求。系统由核心交换机、汇聚交换机、远端单元、光纤等组成。系统框图如图 7.13.1 所示。

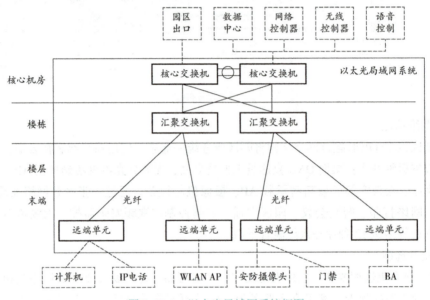

图 7.13.1　以太光局域网系统框图

7.13.2　系统具有有线和无线网络融合、任意无线漫游、业务实时可视传输、减少楼层网络设备及用电等功能。

【指南】

1. 设备选型

系统设备选型见表 7.13.1。

表 7.13.1　系统设备选型表

序号	设备名称	性能要求	备注
1	核心交换机	1) 高容量、高可靠、易扩展，建议具备堆叠、独立监控板卡、基于真实业务流实时检测网络故障能力 2) 支持 SDN VxLAN 功能，以满足网络虚拟化隔离需求 3) 支持业务板集成 WLAN AC 能力，实现对 AP 的接入控制和管理，实现对有线无线终端的统一认证管理、有线无线数据报文的集中转发	

(续)

序号	设备名称	性能要求	备注
2	汇聚交换机	1) 高带宽、高密接入、高转发性能要求的框式以太交换机 2) 支持40G/100G光纤链路上行，通过插板满足高密度万兆端口接入，具备远距光电混合接入能力，满足远距离POE供电要求 3) 支持SDN VxLAN功能，满足虚拟化网络管理要求，设备主控、电源、风扇等关键部件均采用冗余设计，符合高可靠要求	
3	远端单元	1) 满足全场景部署要求，支持嵌墙、挂墙、桌面等多种安装方式 2) 设备无风扇设计，自然散热，无噪声；支持免配置、免管理，设备即插即用，方便设备端口扩展 3) 支持通过光电混合缆远距离POE受电，支持POE二级供电	

2. 案例

（1）项目概述及系统组成

为了更好地支撑教学和科研，某大学正式启动校园无线网络升级，支撑未来更高水平的智慧校园业务。在无线网建设初期就明确了建设目标：需采用最新WiFi 6无线组网技术，实现建设范围内楼栋100%的无线信号覆盖、漫游时延小于30ms、丢包率均值小于千分之一、单用户体验速率达到100Mbps。

某大学一办和二办是本次无线覆盖的重点，出于对历史建筑保护的考虑，无法在楼内进行大规模现代化施工作业；由于办公楼建筑历史悠久，每层楼均无楼层弱电机房，从楼栋核心机房直接布线时线缆距离经常会超过100m，使用光纤或网线都无法解决。结合某大学无线覆盖环境现状和无线网建设目标要求，本项目采用光电混合缆+WiFi 6方案设计，将接入+汇聚+核心的传统三层架构简化为接入+核心的两层极简架构，组成全新光电混合缆+WiFi 6的低碳绿色校园解决方案，并且该方案引入了业界首创的光电PoE技术，通过一根光电混合缆同时实现10Gbps超宽接入及300m超远PoE++供电；远端模块通过光电PoE取电后，可为4台WiFi 6 AP提供二级PoE，本地免取电灵活部署。系统示意图如图7.13.2所示。

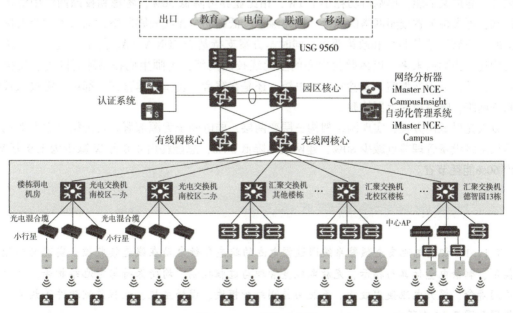

图7.13.2 系统示意图

(2) 系统功能

基于本次建设的以太全光局域网，在园区室外覆盖、教学楼、宿舍、会议室等场景提供了一系列的全新的 WiFi 6 无线覆盖解决方案。为园区内的师生提供所在区域内更加宽广范围的 WiFi 6 覆盖，满足广大师生大文件下载、直播课程、MOOC、视频会议等高带宽业务需求和教职工大文件下载、视频会议、移动办公等高带宽业务需求。

(3) 设备选型

本项目采用设备选型见表 7.13.2。

表 7.13.2 系统设备选型表

序号	名称	设备形态	端口数量	端口类型	端口速率	交换容量	包转发率	外形尺寸（宽×深×高）	散热方式
1	核心交换机	框式	根据业务板可选	光口	100G/40G/25G/10G	1024 Tbps	192000 Mpps	442×517.4×841.75, 19U	抽风散热，风扇自动调速
2	楼栋交换机	框式	根据业务板可选	光口/光电混合	100G/40G/25G/10G/2.5G/1G	128/640 Tbps	14400/96000 Mpps	442×515.5×575, 13U	抽风散热，风扇自动调速
3	远端模块	盒式	4/8/16	光口/光电混合	2.5G/1G	336Gbps	51Mpps（4口）/57Mpps（8口）/69Mpps（16口）	185×115×27（4口）/210×130×27（8口）/442×260×43.6（16口）	无风扇，自然散热

(4) 项目效果

本方案实现架构极简：远端模块被楼栋交换机纳管，整体网络架构为核心交换机+楼栋交换机的两层架构，实现弱电间免设备免运维，节约能耗；本方案远端模块采用无风扇口超低功耗设计，静声又节能，单端口功耗小于1W，相比业界可降低30%；考虑到校园网络中海量有线终端，可大幅节省校园网络的能耗，构建绿色、低碳的全无线校园网络，深入贯彻落实国家提出的"双碳"宏伟目标和政策要求。同时本方案支持基于 SDN VxLAN 的架构演进，未来将着力构建一张面向未来、以体验为中心的全无线校园网络，为师生们提供随时随地、便捷的 WiFi 6 体验，无论在教室、实验室、图书馆，还是在宿舍、食堂、体育馆，都可一键接入校园 WiFi 6 网络，畅享极速上网体验。

以太光局域网方案，实现网络架构三层变两层，弱电间全无源部署。与传统以太方案相比本项目网络设备管理节点减少80%，建网成本降低30%，总能耗由 4.8 万 W 减少为 1.9 万 W，实现60%能耗节省。

7.14 智慧电池安全预警系统设计

7.14.1 智慧电池安全预警系统通过蓄电池的状态参数自动在线连续监控，实现安全预警与控制、剩余电量估算与指示、充放电能量管理与过程控制、均衡保持与电池维护等，延长电池使用寿命、提升电池使用效能。系统由监测维护模块、现场主机、远程监测软件等组成。系统框图如图 7.14.1 所示。

7 双碳智慧园区建筑电气节能系统设计——实施指南

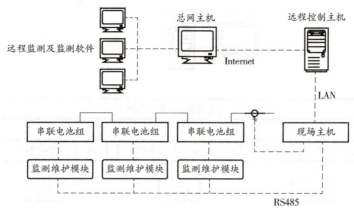

图 7.14.1 智慧电池安全预警系统框图

7.14.2 系统应包括下列功能：

1. 实时监测电池组及单体蓄电池内阻、电压、电流、温度、实际容量等数据，具有蓄电池间的不一致性确认、预防电池故障、延长蓄电池组寿命等功能。
2. 具有蓄电池状态预测功能，实现蓄电池全生命期预警管理。
3. 具有蓄电池主动维护功能，提高蓄电池使用寿命和运维效率。

【指南】

1. 设备选型

系统设备选型见表 7.14.1。

表 7.14.1 系统设备选型表

序号	设备名称	性能要求	备注
1	蓄电池监测维护模块 BMU	动态测量蓄电池的类型、内阻、电压、温度等参数、单体蓄电池自动均衡维护	
2	现场监测维护主机 BCU	具有主动均衡、电池安全预警的硬件和软件管控一体机。一般采用壁挂方式或嵌入方式安装	
3	远端单元	具有自我诊断、电池自动运维、电池热失控预测等算力和算法的服务器架构	

2. 案例

（1）项目概述及系统组成

某工厂电化学储能电池/备用电源的电池预警管理系统（EBMS）项目，其系统框图如图 7.14.2 所示。

项目配套电池预警管理系统选型是对标适应电池系统的三层架构。

第一层蓄电池监测维护模块（BMU）：BMU 是电池管理系统的最底层控制单位，就是用来监测 PACK 内的每颗电芯。PACK 类似电池插箱，电芯进行串联放入到一个 PACK 壳体当中，电池 PACK 箱内的电芯通过铝排进行串联焊接。单节主动均衡配置的维护模块 BMU 与储能蓄电池单体数量一一对应。

第二层现场蓄电池监测维护主机（BCU）：即电池簇管理单元，多个电池 PACK 箱进行串/并联形成电池簇。

电池簇的电压要达到变流器（PCS）所需要的电压。

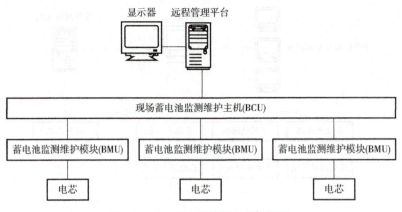

图 7.14.2　电池预警管理系统框图

应用案例说明（模块积木式）：

对于±192V/±240V 直流系统中，±192V 系统需要将 64 颗 280Ah 的锂电芯进行串联形成一簇电池，即需要 64/8=8（个）PACK 箱进行串联。PACK 箱之间的串联可以使用铜排连接，这样的串联方式下，单簇电池的容量为 64×280×3.2=57.34（kWh）。

对于 1000V 系统，需要将 256 颗 280Ah 的锂电芯进行串联形成一簇电池，即需要 256/8=32（个）PACK 箱进行串联。PACK 箱之间的串联可以使用铜排连接，这样的串联方式下单簇电池的容量为 256×280×3.2=229.37（kWh）。

多簇电池可以选用并联方式扩充容量。

第三层远程管理平台：即搭载蓄电池自我诊断、自动运维算力和算法软件的服务器，负责管控整个储能站所有电芯的数据，负责和 PCS、EMS 通信，协调 PCS 充放电管理及故障停机等。

（2）系统功能

1）结合电池组/单体蓄电池实时内阻、电压、温度数据，通过与初始参数的比较和变化趋势的分析，自动完成识别蓄电池种类，蓄电池状态预测，预知可能的故障，建立预警体系，进行蓄电池状态判断、历史数据存储分析。

2）结合用电负载电流大小，给出停电后电池组的供电续航时间数据。可以实现蓄电池全生命周期管理；蓄电池管理专家分析功能；异常事件预警、报警功能；停发电调度管理；核对性放电管理；多种电源协同供电系统储能蓄电池维护计划管理；报表统计、分析功能。

3）直观地显示蓄电池各类重要技术指标，并能主动实现对蓄电池的日常维护，可有效提高蓄电池使用寿命，并大大节约维护人员日常工作量，提高维护人员维护效率。

（3）设备选型

1）蓄电池监测维护模块（BMU）选型参数见表 7.14.2。

表 7.14.2　BMU 选型参数表

参数名称	技术指标				
型号	BMU-2V/2V	BMU-3V/3V	BMU-3V/6V	BMU-3V/12V	BMU-3V/24V
电压测量范围	1~3V	2.5~4.5V	4~8V	8~15V	18~30V
蓄电池种类（自识别）	镍铬/镍氢	锂电池	蓄电池	蓄电池组	蓄电池组
电压测量精度	±0.3%				

(续)

参数名称		技术指标				
型号		BMU-2V/2V	BMU-3V/3V	BMU-3V/6V	BMU-3V/12V	BMU-3V/24V
电压测量周期		最小 100ms				
阻抗测量范围		0.01~300mΩ		0.01~400mΩ		
阻抗测量分辨率		0.01mΩ				
阻抗测量精度		±2%（重复精度）				
阻抗测量时间		约 3s				
阻抗测量周期		最小 5min				
温度检测范围		−20.0~70.0℃				
温度检测精度		±2℃				
工作电流	运行	约 20mA	约 16mA	约 10mA	约 8mA	约 4mA
	休眠	约 5mA	约 4mA	约 2.5mA	约 2mA	约 1mA
最大均衡电流		400mA	250mA	150mA	70mA	40mA
通信方式		串行方式				
通信速率		9600bps				
使用环境温度		−25~+55℃				
相对湿度		≤95%				

2）现场蓄电池监测维护主机（BCU）选型参数见表 7.14.3。

表 7.14.3 BCU 选型参数表

参数名称		技术指标			
供电电源	型号	BCU/48	BCU/220A	BCU/220D	BCU/110D
	电源电压	DC 48V±25%	AC 220V±20%	DC 220V±20%	DC 110V±20%
功耗		<15W			
LCD 屏		3.5in，65K 彩色，分辨率 320×240			
按键		6 只（上，下，左，右，取消，确认）			
LED 灯		4 只（电池失效；电池过欠压；电池过温；内部故障）			
报警蜂鸣器		1 只			
电流传感器		1 通道/1 只霍尔电流传感器（选装件）；可扩展			
电流检测精度		≤30A 时：≤±0.3A；>30A 时：≤±1%			
剩余电量（SOC）计算精度		≤±5%（注：该功能需选装电流传感器）			
绝缘电阻检测误差		≤±10%			
管理参数		内阻变化百分比（用于电池失效预警）、电池过欠压报警值、电池过温报警值			
历史记录	介质	8G SDHC 卡			
	存储频率	每 0.5min 存储一组数据（包括时间、单体电池电压、电池温度、充放电电流以及状态等数据等）			
	最大记录时间	以每天工作 24h 计算，可存储 365 天的数据			

(续)

参数名称		技术指标
CANBUS 光电隔离	速率	CAN：125~500kbps
	单通道节点数	不超过64（可按需扩展）
	通道数	6（可扩展）
以太网接口		10M/100M；支持 Modbus、DL/T 634.5104、DL/T 860
USB 接口		1个，具有OTG功能
扩展串行通信接口		2个 RS232，1个 RS485
内阻测试模块接口		2个，可负载150个内阻测试模块；可扩
输出干接点		6组，触点容量：250V AC/DC 30V/5A
使用环境温度		−25~+55℃
相对湿度		≤95%

（4）项目效果（含优势）

通过对电池预警系统的工程实际应用持续跟踪，蓄电池组实际日久应用或者充放电的循环增加，尤其电池到了后期以后，会表现出比较明显的离散性，即单体之间阻抗与容量的差异更突出。

本电池预警系统的作用就是实现了被管理电池组内部单体电池均工作在自身的安全工作区域之内，以自动方式对电池进行管理和控制。

项目中本电池预警系统实现自动感知，自动维护，减少人工维护，智慧化的自动运维效果，汇总如下：

1）实现蓄电池的主动维护，维护人员可及时发现劣化蓄电池，根据监控数据制定出相应改善措施，消除了安全隐患，保证数据万无一失。

2）网络化的维护方式，一个专业维护人员便可对多个电池组进行统一管理，不仅节约维护成本和维护人员，还避免因维护人员水平的不同造成维护质量不能保障的难题。

3）采用独特的蓄电池均衡技术，有效延长蓄电池的使用寿命40%。

4）提升蓄电池使用效能，满足国家可持续发展战略和节能减排的要求，树绿色形象。

5）降低蓄电池淘汰率，节约蓄电池采购成本。

6）出现交流断电故障后，可根据蓄电池监控数据，提供科学合理的油机调度，合理分配人力、物力，不仅有效降低发电成本，还充分利用了蓄电池作为后备电源的功能。

7.15 智慧办公系统设计

7.15.1 智慧办公系统包括无纸化多媒体会议、多媒体特效投射、数字档案管理及多功能智慧办公桌等系统，各系统应分别符合下列要求：

1. 无纸化多媒体会议系统采用网络通信、音视频、触控、软件等技术，将资料、图片、音视频等电子文档，通过网络传输交换共享，实现文件无纸化发送、接收及应用。系统由数字会议主机、无纸化主机、无纸化智能终端（触控式升降显示屏、PAD）等设备组成。系统框图如图 7.15.1-1 所示。

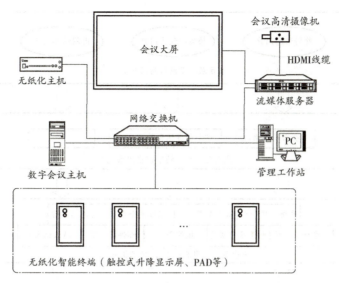

图 7.15.1-1 无纸化多媒体会议系统框图

2. 多媒体特效投射系统将多媒体文件储存在媒体显示端硬盘内（播放机），本地运行，投影显示；系统不依附服务器、不受网络影响，可实现高清晰播放效果。系统设置私有管理平台和云平台两种管理软件，由平台服务器、播放机、投影仪、操作终端、网络环境等组成。系统框图如图 7.15.1-2 所示。

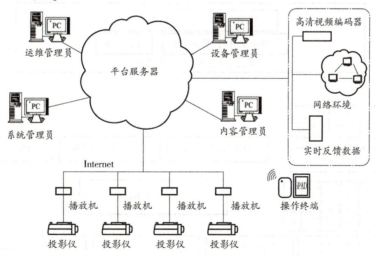

图 7.15.1-2 多媒体特效投射系统框图

3. 数字档案管理系统是自动将前端电子档案分类、归集至数字档案的管理系统。实现档案全生命期的数字化管理，电子文件在线归档和在线督导，提高人工效率。管理系统由系统层、数据层、平台层、应用层和表示层等五层逻辑构件组成。系统框图如图 7.15.1-3 所示。

4. 多功能智慧办公桌系统具备办公桌、无线充电、嵌入式智能加热板、电动升降 USB 及插座柱、手机信号屏蔽器、人体感应健康监测器、电动升降双屏计算机、电动升降办公副桌等功能，可实现手机 APP、智能控制屏与智能设备联动。系统由可升降智能控制屏、嵌入式智能加热板、暗藏式无线充电模块、升降副台等组成，系统框图如图 7.15.1-4 所示。

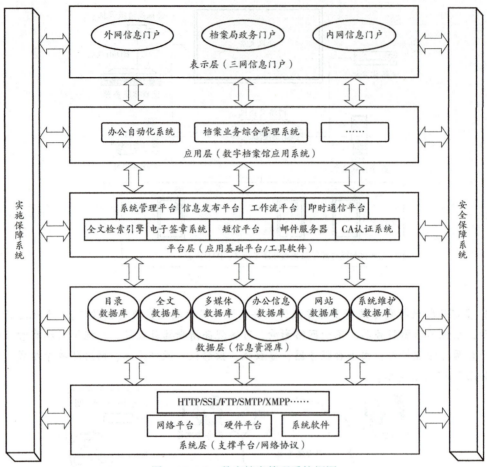

图 7.15.1-3 数字档案管理系统框图

图 7.15.1-4 多功能智慧办公桌系统框图

7.15.2 无纸化多媒体会议系统、多媒体特效投射系统、数字档案管理系统及多功能智慧办公桌系统应分别具有下列功能：

1. 无纸化多媒体会议系统具有快速签到、文档同屏浏览及查阅、传送、投票、交流、讨论等功能。
2. 多媒体特效投射系统具有标识引导、促销宣传、服务提示、热点回放等功能。
3. 数字档案管理系统具有在线监控、快速定位、高效盘点、动态路径跟踪等功能。
4. 多功能智慧办公桌系统具有实时监测室内 PM2.5、二氧化碳、温度、湿度、TVOC、甲醛、噪声、照度等技术指标，实现灯光控制、背景音乐播放、电动窗帘控制、一键呼叫秘书、门禁解锁等功能。

【指南】

1. 设备选型

系统设备选型见表 7.15.1~表 7.15.4。

表 7.15.1 无纸化多媒体会议系统设备选型表

序号	设备名称	性能要求	备注
1	发言主机	可嵌入式鹅颈话筒，具有发言控制功能，单元具有发言单键与指示灯，会议发言支持自由讨论功能，支持先进先出功能，支持主席机单元全权控制会场发言开关及秩序优先功能等多种功能。话筒按键配有多色显示的指示，提示使用者当前发言状态。使用可插拔的话筒杆，拾音头对手机等无线信号具有抗干扰的功能，有啸叫抑制功能，具有高灵敏度、高清晰度、稳定、纯正的声音效果，设有高、低音数码调节电路，独立调整系统音质	一条电源线，8 芯成品音频线，8 芯成品音频主线，用于连接升降话筒单元；话筒单元之间用 T 形线进行连接
2	无纸化液晶升降一体机终端（带话筒）	包含显示尺寸、屏幕分辨率、屏幕属性、桌面仰角等参数	一条网线接入交换机，联调全数字多媒体会议控制主机进行数据交换
3	全数字多媒体会议控制主机	包含 CPU、内存、存储、功率等参数	一条网线接入交换机；进行数据交换，两条 232 串口线（网线）；从机柜处连接到升降显示屏和升降话筒；用于中控主机控制升降或连接全数字多媒体会议控制主机进行控制
4	交换机	包含端口、交换容量、包转发率、支持标准等参数	级联其他交换机或者链接设备
5	投影控制器	包含尺寸、颜色、最大功耗等参数	一条网线连接交换机，视频线连接投影机或视频矩阵的输入口音频线从投影控制器的音频输出接口接到调音台或功放设备
6	高清流媒体服务器	包含 CPU、内存、硬盘、网口等参数	一条网线连接交换机，视频线连接高清流媒体服务器和输出视频源的设备（如：摄像机，DVD 等）

表 7.15.2 多媒体特效投射系统设备选型表

序号	设备名称	性能要求	备注
1	播放设备	包含 CPU、内存、硬盘、网络等参数	
2	投影设备	包含分辨率、流明、对比度、画面比例等参数	

表7.15.3 数字档案管理系统设备选型表

序号	设备名称	性能要求	备注
1	馆员工作站	包含尺寸、工作电源、功率等参数	
2	安全门	包含符合的协议、处理算法、标准接口等参数	
3	手持机	包含处理器规格、支持的协议等参数	
4	电子标签	包含符合的协议、频率范围等参数	
5	抗金属标签	包含符合的协议、频率范围等参数	
6	移动工作站	包含屏幕规格、盘点、档案定位等参数	
7	无线AP	包含网络标准、频率范围、工作电压等参数	
8	网络交换机	包含端口、支持标准等参数	

表7.15.4 多功能智慧办公桌系统设备选型表

序号	设备名称	性能要求	备注
1	暗藏式升降智能控制屏	控制一：监测PM2.5、二氧化碳、温度、湿度、TVOC、甲醛 控制二：灯光、噪声、背景音乐、窗帘、一键呼叫秘书、门禁解锁	
2	台下式无线充电板	包含充电标准、工作电源、产品认证等参数	
3	手机信号屏蔽模块	暗藏式手机信号屏蔽器	
4	按压式电源柱	电动升降USB及插座柱	
5	升降副台	副台抬升后柜内可放置物品： 多功能一体机（打印、复印、扫描、传真） 碎纸机 机箱 书籍文件	
6	双电动机二节升降器	包含面板尺寸、升降器尺寸等参数	

2. 案例

（1）无纸化多媒体会议系统

1）项目概述及系统组成。以某集团公司会议室为例，无纸化多媒体会议系统，参会者每个席位安装1台超薄一体电容交互式升降系统，会议桌面左右各设置超薄一体电容交互式升降系统，设备通过局域网互联，实现系统的安全控制、集中管理，提高多媒体无纸化系统会务信息交互传输、管理和信息备份效率，如图7.15.2所示。

无纸化会议终端通过有线网络接入无纸化会议系统，所以设备均放在会议桌下，使整体会议室布局更加美观。参会人员使用智能无纸化会议升降终端进行会议签到、阅读会议材料、宣传视频、会议投票，对会议材料进行圈画批注保存等操作。

2）系统功能。系统具备的功能如下：无纸化办公、低碳环保，科技感强；高效的会议召开速度，无需繁琐的会前准备、会后总结；采用尖端的加密技术，资料保密性更强；与数字会讨系统一体化成型，集成度高，便于管控。

3）设备选型，见表7.15.5。

7 双碳智慧园区建筑电气节能系统设计——实施指南

图 7.15.2　无纸化多媒体会议系统

表 7.15.5　无纸化多媒体会议系统设备选型表

序号	设备名称	规格	参数
1	发言主机	可嵌入式鹅颈话筒，具有发言控制功能，单元具有发言单键与指示灯，会议发言支持自由讨论功能，支持先进先出功能，支持主席机单元全权控制会场发言开关及秩序优先功能等多种功能。话筒按键配有多色显示的指示，提示使用者当前发言状态。使用可插拔的话筒杆，拾音头对手机等无线信号具有抗干扰的功能，有啸叫抑制功能，具有高灵敏度、高清晰度、稳定、纯正的声音效果，设有高、低音数码调节电路，独立调整系统音质	一条电源线，8芯成品音频线，8芯成品音频主线，用于连接升降话筒单元；话筒单元之间用T形线进行连接
2	无纸化液晶升降一体机终端（带话筒）	显示尺寸：15.6in 屏幕分辨率：1920×1080dpi 屏幕属性：多点电容触摸屏 桌面仰角：0°～30° 有效升降时间：30～60ms 功耗：80W 色彩：26万色 对比度：500∶1 通信方式：100M/1000M Ethernet 电源供应：AC 220V±10% 50Hz 工作环境温度：0～50℃ 储存环境温度：−20～75℃ 外部端口：USB×1、AC 220V×1、RS485×2 翻盖方式：下翻盖 安装方式：桌面开孔嵌入式安装、自上而下 面板表面处理：镁铝合金拉丝或喷砂 面板尺寸：475mm×70mm×650mm（长×宽×高） 颜色：喷砂黑色、喷砂银灰	一条网线接入交换机，联调全数字多媒体会议控制主机进行数据交换

（续）

序号	设备名称	规格	参数
3	全数字多媒体会议控制主机	CPU：采用不低于 Intel Xeon E5-2609V4 处理器，主频不低于1.7GHz 内存：内存容量为 DDR4 16G 存储：1T 硬盘 功率：600W 系统支持：Server 2008 视频输出接口：VGA、HDMI×1 音频接口：1组音频接口 基本接口：AC 220V×1、RJ45×1、USB×6、RS232×1 质量：19.75kg 工作温度：5~95℃ 工作湿度：10%~95% 存储温度：-25~65℃ 存储湿度：5%~95%	一条网线接入交换机，进行数据交换，两条RS232串口线（网线）；从机柜处连接到升降显示屏和升降话筒；用于中控主机控制升降或连接全数字多媒体会议控制主机进行控制
4	交换机	端口：提供24个千兆PoE电口、2个千兆光口 交换容量：56Gbps 包转发率：41.67Mpps 支持 IEEE 802.3at/af 标准 端口最大供电功率：30W 整机最大供电功率：370W 支持 PoE 看门狗 支持 6KV 防浪涌（PoE口） 支持 IEEE 802.3、IEEE 802.3u、IEEE 802.3x、IEEE 802.3ab、IEEE 802.3z 标准 支持管理平台管理 支持手机 APP 管理 支持安防网络拓扑管理、链路聚合、端口管理 支持远程升级 支持 PoE 输出功率管理 支持 VLAN 支持 SNMPv1/v2c 协议 支持 DHCP Snooping	级联其他交换机或者链接设备
5	投影控制器	尺寸：L×W×H（mm）437×203×46 颜色：黑 最大功耗：25W 输入电压：DC 12V 信号输入：RJ45 1000Mbit/s 信号输出：VGA×1、AUDIO×1、HDMI×1	一条网线连接交换机，视频线连接投影机或视频矩阵的输入口音频线从投影控制器的音频输出接口接到调音台或功放设备

（续）

序号	设备名称	规格	参数
6	高清流媒体服务器	CPU：配置1颗Intel至强4210R处理器，核数≥10核，主频≥2.4GHz 内存：配置64G DDR4，16根内存插槽，最大支持扩展至2TB内存 硬盘：配置2块1.2T 10K 2.5in SAS硬盘；最高支持12块3.5in（兼容2.5in）热插拔SAS/SATA硬盘，支持可选2块后置热插拔2.5in硬盘 阵列卡：配置SAS+HBA卡，支持RAID 0/1/10 PCIE扩展：支持6个PCIE扩展插槽 网口：板载2个千兆电口；支持选配10GbE、25GbE SFP+等多种网络接口 其他接口：1个RJ45管理接口，后置2个USB 3.0接口，前置2个USB 2.0接口，1个VGA接口 电源：标配550W（1+1）高效铂金CRPS冗余电源 机箱规格：87.8mm（高）×448mm（宽）×729.8mm（深） 设备质量：约26kg（含导轨）	一条网线连接交换机，视频线连接高清流媒体服务器和输出视频源的设备（如：摄像机、DVD等）

4）项目效果（含优势）。传统的会议有模式效率低、应变能力差、表现形式单一、设备操作复杂、资源浪费严重以及安全保密隐患等诸多问题，并且会议室内设备较多，需要通过中控系统将各个相互独立的系统连接起来，操作性显得不够友好，本次设计的无纸化系统，在会前准备、会议过程、纸张用度等方面都有明显的提升改进，具体优势见表7.15.6。

表7.15.6 无纸化多媒体会议系统优势表

会议阶段	传统会议系统	无纸化会议系统
会前准备	会前纸质资料与铭牌准备过程繁琐、工作量大且缺乏应变能力	采用新一代触控平板，全数字化触控操作灵活机动，实现电子化阅览会议材料，所有电子版会议资料均可在终端浏览操作且可以放大、缩小查看，明确用户职能和授权
会前准备	会场排位手工管理、机动性差、效率低	服务器端设定排位信息后直接更新到各终端，无需人工干预
会议过程	签到、表决、会讨、视频、数据服务等系统相互独立，规模庞大，集成性差	无纸化终端集成各种会议服务功能，一台终端满足参会人员各种需求
会议过程	与会人员交互时需要操作多套设备（音频、视频、文件操作等），增加系统使用难度	与会人员仅操作无纸化终端，软件界面简洁流畅，通过手指触摸屏幕即可操作音频、视频、会议议题等功能，简单便捷
会议过程	与会人员桌面布局复杂，物品繁多凌乱	采用触控平板，桌面变得整洁有序，美观大方
会议过程	演讲信息集中于传统大屏幕，距离远者观看困难，且不便实时交互	与会人员可操作个人终端，调整最佳视角，不再为距离苦恼
会议过程	会议中资料修改情况难以记录，讨论过程无法保存	归档方式可自由选择
会议过程	与会人员与服务人员间沟通不畅	会议呼叫一键完成，不再干扰会议进程

(续)

会议阶段	传统会议系统	无纸化会议系统
纸张问题	纸质材料可能导致材料泄密,安全无法保障,对高端机密会议造成严重威胁,可能导致重大损失	会议资料浏览、下载权限由管理员控制,独创保密方案确保信息安全,防黑客设计保障会议不受干扰
	纸质材料不可再利用、浪费资源、不利于环保低碳	实现无纸化,全力推行电子政务,真正实现绿色、节能、环保

（2）多媒体特效投射系统

1) 项目概述及系统组成。以某商业中心项目为例,多媒体特效投射系统采用综合的网络结构,所有的多媒体内容都可通过中控端分发并储存在媒体显示端硬盘上（投影控制器）,并且在播放机本地运行,通过投影设备对内容进行显示,可不依附服务器运行,不受网络影响,以便达到最稳定及最高的显示质量和效果。只需要一次部署,在直观且美观的控制端界面,使用者就可以对前端播放设备和内容进行控制与修改,操作界面简洁流畅、直观明了、操作便捷。

系统由平台服务器、播放机、投影仪、操作终端、网络环境等组成,并设置有私有管理平台和云平台两种管理软件。系统架构图如图7.15.3所示。

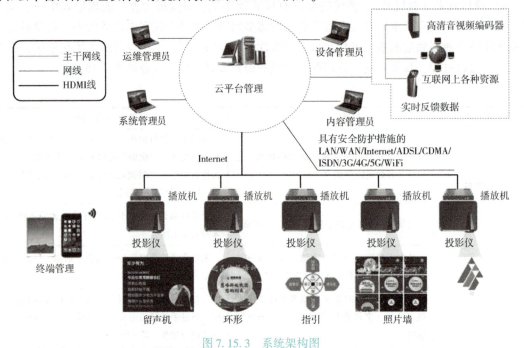

图 7.15.3 系统架构图

2) 系统功能。系统具备功能如下：

①更换成本低、充分利用空间：纯数字化系统,采用多媒体素材,不需要专门机构制作灯片,省人力且环保,云端管理成本更低,在地面、墙面上或移动家具上等位置投射即可,不需要设立专门的位置。

②应用领域更广、显示效果新奇多样：应用于指引顾客、宣传广告、艺术墙、照片墙、企

业 Logo 墙、欢迎词等。充分利用地面和墙面空间，满足用户多样化需求。图片可随机切换各种特效及各种形状罩子，如：卷轴展开、旋转、双层旋转、边框不规则形状、淡入淡出等。场景切换特效多样且流畅。

③播放内容丰富、操作使用便利：播放素材可以是各种图片、音视频、动画、PPT、网页等，可以播放字画、留声机、3D 影像、数字升旗等。直接在统一平台进行选择发布，可选择任意素材、形状、大小、特效等。不需要专业人士进行视频制作，只需对素材编排即可达到理想效果。平台上有丰富素材内容供选择和使用。

④交互性强：可用手机或平板对节目项进行管理和切换，支持交互体验和实时移动操控。

3）设备选型，见表 7.15.7。

表 7.15.7　多媒体特效投射系统设备选型表

序号	设备名称	规格	参数
1	播放设备	播放主机	CPU Intel® Celeron® Processor J1900 内存：4G DDR3L-1333MHz 硬盘：64G SSD 网络：Realtek 8111F，千兆网卡，带网络唤醒 尺寸：190mm×149mm×26 mm 输入：19V/2.1 A 输出：NA 质量：800~900g 操作系统：WES7 操作系统 功耗：最大 40W 工作温度：0~40℃ 电源：DC-IN　19V 2.1A 机箱：NA 散热：铝壳散热
2	投影设备	投影仪	分辨率：1920×1080 流明：≥3200lm 对比度：1000∶1~20000∶1 画面比例：4∶3 和 16∶9 支持语言：英文、中文 操作系统：无操作系统 标准分辨率：1024×768dpi 功耗：210W 画面尺寸：40~300in 净重/kg：3.8

4）项目效果（含优势）。多媒体特效投射系统是在信息发布显示领域的又一个成功探索和发展，是为"非技术"性使用者而设计，只需要一次部署，在直观且美观的控制端界面，使用者就可以对前端播放设备和内容进行控制和修改，操作界面简洁流畅、直观明了、操作便捷。系统以媒体播放机为播放平台，以高配置投影设备作为显示设备，具有极高的稳定性，可以通过后台软件精准控制前端的节目，支持全格式内容的播放和各种形状的显示。

(3) 数字档案管理系统

1) 项目概述及系统组成。以某市城市档案馆项目为例,数字档案管理系统是运用大数据、云计算、人工智能、区块链、VR、AR 等新技术,使前端系统电子档案分类有序地自动归集至数字档案管理系统,不仅可以实现对档案"收存管用"全生命周期的数字化管理,而且可以从根本上控制因业务工作产生的碳排放量,提高档案从业人员的工作效率,实现电子文件的在线归档和立档单位在线督导。实现档案实物的非接触、多文件、快速采集,实现档案的在线监控、快速定位、高效盘点、动态路径跟踪等功能,从而实现档案管理的数字化、自动化、高效化与智能化。

2) 系统功能。系统具备功能如下:

①服务方式多样化:通过多样化的媒介拓展了档案信息资源提供服务的方式,更加关注用户的多种需求,激发公众参与兴趣、注重公众档案意识的培养;档案部门将最新的档案咨询、馆藏信息、编研产品、展览等通过微博、微信、APP 等方式予以公布,公众可以通过手机、PAD、穿戴设备等移动终端关注或网页点击的方式选择自己感兴趣和有需要的档案信息进行浏览,甚至评论转发,提出个性化的意见和建议。

②加大科技创新力度,可实现电子文件的在线归档和立档单位在线督导。

③智能检索:应用人工智能技术、知识图谱技术将搜索功能智能化,根据用户过往的检索记录、借阅习惯、爱好等数据,与数据库中的信息进行匹配,选取匹配度较高的档案信息向用户推荐个性化档案资源,提升档案管理工作的智能检索。

3) 设备选型,见表 7.15.8。

表 7.15.8 数字档案管理系统设备选型表

序号	设备名称	规格	参数
1	馆员工作站	工作站	外形尺寸:≥长 1100mm×宽 500mm×高 9200mm 工作电源:220~240V 功率:0.19kW 通过接口:USB、TCP/IP 工作频段:920~928MHz 接口:标准 Modbus 通信协议,RS485 远程监控端口,可与档案软件无缝对接
2	安全门	符合 EPC global Class1 Gen2(V1.2.0)规范,以及 ISO/IEC 18000-6C 协议	先进的标签碰撞处理算法,高识读率,典型标签处理速度 50 张/s 通道宽度达至 120cm 低功耗设计,射频输出功率 4W 以上 4 路红外判断运动方向 15000 条(可选配 30000 条)标签信息存储 可配置报警设置 提供标准 RS232 接口或 RS485 可按客户需要定制接口(TCP/IP 等)
3	手持机	第三代物联网安卓 RFID 手持机	支持 WiFi/蓝牙 四核处理器,2GB 内存 16GB ROM,4500MA 电池可工作 12h 以上

（续）

序号	设备名称	规格	参数
4	电子标签	符合 EPC global Class1 Gen2（V1.2.0）规范，以及 ISO/IEC 18000-6C 协议	非接触无线提供能量和传输数据 频率范围 840~960 MHz 2K bit XLPM 存储器，其中分配如下： -64bit 唯一 TID（tag identifier） -96bit EPC 存储区 -32bit 灭活口令 -32bit 访问口令 -1696bit 用户存储区 存储基本单位是字（16bits），芯片的存储区按分块管理，可以分别锁定和口令保护 抗冲突，支持所有强制和可选择命令，包括单品级命令 支持密码保护读取控制，低功率的读取和写入操作 支持自毁指令使得芯片永久失效 数据保存时间不少于 100 年 存储安全性高，防篡改 工艺专用 3M 背胶以及高精度模切的高品质不干胶纸质标签
5	抗金属标签	符合 EPC global Class1 Gen2（V1.2.0）规范，以及 ISO/IEC 18000-6C 协议	非接触无线提供能量和传输数据 频率范围 840~960 MHz 2K bit XLPM 存储器，其中分配如下： -64bit 唯一 TID（tag identifier） -96bit EPC 存储区 -32bit 灭活口令 -32bit 访问口令 -1696bit 用户存储区 存储基本单位是字（16bits），芯片的存储区按分块管理，可以分别锁定和口令保护 抗冲突，支持所有强制和可选择命令，包括单品级命令 支持密码保护读取控制，低功率的读取和写入操作 支持自毁指令使得芯片永久失效 数据保存时间不少于 100 年 存储安全性高，防篡改 抗金属专用天线设计
6	移动工作站	盘点设备配备 21.5in 触摸屏，应具有图形化友好操作界面	设备配套软件能实现档案盘点、错架、顺架上架、剔旧等功能 盘点：能显示当前层应有档案数，并能够生成在架档案列表，同在借档案列表比对后能生成遗失档案表、错架档案列表，以及提示错架档案正确位置 上架：扫描上架档案，提示档案应在的物理位置 查找：在盘点操作界面输入检索条件，在数据库中进行标注，在对在架档案点检时自动提示

（续）

序号	设备名称	规格	参数
6	移动工作站	盘点设备配备21.5in触摸屏，应具有图形化友好操作界面	顺架：盘点过程中发现与序列表不符的档案进行提示，标示所在位置 档案定位：能将档案架位信息与单册信息相关联，更新单册位置信息，并提供系统显示 剔旧：可在服务器上对档案单册信息进行批处理更改，对在架档案进行盘点，遇到表单上的档案进行提示 数据采集处理及批处理：可在盘点过程中生成结果 配置了净化系统，在盘点过程中，相当于一个行走的空气净化机器人，对档案库房的洁净度和对档案管理员的健康，无时无刻地安全保护 宽口式正面扫描读写枪设计，读写更精准 自带移动电源，不开启净化系统时可带电运行12h，开启净化系统运行可维持2h
7	无线AP	网络标准IEEE 802.11a、IEEE 802.11b、IEEE 802.11g	数据传输率：3000Mbps 频率：2.4GHz，5GHz 天线：集成天线 工作电压：AC 100~240V，50~60Hz，DC 36~57V 安全性能：802.11i、WPA2、WPA、802.1x、AES、TKIP 认证：UL 60950-1、CAN/CSA-C22.2 No. 60950-1、UL 2043、IEC 60950-1、EN 60950-1 产品尺寸：190.5mm×190.5mm×59.7mm 产品质量：790g 其他技术参数： 系统内存：64MB RAM，32MB 闪存 工作温度：-20~55℃ 存储温度：-40~85℃ 工作湿度：10%~90%（非冷凝）
8	网络交换机	符合IEEE 802.3、IEEE 802.3u、IEEE 802.3ab、IEEE 802.3x、IEEE 802.3ad、IEEE 802.1w、IEEE 802.1x、IEEE 802.1Q、IEEE 802.1p标准	24个10M/100M/1000M自适应RJ45端口，支持端口自动翻转 所有端口支持半/全双工模式自动适应 采用存储-转发交换模式 支持MAC地址自学习 支持端口带宽控制和广播风暴控制 支持链路聚合，可配置8个汇聚组，每组最多24个端口，提供LACP状态显示 支持RSTP（快速生成树协议）及RSTP状态显示功能 支持IGMP（V1、V2）Snooping（组播应用）及IGMP状态显示功能 支持Port based VLAN 支持端口镜像和端口流量统计功能 支持Ping配置和线缆诊断功能

(续)

序号	设备名称	规格	参数
8	网络交换机	符合 IEEE 802.3、IEEE 802.3u、IEEE 802.3ab、IEEE 802.3x、IEEE 802.3ad、IEEE802.1w、IEEE 802.1x、IEEE 802.1Q、IEEE 802.1p 标准	支持配置文件导入导出 支持 Console 口管理 支持全中文 Web 管理界面 动态 LED 指示灯，显示设备工作状态并提供简单的故障排除 19in 标准机架式铁壳设计

4）项目效果（含优势）。数字档案管理系统能自动将前端系统电子档案分类、归集至数字档案的管理系统。实现档案全生命期的数字化管理，实现电子文件在线归档和立档单位在线督导，控制碳排放，提高人工效率。

系统可通过多样化的媒介拓展了档案信息资源提供服务的方式，更加关注用户的多种需求，激发公众参与兴趣、注重公众档案意识的培养；档案部门将最新的档案咨询、馆藏信息、编研产品、展览等通过微博、微信、APP 等方式予以公布，公众可以通过手机、PAD、穿戴设备等移动终端关注或网页点击的方式选择自己感兴趣和有需要的档案信息进行浏览，甚至评论转发，提出个性化的意见和建议；加大科技创新力度，可实现电子文件的在线归档和立档单位在线督导；可实现智能检索：应用人工智能技术、知识图谱技术将搜索功能智能化，根据用户过往的检索记录、借阅习惯、爱好等数据，与数据库中的信息进行匹配，选取匹配度较高的档案信息向用户推荐个性化档案资源，提升档案管理工作的智能检索。

（4）多功能智慧办公桌系统

1）项目概述及系统组成。该项目在某办公楼 A 座十六层的四间重要办公空间设置多功能智慧办公桌系统。该多功能智慧办公桌系统集办公桌、暗藏式无线充电、嵌入式智能加热板、电动升降 USB 及插座柱、手机信号屏蔽器、人体感应健康监测器、电动升降双屏计算机、电动升降办公副桌等于一体，可实现手机 APP、智能控制屏与智能设备联动等功能。

系统由可升降智能控制屏、嵌入式智能加热板、暗藏式无线充电模块、升降副台等组成，多功能智慧办公桌系统图如图 7.15.4 所示。

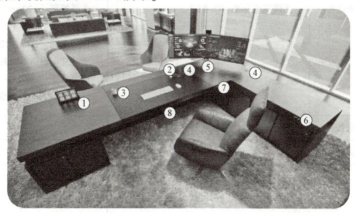

图 7.15.4 多功能智慧办公桌系统图

注：①可升降智能控制屏（可手持），控制一：监测 PM2.5、二氧化碳、温度、湿度、TVOC、甲醛；控制二：灯光、噪声、背景音乐、窗帘、一键呼叫秘书、门禁解锁②暗藏式无线充电板③嵌入式智能加热板④按压式电源柱⑤显示器升降臂⑥升降副台，可放置多功能一体机（打印、复印、扫描、传真）、碎纸机、机箱、书籍文件等⑦手机信号屏蔽按钮⑧人体感应健康监测（桌面下）

2）系统功能

①智能互联控制：具有良好的互联性，能够通过无线网络与其他设备连接，形成一个智能系统。员工可以方便地控制家具，调整桌面高度、灯光亮度、背景音乐、窗帘、一键呼叫秘书、门禁解锁等，提高了办公空间的自控性和适应性。

②可调节性：可以根据员工的身高、体型和习惯进行灵活调整。这不仅有助于提升工作舒适度，还能减轻因长时间固定姿势而引起的身体疲劳和不适感。

③健康监测：内置健康监测技术，监测 PM2.5、二氧化碳、温度、湿度、TVOC、甲醛等环境参数。

④附加功能：暗藏式无线充电；嵌入式智能加热板；按压式电源柱；显示器升降臂；升降副台等。

智慧办公桌系统是办公空间回归"以人为本"的一次飞跃，突破了原有办公空间设计观念，改进了产品生产及使用中不足。作为智慧建筑、智慧城市的具体应用及重要组成部分，其对人类生活、工作具有至关重要的作用。

3）设备选型，见表 7.15.9。

表 7.15.9　多功能智慧办公桌系统设备选型表

序号	设备名称	规格	参数
1	可升降智能控制屏	控制一：监测 PM2.5、二氧化碳、温度、湿度、TVOC、甲醛 控制二：灯光、噪声、背景音乐、窗帘、一键呼叫秘书、门禁解锁	
2	暗藏式无线充电板	无线充电标准：Qi-BPP	输入电压/电流：9V/2A，12V/1.5A 输出电压/电流：5V/2A 有效充电距离：6~20mm（支持 30mm） 有效充电面积：ϕ20 典型充电效率：72%@25mm（IPHONE8P） 水平偏移：±10mm 工作频率：115~140kHz 保护功能：FOD, OTP, OVP 支持充电设备：所有无线充电手机 产品认证：FCC/CE 线圈类型：远距离线圈模组
3	手机信号屏蔽按钮	暗藏式手机信号屏蔽器	
4	按压式电源柱	电动升降 USB 及插座柱	
5	升降副台	副台抬升后柜内可放置物品： 多功能一体机（打印、复印、扫描、传真） 碎纸机 机箱 书籍文件	

(续)

序号	设备名称	规格	参数
6	双电动机二节升降器	适合桌面板尺寸：1200mm×700mm（客户自配）	升降器尺寸：1100×300×620（H）（mm）（不含桌面板） 行程（最大）：400mm 承重（最大）：80kg 整体为拆装式，架子1100mm方向可以伸缩调节 配电子定位系统，数字显示开关 输入电源：AC 110~240V，4A 输出电源：DC 24V，8A

4）项目效果（含优势）。参考2017年中国发布的《健康建筑评价标准》（T/ASC 02），多功能智慧办公桌系统可对办公场所从空气质量（PM2.5、甲醛等有害气体）、温湿度、噪声、光环境（光色及眩光、照度及显色性、频闪）、视野感受（窗外视野景观和室内艺术景观）等五个方面进行参数调节，关注使用者在空间中全生命周期的健康性能。

另外，2021年10月Gensler发布的《中国办公空间调查报告》中表明，健康舒适、人性化的办公设施愈发重要。健康、福祉、可持续性成为办公空间的核心驱动力。在这些元素的驱动下，办公环境是否舒适极大影响空间中使用者的工作效率。多功能智慧办公桌系统在智能建筑人走灯灭、空调联动的基础上，结合感应器和信息系统，利用集中控制器智能调节室内照明、窗帘开度等参数，结合特定场景，达到使用舒适、调整迅速、优化能效的目的。

7.16 室内环境低碳节能控制系统设计

7.16.1 室内环境低碳节能控制系统可实现对智能照明、暖通空调、门禁、遮阳帘、空气质量等多协议系统设备的集成联控，使用多合一室内环境监测传感器，将温度、湿度、光照度、色温、人体感应、声音的接收与发送等参数纳入监测，传感器可支持EnOcean和MQTT协议，将采集的环境数据传输至物联网平台。系统由多合一室内环境监测传感器、控制器、扩展模块、软件程序等组成。系统框图如图7.16.1所示。

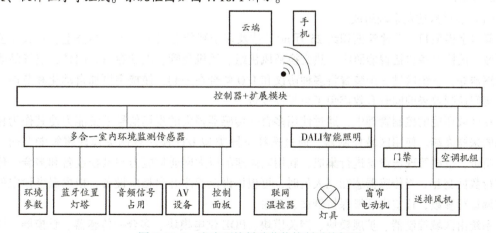

图7.16.1 室内环境低碳节能控制系统框图

7.16.2 系统具有实时监控室内环境（温度、湿度、空气质量、人员占用、噪声等参数）、动态调整环境参数、优化控制能源策略等功能。

【指南】

1. 设备选型

系统设备选型见表 17.16.1。

表 17.16.1 系统设备选型表

序号	设备名称	性能要求	备注
1	系统管理器	BACnet 楼宇控制器（B-BC），可完全编程 32-bit 600 MHz RISC CPU, 256 MB DDR3L RAM 通信端口： 2 Ethernet（10/100-Base T），支持 BACnet/IP，BACnet over Ethernet，BACnet/SC 3 RS485 端口，支持：NET1&2：BACnet MS/TP，NET3：Delta LINKnet，可接入 12 个 Delta LINKnet 设备，Modbus RTU，可接入 16 个 Modbus RTU 设备，CAN bus，支持 12 个 CAN bus 设备 模块化，可扩展 I/O，模块化设计便于维护，易于升级和扩展，降低成本 高级错误检测和诊断 通过网络进行固件升级和数据库加载/保存	Red5 ROOM 房间控制器
2	模块	8UP 控制模块 4UP、4BO 控制模块 SMI 接口模块 DALI 接口模块 电源中继模块 POE 供电模块 单门控制器模块	
3	传感器	边缘控制器、以太网、复合温度、湿度、照度及色温、移动传感器、蓝牙、EnOcean868MHz、LED 指示灯环、音频接收、扬声器、带 2×P UI/O	

2. 案例

（1）项目概述及系统组成

某写字楼项目，总建筑面积约 25 万 m^2，涉及多个智能会议室、经理办公室、开放办公区等区域。被控设备包括智能照明、热交换新风机组、风机盘管、电动窗帘、门禁、空气品质监控传感器等，系统通过一个装置将多种协议和 I/O 整合在一起，使楼宇更加自动化和节能，提升了房间控制效果的同时有效避免了重复性投资。

在区域环境的控制管理中，通过使用多合一传感器强大的现场信号采集能力使其作为控制区域的采样终端。使用区域控制器，通过选择不同类型 I/O 模块或网关模块将智能照明、门禁、窗帘、空调等现场设备进行集成，利用其高速的以太网通信能力与被控设备和多合一传感器进行数据交互。当传感器感知到人员时，可根据设定程序开启相应设备，根据温度设定值调节空调运行参数，让室内环境保持舒适、健康。

系统由区域控制器、扩展模块、网关模块、POE 供电模块、多合一传感器、触摸屏、风机盘管温控器，同时配备楼宇自控软件组成。其系统示意图如图 7.16.2 所示。

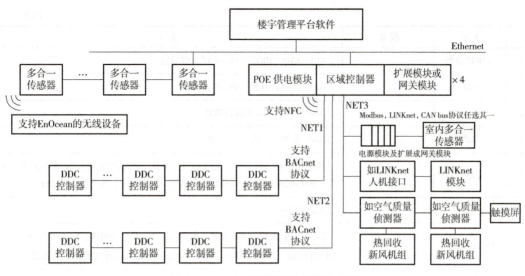

图 7.16.2　室内环境监控系统示意图

(2) 系统功能

1) 实时监测电能数据功能：通过楼控软件、触摸屏或手机 APP 实时监测室内环境参数及设备工作状态，提供多种控制模式方案，降低系统能耗。

2) 支持国际通用标准 BANnet SC 协议：系统支持多站点式管理，设备可以直接支持以太网链接上云，便于远程实现控制器程序编制、运行测试、系统图形界面编制、后期远程运维管理等服务内容，并通过 BANnet SC 协议的高阶加密机制严格保障整个控制网络的操作安全性。

3) 健康节能的控制策略：将温度、湿度、光照度、色温、室内空气质量、人员移动、声音等参数纳入监测，可依用户喜好及活动状态调整环境参数，优化控制策略，并根据不同情境需求，定制化设计一键式情境控制模式，方便用户简易操作，同时提高能源效率。

4) 控制质量品质保证：空气质量侦测器可独立连动通风换气设备，或与中央空调整合，透过内建智能控制算法，针对多种空气质量浓度进行数据分析，第一时间排除室内空气不良状态并自动调整多段风速控制，让空气质量维持在固定标准，降低空调系统的负荷。

(3) 设备选型，见表 7.16.2。

表 7.16.2　系统设备选型表

序号	名称	配置	参数
1	系统管理器	Red5 ROOM 区域控制器 CPU	1) BACnet 楼宇控制器（B-BC），可完全编程 2) 通信端口： 2 Ethernet（10/100-Base T），支持 BACnet/IP，BACnet over Ethernet，BACnet/SC 3 RS485 端口，支持：NET1&2：BACnet MS/TP，NET3：Delta LINKnet，可接入 12 个 Delta LINKnet 设备，Modbus RTU，可接入 16 个 Modbus RTU 设备，CAN bus，支持 12 个 CAN bus 设备 3) 模块化，可扩展 I/O，模块化设计便于维护，易于升级和扩展，降低成本 4) 高级错误检测和诊断 5) 通过网络进行固件升级和数据库加载/保存

(续)

序号	名称	配置	参数
2	应用控制器		6UI, 3AO, 3BO; BACnet 以太网通信
3	模块		Red5 系列：4UP, 4BO 控制模块
4	模块		Red5 系列：DALI 接口模块
5	模块		Red5 系列：电源中继模块
6	传感器		边缘控制器、以太网，复合温度、湿度、照度及色温、移动传感器、蓝牙、EnOcean868MHz、LED 指示灯环、音频接收、扬声器，带 2×P UI/O
7	触摸屏		7in 触摸屏
8	IAQ 传感器		7合1 传感器（温湿度、光照度、PM2.5、PM10、CO_2、TVOC）带 OLED 面板、支持 Modbus RTU / BACnet MS/TP（通过指拨开关选择）
9	光照度传感器		EnOcean 无线人员探测及光照度变送器
10	网关		Modbus 通用串口网关（1个 100M 以太网，2 串口，512 点）

（4）项目效果（含优势）

室内环境低碳节能控制系统整合多种机电设备，轻松完成办公、会议、投影、讨论、离开等情景管理，O3-EDGE 作为采样终端不仅可以侦测人员并自动开关设备，还可根据室内环境参数调整设备运行状态，让室内环境保持舒适、健康。

恒光控制完美搭配自然光与人工补偿光，提供室内恒常 350lx 最佳工作照度，不受回路限制，与电动窗帘设备联动，防阻眩光保护眼睛提供最大裕度预算选择。

多合一室内环境侦测器可全时监测多种环境健康因子，并内建阀值，使因子数量达危害级时，现场灯号立即示警，还可智慧连通中央空调系统引入干净新风确保 24h 室内空气清新。

智能一体化控制通过一个装置将多种协议和 I/O 整合在一起，将室内空调、智能照明、窗帘、门禁等设备进行集成联控，根据室内环境及人员感知自动调整设备控制及运行参数，使楼宇更加智能化和节能。通过节能偏好的设定，可对所在空间区域的环境设定进行调整，创造安全、高效、节能永续的室内空间。使用本系统后，该项目办公区域能耗相比之前降低 18%～26%，并将室内负荷状况反馈给制冷、制热、通风需求到供应侧和输配侧以便按需生产，实现最优供给。满足客户对智慧、舒适环境需求的同时降低了建筑使用能耗，为节能降碳贡献一份心力。

7.17 智慧室内导航系统设计

7.17.1 智慧室内导航系统利用物联网、蓝牙定位、导航、地图、动作捕捉等技术，通过无线电信号及多源定位融合算法，实现对移动终端或个人的室内位置精确测定，提供相关的位置信息、历史轨迹、电子围栏、实时语音导航等服务，具有融合通信、轻量化地图、场景编制、智慧应用、低碳节能、施工便捷等特点。系统由蓝牙信标及系统程序等组成。系统框图如图 7.17.1 所示。

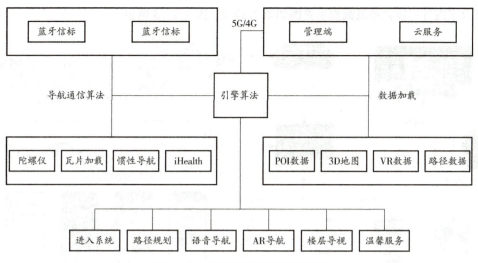

图 7.17.1 智慧室内导航系统框图

7.17.2 系统具有定位分享、语音导航、信息查询、AR 导航、室内外一体化导航、无障碍通行导航等功能。

【指南】

1. 设备选型

系统设备选型见表 7.17.1。

表 7.17.1 系统设备选型表

序号	设备名称	性能要求	备注
1	蓝牙信标	1) 支持工作温度：-40~85℃ 2) 防水等级：IP67 3) 支持防溅水、防尘，电池设计寿命 5 年以上 4) 支持方便快捷部署，不对现有设施造成损坏 5) 支持 Bluetooth BLE 4.0 和苹果公司标准 iBeacon 协议 6) 支持 iOS 10.0、Android 5.0 及以上的设备定位与导航 7) 支持后台对蓝牙信标位置结合 3D 地图实现安装位置、运行状态、剩余电量等集中管理 8) 支持国家无线电管理规定和技术标准，提供国家部委颁发的无线电发射设备型号核准证明 9) 支持蓝牙信标采用不可连接模式、防恶意连接模式，满足实时导航功能 10) 支持与照明灯具的蓝牙结合	主要安装在建筑的墙面、吊顶、地沟、柱子、装置、停车场桥架上

2. 案例

（1）项目概述及系统组成

系统应用于北京某传播中心，项目建筑面积 6 万 m²，由地下二层停车场、地面四层建筑、六个展馆组成，对接视频车位识别实现车位号寻车，对接访客预约系统实现访客一键导航。系统提升了智慧化水平，以及观众的出行体验，率先提出基于线下静态标识与线上室内导航融合的一体化问询、指路、导航解决方案，系统现已经实施上线。北斗+蓝牙技术室内外无感导航示意图及室内外一体化导航流程示意图如图 7.17.2、图 7.17.3 所示。

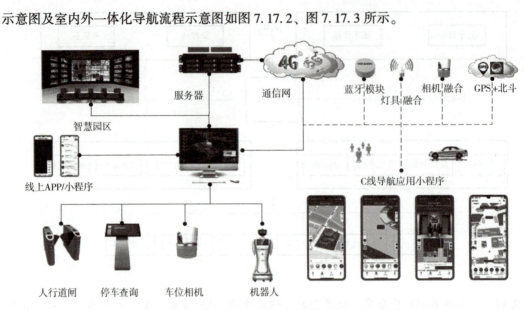

图 7.17.2　北斗+蓝牙技术室内外无感导航示意图

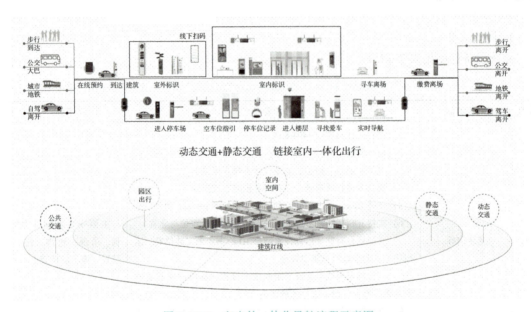

图 7.17.3　室内外一体化导航流程示意图

(2) 系统功能

本项目设计使用蓝牙技术实现室内定位与导航，通过在室内安装一张基于蓝牙（Bluetooth）的广播式物联网，采用自动连接模式与蓝牙进行无线通信，通过移动端的近端算法，实现用户在室内的实时位置、历史轨迹、电子围栏、实时导航等。将标识系统与室内导航的结合将为观众在室内提供与符合用户出行习惯的出行工具，系统现已经覆盖建筑的全部楼层与停车场。

(3) 设备选型，见表 7.17.2。

表7.17.2 系统设备选型表

序号	名称	配置	参数
1	蓝牙信标	Bluetooth	1）支持工作温度：-40~85℃ 2）防水等级：IP67 3）支持防溅水、防尘，电池设计寿命5年以上 4）支持方便快捷部署，不对现有设施造成损坏 5）支持 Bluetooth BLE 4.0 和苹果公司标准 iBeacon 协议 6）支持 iOS 10.0、Android 5.0 及以上的设备定位与导航 7）支持后台对蓝牙信标位置结合3D地图实现安装位置、运行状态、剩余电量等集中管理 8）支持国家无线电管理规定和技术标准，提供国家部委颁发的无线电发射设备型号核准证明 9）支持蓝牙信标采用不可连接模式，防恶意连接模式，满足实时导航功能 10）支持与照明灯具的蓝牙结合

（4）项目效果（含优势）

系统在展会与展览期间，单日为观众提供≥1000次的导航导览服务。在日常服务中，为参加商务会议的用户在线上预约后，现场提供找会议室的导航服务。系统具有满足米级的定位导航精度，为观众提供精准的找人、找车、找地方的服务。系统在停车场与照明灯具融合，具有美观性与持续供电的优势。

项目基于动态交通+静态交通的整体构思，同时链接室内标识，实现一体化出行服务，系统在室外采用北斗通信信号，室内采用物联网蓝牙信号，系统将多种信号融合，实现在展览区内跨楼栋之间的室内外无感导航。

7.18 可控磁光电融合安全云存储系统设计

7.18.1 可控磁光电融合安全云存储系统采用磁光电混合存储技术，将磁盘、固态硬盘和蓝光光盘三种存储介质虚拟化为统一的存储资源池，重要数据同时存储在三种介质上。通过上浮和下沉数据，将长期存储数据通过纯物理的金属烧蚀技术记录在盘片的金属膜上，提升高频使用数据的调取速度，降低运算能耗。系统可实现安全保存重要数据，防恶意篡改、病毒木马、电磁破坏，提升数据的容灾能力。系统包括三种存储介质、交换机、数据库等内容，系统框图如图7.18.1所示。

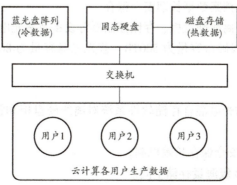

图7.18.1 可控磁光电融合安全云存储系统框图

7.18.2 系统具有长期存储、数据备份、运算节能、系统纠错及数据品质管理等功能。

【指南】

1. 设备选型

系统设备选型见表 7.18.1。

表 7.18.1 系统设备选型表

序号	设备名称	性能要求	备注
1	第一级存储区（电/磁媒体物理存储设备）	1）存储容量：应标明产品的存储容量标准配置。产品的最大可用容量应不低于其通过存储容量标准配置计算出的容量数值的 90% 2）IOPS/OPS：应标明产品只读和只写的 IOPS/OPS 值，并标明该值对应的存储配置。IOPS/OPS 值应不小于产品铭牌或产品说明中标称值的 90% 3）数据传输率：应标明产品只读和只写的数据传输率值，并标明该值对应的存储配置。数据传输率峰值应不小于产品铭牌或产品说明中标称值的 90%	存储容量标准配置是指产品对存储媒体的支持情况，包括媒体类型、接口、数量等信息
2	第二级存储区（光媒体等物理存储设备）	1）存储媒体保存寿命：一般应不低于 10 个自然年 2）存储容量：应标明产品的存储容量标准配置。产品的最大可用容量应不低于其通过存储容量标准配置计算出的容量数值的 90% 3）IOPS/OPS：应标明产品只读和只写的 IOPS/OPS 值，并标明该值对应的存储配置。IOPS/OPS 值应不小于产品铭牌或产品说明中标称值的 90% 4）数据传输率：应标明产品只读和只写的数据传输率值，并标明该值对应的存储配置。数据传输率峰值应不小于产品铭牌或产品说明中标称值的 90% 5）低碳节能：在线/离线自动控制策略，按需供电，无数据应用时，磁盘处于断电/离线状态，节约能耗；光盘静态存放，运行无需空调，能耗极低	存储容量标准配置是指产品对存储媒体的支持情况，包括媒体类型、接口、数量等信息

2. 案例

(1) 项目概述及系统组成

某国家级新闻机构数字资源治理和灾备项目，采用蓝光光盘+硬盘组合对馆藏底片、照片数字化成果进行异质备份，并对早期软磁盘和 CD/DVD 光盘进行检测和数据恢复，将恢复后的数据迁移至蓝光光盘和硬磁盘，解决了采用"CD/DVD 光盘+软磁盘"组合存储数据的可用性、安全性问题，确保照片档案数据长期安全保存。

系统包括智能光盘柜、离线硬盘柜、存储控制器等设备及磁光电混合存储软件系统。存储总容量为 1.36PB，其中近线硬盘容量为 500TB，蓝光光盘容量为 860TB。图 7.18.2 为本项目的实施部署拓扑图。

(2) 系统功能

采用国产自主研发的磁光电混合存储软件系统对离线硬盘柜和智能光盘库进行统一管理。系统功能包括：

1）构建海量数据长期安全保存长效机制。

2）为归档数据提供 TB 级海量存储空间。

3）归档数据双载体共存互备。

7 双碳智慧园区建筑电气节能系统设计——实施指南

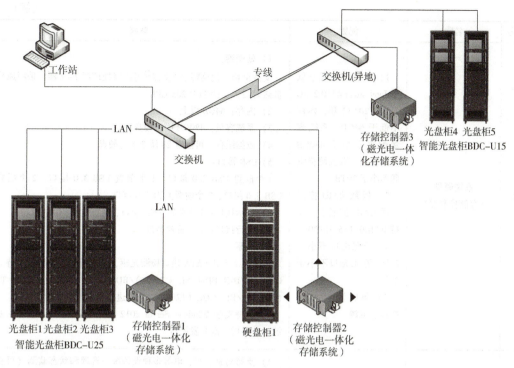

图 7.18.2 实施部署拓扑图

4）载体、数据全程智能检测，保障归档数据长久安全性、完整性与可靠性。

5）建立文件检索利用平台，实现快速便捷查询利用。

该系统主要实现了设备管理、任务管理、数据管理、权限管理、安全管理、光盘策略、硬盘策略、硬盘接收、光驱管理、专业归档、检索回迁、光盘检测、数据统计等。为了满足图片管理应用需求，根据使用场景提供二次开发，实现存储系统的缩略图显示和标签功能。操作系统和数据库为国产品牌。

（3）设备选型

系统设备选型见表 7.18.2。

表 7.18.2 系统设备选型表

序号	名称	配置	参数
1	系统硬件（蓝光光盘库）	内置主控器，分布式刻录架构。库体采用模块化 19in 标准机架产品形态，提供千兆以太网接口，支持远程管理与控制，支持 100GB 档案级蓝光光盘在线和离线管理	1) 光驱配置：支持 BD/DVD/CD 光盘的写入和读取，仅有一部光驱时仍可使用 2) 光盘存储单元：具有 RFID 标签，支持离线功能 3) 光盘格式应符合国际标准，支持单张光盘离开本柜后在通用环境下使用。应支持柜内单元模块独立或并行工作及单点故障隔离；应符合《电子档案存储用可录类蓝光光盘（BD-R）技术要求和应用规范》（DA/T 74） 4) 接口类型：千兆网口（RJ45） 5) 电源输入：100~240V AC，50~60Hz

（续）

序号	名称	配置	参数
2	系统硬件 （存储控制器）	1）主机应配置不低于 Intel silver 4210 2.2G 10C/20T×1 颗，内存不低于 64GB，系统容量配置不小于 480GB 固态硬盘，数据缓存空间不小于 20TB 2）板载 RAID 控制器或 RAID 扩展卡，支持 RAID0/1/5/10/50 3）千兆电口不小于 2 个，万兆光口不小于 2 个 4）集成显卡、USB 接口、电源	1）处理器： 支持全新一代英特尔®至强®可扩展处理器 1~2 颗，采用风冷散热时最大支持 TDP 205 CPU 2）内存：64GB 以上 3）系统容量：480GB 固态硬盘 4）数据缓存：可配置 24 块 2.5 寸硬盘 5）USB 接口： 1 个前置 USB 2.0 接口，1 个前置 USB 3.0 接口，2 个后置 USB 3.0 接口，2 个内置 USB 3.0 接口 6）显示接口：1 个前置 VGA 接口，1 个后置 VGA 接口 7）串行接口：1 个后置串口 8）光驱： 可选配半高式 SATA 接口检测光驱，并支持扩展安装；支持对 CD-R/DVD-R/BD-R SL（25GB）/BD-R DL（50GB）/BD-R TL（100GB）/BD-R QL（128GB）光盘进行全盘检测和定点检测 9）支持安装 Windows Server 2012 R2 及国产 Linux 等通用系统，并提供二次开发接口
3	系统软件 （磁光电混合存储系统）	分布式框架、混合存储架构、多库级联部署的 PB 级混合存储系统，支持对全闪存阵列、磁盘阵列、光盘库、硬盘库与标准 LTO 磁带设备的统一管理。系统提供多级存储区，以满足不同级别的存储要求，并提供统一文件视图和统一数据管理。系统支持基于文件的扩展 RAID 技术，在保持单光盘（或单硬盘）数据独立可用的基础上，提供数据的冗余保护。系统存储单卷可达 PB 级，可管理亿级海量文件，并提供标准化存储接口以及二次开发接口，以满足诸多行业磁光电一体化数据存储需求	1）支持对磁、光、电等多种设备统一管理和状态监测（可直观展示设备内光盘、硬盘整体状态和使用状态），支持单机控制和集群控制，支持设备间数据访问和数据传输，应支持文件级信息检索，实现快速查找 2）支持磁、光逻辑分卷及海量数据自动分盘策略；支持标准文件格式的 CD/DVD/BD 光盘及硬盘介质的数据读取和存储管理控制；支持批量任务，可实时显示单张光盘或单块硬盘的工作进度状态，并可自动修正错误及重置任务；支持文件夹监控，可自动光盘和硬盘备份任务。应支持任务管理与设置，自定义任务流程 3）支持用户对设备管理、数据读写操作和调阅查询等的权限控制，支持访问控制及加密保护，支持硬件安全防范控制、用户访问身份认证控制、数据传输及数据存取权限控制。应支持日志管理和日志打印，记录系统操作记录。应支持光盘和硬盘载体数量的统计，支持对软件内所包含的数据库软件进行备份和恢复操作 4）支持安装 Windows Server 2012 R2 及国产 Linux 等通用系统，包含国产数据库软件，并开放软件接口，支持与第三方业务管理软件对接 5）支持光盘一次性刻录、追加续刻、光盘读取、指定光盘拷贝、光盘校验方式等配置。支持多光驱协同工作，具有光驱状态提醒、光驱更换提示等功能；单节点一部光驱时仍可支持全流程刻录及读取任务 6）符合档案行业数据光盘检测规范，支持自动侦测光盘类型，支持全盘、定点、全检、抽检等检测模式，检测结果可实时显示和过程回溯，并生成寿命曲线，支持三级预警及报表输出 7）支持对外接硬盘的接收管理，并能够读取硬盘目录，建立索引

(4) 项目效果（含优势）

该项目创新性采用磁光电混合存储系统统一管理在线、近线、离线存储，实现了备份数据的多副本、多存储媒体的强协同和高可用，在保证系统可靠性、可用性和安全性的前提下，通过系统软件实现合理存储资源合理配置，提升数据有效管理，降低系统能耗，最大限度地节能降耗，以达到"提高存储效率、节能、空间集约优化、安全、自主可控"等目标。

7.19 低碳智慧景观座椅管理系统设计

7.19.1 低碳智慧景观座椅管理系统基于网络平台，实时监测座椅运行状态、智能处理运行数据、评估使用状况，可优化产品空间布局，提升使用效率。系统由太阳能充电板、驱蚊装置、终端显示设备、系统主机、智能网络控制设备、终端数据采集设备及专用管理平台软件等组成。系统框图如图7.19.1所示。

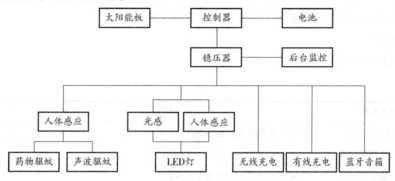

图 7.19.1 低碳智慧景观座椅管理系统框图

7.19.2 系统具有驱蚊、无线充电、蓝牙音箱、LED照明、太阳能充电、座椅状态反馈等功能。

【指南】

1. 设备选型

系统设备选型见表7.19.1。

表 7.19.1 系统设备选型表

序号	设备名称	性能要求	备注
1	太阳能供电系统	可选充电效能、电池储能	
2	自动感光照明系统	可选RGB色值、亮度、亮光时间等	
3	便民应急手机充电	有线充电、无线充电方式及数量	
4	蓝牙音箱及语音播报		
5	气象环境检测系统	可选最多12要素气象土壤等信息	
6	声光防蚊驱蚊	采用大功率超声波驱蚊器或厌蚊色灯	
7	设备状态监控	采用电流检测模块对所有配件进行监控	
8	数据传输DYU		
9	显示部分	可选LED尺寸现场实时显示气象环境数据	

2. 案例

（1）项目概述及系统组成

北京某校园低碳智慧景观座椅管理项目，总布放设备 12 台，布放位置绿道、环湖等原规划电源不及处。使用太阳能供电系统为智慧景观座椅提供源源不断的绿色能源，根据日照光度和人员靠近情况适度调节照明灯光强度，既保证了设备的使用性同时节能环保。

（2）系统功能

系统具有功能如下：

1）实时监测座椅运行状态：通过座椅管理系统（PC+APP），实时监测座椅状态，提示使用状态、定位座椅位置、示警和上报故障信息，确保设备正常有序使用。

2）智能处理座椅运行数据：建立智慧平台，智能分析座椅的使用数据和能耗数据，生成相应的数据报表，科学评估座椅使用情况。

3）综合管理其他智慧设施：建立智慧产品管理体系，实现智慧设施间的数据共享，横向对比其他智能产品各项使用数据，优化智慧产品整体布局。

（3）设备选型

系统设备选型见表 7.19.2。

表 7.19.2　系统设备选型表

序号	设备名称	配置	参数
1	太阳能供电系统	可选充电效能、电池储能	
2	自动感光照明系统	可选 RGB 色值、亮度、亮光时间等	
3	便民应急手机充电	有线充电、无线充电方式及数量	
4	蓝牙音箱及语音播报		
5	气象环境检测系统	可选最多 12 要素气象土壤等信息	
6	声光防蚊驱蚊	采用大功率超声波驱蚊器或厌蚊色灯	
7	设备状态监控	采用电流检测模块对所有配件进行监控	
8	数据传输 DYU		
9	显示部分	可选 LED 尺寸现场实时显示气象环境数据	

（4）项目效果（含优势）

低碳智慧景观座椅管理系统主机（管理平台）设置于综合管理室内，可通过智能手机、计算机随时随地进行系统操作。系统主机通过智能网络控制设备搭建的网络，将收到的座椅发电量、用电量、使用信息、周边人流信息、气温信息等数据进行综合分析后，对相应的智慧景观座椅用电模块进行统一调配、优化运行时间，提高智能座椅的使用效率。

7.20　智慧遮阳系统设计

7.20.1　智慧遮阳系统包括电动百叶遮阳系统、真空低碳发电遮光玻璃系统，各系统应分别符合下列要求：

1. 电动百叶遮阳系统能实现立面遮阳装置集中智能控制，可随室外光照强度自动调节遮阳设施，实现建筑节能与室内舒适性调控。系统由电动遮阳设施、光传感器、风速传感器、温度传感器、墙控开关、区域集中控制器等组成。系统框图如图 7.20.1 所示。

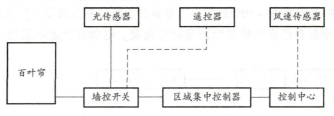

图 7.20.1　电动百叶遮阳系统框图

2. 真空低碳发电遮光玻璃系统以真空玻璃为基础，通过外侧光伏发电膜所产电能控制内侧雾化膜，实现对阳光的遮挡，同时具备良好的保温、隔热及降噪功能。系统由光伏发电膜、真空玻璃、雾化调光膜、太阳能控制器等组成。系统框图如图 7.20.2 所示。

7.20.2　电动百叶遮阳系统、真空低碳发电遮光玻璃系统应分别具有下列功能：

1. 电动百叶遮阳系统具有自动遮阳、隔热等功能。
2. 真空低碳发电遮光玻璃系统具有发电、保温、隔热、隔声、遮阳等功能。

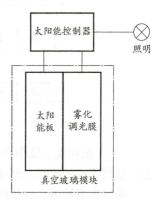

图 7.20.2　真空低碳发电遮光玻璃系统框图

【指南】

1. 设备选型

系统设备选型见表 7.20.1、表 7.20.2。

表 7.20.1　电动百叶遮阳系统设备选型表

序号	设备名称	性能要求	备注
1	电动机驱动器	杆式驱动器，带减速装置和保护装置。功率大小根据联动百叶片面积大小、联动百叶片所受荷载、传力方向特点等因素决定	
2	百叶帘	可选择铝合金、聚酯纤维、PVC 材质等	
3	区域集中控制器	可采用普通线控开关控制、无线遥控控制、定时控制、风雨光控制等控制方式	

表 7.20.2　真空低碳发电遮光玻璃系统设备选型表

序号	设备名称	性能要求	备注
1	碲化镉光伏玻璃	选用光伏转化率、透光率、玻璃颜色、规格型号等满足设计要求的产品用于系统集成	
2	真空玻璃	选用传热系数（k 值）、隔声性能、玻璃颜色、规格型号等满足设计要求的产品用于系统集成	
3	雾化遮光膜	选用清晰度、控制方式、隔声性能、抗紫外线性能等满足设计要求的产品用于系统集成	

2. 案例

（1）电动百叶遮阳

1）项目概述及系统组成。某公司总部办公楼项目，该项目玻璃幕墙采用电动百叶遮阳系统,根据室外光照度调整百叶片角度,最大限度遮光和反射太阳辐射热量,大大地节约了空调运行费用。百叶窗叶片可在0°~105°调节,当完全开放时,室外风景一览无余,用户也可通过墙控开关或遥控器根据自己喜欢的光线调整叶片角度。电动百叶遮阳系统示意图如图7.20.3所示。

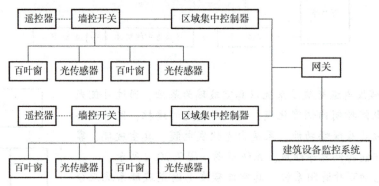

图 7.20.3　电动百叶遮阳系统示意图

2)系统功能。操作简单方便,可根据光照强度改变百叶角度,按不同季节、不同时间段进行遮挡光线的控制,便捷性大大增加。且电动机的加入让后续的智能开发有了基础。

可以根据周围自然条件的变化,通过系统线路,自动调整帘片角度或做整体升降,完成对遮阳装置的智能控制功能。

能够对当前环境、室外气候和室内环境做出合理的反应和预知,使建筑达到性能最优化的同时满足用户对环境舒适度的需求。

使遮阳效果更佳,降低建筑运营成本,有助于建筑节能效率的提高。

3)设备选型,见表7.20.3。

表 7.20.3　系统主机选型表

名称	配置	参数
电动机驱动器	可直接接入 RS485 系统	直流 RS485 电动机 长度 407mm 额定扭矩 2Nm 额定转速 28r/min 额定电压 24V DC 额定电流 1.15A 电缆规格 2×0.2mm^2 防护等级 IP30
百叶窗		叶片结构:双面铝板成型,孔径 2.5mm,开孔率 20% 旋转角度:隐藏式连杆驱动,叶片转角在 0°~105°可调;叶片在 90°时有最大通风量,叶片在 15°~25°时,外面看不到室内,具有很好的隐秘效果 叶片材质:铝合金、高分子 PCTC 材料做叶片,完全关闭时兼具防盗功能和保护幕墙作用 龙骨基材:采用 6063 铝合金热挤压型材,执行标准:GB 5237.1—2004

(续)

名称	配置	参数
光传感器		电源电压：16~28V AC/16~35V DC 输出：0~10V/4~20mA（默认） 测量范围：0~1000（默认）/2000/5000/10000（lx） 测量波长：范围400~700nm，峰值响应550nm，人眼匹配度99%（典型） 精度：±5 %FS@25℃ 响应时间：<1s
墙控开关		玻璃触控面板，航空铝合金边框，表面采用阳极氧化处理工艺。每个按钮内置 LED 指示。采用标准 86 盒墙装方式
区域集中控制器		600 MHz RISC CPU 4G 以上 eMMC 闪存 256 MB DDR3L RAM 实时时钟
网关	2 口网关	支持 300 多种协议转 BACnet IP，1 个网口，2 个串口，动态支持 512 点

4) 项目效果（含优势）。项目部署完成后电动百叶遮阳系统不仅为用户提供了舒适的室内办公环境，而且在节能方面也有突出贡献。该系统是人性化和智能化结合的系统，既可以自动感知环境光照强度，根据光照度实时调整百叶角度全自动运行，也可以根据用户需求自主调节，从而满足个性化需要。在满足人们舒适感的同时，有效降低照明能耗和空调能耗，智能化全自动实现建筑物夏季最少和冬季最大得热，最大程度降低建筑能耗，安装本系统后，项目空调和照明运营成本降低 39%，满足绿色低碳建筑需求，在项目运营方面做出突出贡献。

（2）真空低碳发电遮光玻璃系统

1) 项目概述及系统组成。某既有办公空间改造项目，选址位于一栋旧办公楼内，办公楼为砖混结构和局部钢结构加固，改造面积约 900m²。现场拆除后，梁下净高约为 2.85m，南北两侧外窗均按空间模数排列，空间内整体的通风、采光效果相对较好。立面可设置建筑光伏一体化（BIPV）系统。

建筑外窗采用了创新型"真空低碳发电遮光玻璃"（以下简称：产品），产品集发电、节能、保温、遮阳、通风等功能于一体，光伏产能即是对天然采光的二次利用。基于以上分析可以得出，通过建筑空间实现对光的复合化利用，是智慧调控的有力体现。

此种产品涉及玻璃幕墙技术领域；产品是由光伏玻璃与真空雾化玻璃集成的中空玻璃，由外至内依次层叠设置为：透明太阳能电池层、钢化真空玻璃层、隔声层、调光层和第一钢化玻璃基板；其中，隔声层与调光层通过胶膜夹持在钢化真空玻璃层与第一钢化玻璃基板之间。此外，该款玻璃完全采用钢化玻璃板，避免了碎裂的风险，这也保证了它在生产制备、运输施工等过程中的可靠性。

对于改造项目的建筑外窗设计而言，外窗上亮采用了该款创新型产品；下方采用两扇真空雾化玻璃，一扇平开、一扇固定；上亮产品所产电能可控制下方真空玻璃的雾化遮阳，从这个角度来说，产品本身就形成了一套完整的能源自平衡系统。另外，在立面效果呈现上，该款产品也能与未改造部分保持一致，最大程度地维护了立面系统的整体表达。

2）系统功能。产品外部光伏玻璃所产电能可直接控制内部雾化效果，产品本身构建了一套完整的能源自循环体系。通过建筑界面实现对光的复合化利用，为建筑行业提供了一种低碳、节能、集成、智慧的创新型玻璃幕墙以及外界面解决方案。

①发电透光功能：产品外部界面采用碲化镉光伏玻璃，兼具透光性与发电功能。

②保温隔声功能：产品内部界面采用真空玻璃，具备较好的保温与隔热性能。

③遮阳调光功能：产品可替代传统窗帘功能。在真空玻璃的内界面覆有雾化遮光膜，可根据使用需求，开启或关闭雾化效果，起到遮阳、调光的作用。

3）设备选型

碲化镉光伏玻璃：选用光伏转化率、透光率、玻璃颜色、规格型号等满足设计要求的产品用于系统集成。

真空玻璃：选用传热系数（k 值）、隔声性能、玻璃颜色、规格型号等满足设计要求的产品用于系统集成。

雾化遮光膜：选用清晰度、控制方式、隔声性能、抗紫外线性能等满足设计要求的产品用于系统集成。

4）项目效果（含优势）。从产品在改造项目中应用开始，至今已满两年，目前产品的发电效率未见明显降低，雾化玻璃的透光度与两年前相比也未见明显的衰减，总体来说使用体验较好，具体如下：

优点一：雾化遮阳效果实用性极强。办公室靠窗一侧的眩光几乎是所有办公人员都曾遇到的问题，在产品所应用的项目中也不能避免。尤其是在冬季，华北地区太阳照射高度角相对更低，上午的南侧进光深度更大，对靠窗一侧的办公人员造成的眩光影响较大。此时可开启产品的雾化遮光模式，遮阳效果非常明显，眩光问题可完全解决。而且相比较于窗帘的"遮蔽"来说，产品的遮阳并不是隔绝阳光的摄入，而是将刺眼的直射光通过雾化膜的介入之后转变为均匀的散射光，这样不仅解决了眩光问题，还能最大化地保证室内的自然进光量，充分利用自然采光，一定程度地减少人工照明补偿，起到节能减碳的效果。

优点二：保温、隔声效果显著。因为产品集成共采用了五层玻璃，而且其中包括两层真空玻璃，真空玻璃的隔声、保温性能要明显优于普通玻璃，所以产品相对传统玻璃来说，对建筑本身的保温和隔声效果的提升是非常显著的。项目中做过实际测试，在 6 月份时，同样是南向玻璃外窗，紧邻产品内侧的空气温度比紧邻普通玻璃内侧的空气温度要低 0.5~1℃，这也直接反映了产品出色的保温性能，对建筑运行能产生一定的节能减碳效果。

8 双碳智慧园区建筑电气新设备应用——实施指南

8.1 一般规定

8.1.1 双碳智慧园区建筑电气新设备包括智能中压配电柜、智慧低碳节能变压器、有载调容调压配电变压器、智能低压配电装置、低碳节能大功率高频 UPS 系统、集装箱式柴油发电机、电能路由器、变频控制设备、低碳节能照明产品、智慧双电源切换设备、智能母线槽、IoT 物联网边缘控制器等。

8.1.2 设备的选型应兼顾功能实用性、技术先进性、设备标准化、网络开放性、系统可靠性、可维护性及可扩展性等要求，以结构化、模块化、集成化、小型化等方式组成，保证设备的互换性。

8.1.3 设备的选用应保证用能系统的功能，提高用能系统与设备的技术指标和效率。电力变压器、电动机、交流接触器和照明等产品的能效等级应不低于二级。

8.1.4 宜选用低碳环保、低噪声的电气产品及设备。室内噪声应满足噪声排放环境限制的相关标准要求。

8.1.5 设备应具有人性化操作方式，操作界面应为中文操作界面。应具备相应标识系统及与使用者相适应的操作高度。

【指南】

8.1.1 双碳智慧园区建筑电气新设备应用主要内容如图 8.1.1 所示、见表 8.1.1。

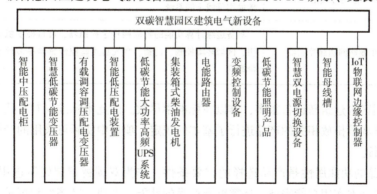

图 8.1.1 双碳智慧园区建筑电气新设备应用主要内容

表 8.1.1 双碳智慧园区建筑电气新设备应用主要内容简介

序号	设备名称	设备简介
1	智能中压配电柜	基于物联网等信息技术，结合云存储、大数据分析及人工智能等技术，具备数据分析与决策支持功能，实现对中压配电系统的自动化监控和运维管理

（续）

序号	设备名称	设备简介
2	智慧低碳节能变压器	通过采用电工钢带、非晶合金等材质生产的节能型变压器、智慧网络监控和感知，实现数字化控制的电压转换装置
3	有载调容调压配电变压器	实现不停电调整输出电压和容量的装置，由专用有载调容调压的变压器、开关、控制器及通信模块等组成
4	智能低压配电装置	基于物联网等信息技术，结合云存储、大数据分析和人工智能等技术，实现对低压配电系统的智慧监控和运维管理
5	低碳节能大功率高频UPS系统	高效率节能型不间断电源，采用高频切换正弦脉宽调变技术，可双机热备份，支持多种通信协议
6	集装箱式柴油发电机	紧凑型预装式集成化的应急电源用柴油发电机组，由柴油发电机组及油箱、散热器、蓄电池、消声器、低噪声壳体及控制保护装置等组成，实现节地节材
7	电能路由器	将光伏、储能、电网、负载等要素，通过变流器控制后直流组网，利用微网运行控制器进行潮流控制和算法保护，达到清洁能源就地最大化利用的装置
8	变频控制设备	将固定频率的交流电转换为可调节频率的交流电的电力调节设备
9	低碳节能照明产品	具备通信功能，可接收智能照明控制信息，应具备亮度、色温、频率及开关等调节功能，实现高能效的照明系统
10	智慧双电源切换设备	高速智能有序切换、在线监测、故障预警及集中调配等功能的双电源转换装置，可提高供电可靠性，节省管理成本，提升管理效率
11	智能母线槽	采用物联网和人工智能等技术，实现定点故障监测及智能测温的电能传输用母线干线系统
12	IoT物联网边缘控制器	具备边缘计算功能的物联网楼宇控制器，可将楼宇机电控制、智能照明、区域环境控制、门禁、空气品质监控传感器等多种系统设备连接至物联网

　　双碳智慧园区内建筑新设备很多，难以在标准中尽数。因此本标准仅对有代表性的产品和对园区智慧提升或碳排放相关的产品进行了基本的规定。项目中实际可采用的产品包括并不仅限于8.1.1条所述。

　　8.1.2　产品的功能属性是产品选择的首要条件，作为双碳智慧园区所选用的电气设备，必须保证产品的基本实用功能完备，还需顾及产品的性能、占地、经济性和可扩展性等必要条件。尤其是新设备应用尽可能需要保证必要的互换性，避免因设备更换、维护产生不必要的困难。

　　8.1.3　作为双碳智慧园区应用的电气设备，必要的能效等级是必须保证的基础性能，根据国家相关标准要求，电力变压器、电动机、交流接触器和照明等产品的能效等级应不低于二级，即应至少达到节能评价值的要求。各设备的能效等级评价可参考相关制造标准，但应注意能效标准的判定应符合现行有效标准，而不应仅采信产品铭牌。

　　8.1.4　电气设备本身的低碳和环保是达成园区低碳的必要条件。设备的碳足迹也是项目整体碳排放需考虑的一环。除了硬性节能效果外,对于环境影响也是需考虑的方面,不能因为唯一的降碳和节能要求,就放弃使用的舒适和对环境的影响。

8.1.5 电气设备的操作方便是关乎低碳运行的重要方面,中文界面对操作人的有效识别和高效操作是基本保证。如果安装高度不符合操作要求,也容易产生不必要的操作事故或后果,因此提出这些规定。

8.2 智能中压配电柜

8.2.1 智能中压配电柜是在传统的供配电柜基础上,基于物联网等信息技术,结合云存储、大数据分析及人工智能等技术,具备数据分析与决策支持功能,实现对中压配电系统的自动化监控和运维管理。

8.2.2 智能中压配电柜宜包括智能中压断路器、智能保护测控装置、通信单元及可视化单元等。通过对开关状态的实时监测与分析,实现运行状态的全面感知与诊断。

8.2.3 智能中压配电柜应具有下列功能:

1. 智能中压断路器集成智能监测单元,具备储能电动机电流监测、分合闸线圈电流监测、断路器机械特性监测等功能,采用电动底盘手车时,应具备现场及远程控制功能。
2. 保护测控装置终端应汇集监测单元、微机保护装置、温度监测单元、温湿度控制器、视频监视单元等数据并展示。
3. 智能中压配电柜宜具备接入云平台、资产健康管理及智慧运维等功能。
4. 智能中压配电柜的电缆室、手车室宜设置视频监控装置。

【指南】 智能中压配电柜在传统机械联锁、抗燃弧、抗震等方面进行了全面升级,通过配套智能化器件,可以实现开关柜温度、断路器机械特性、分合位置等参量的感存知用功能,产品操作简便,运行更安全。智能中压配电柜可以实现自动采集数据,存储和分析数据,提供运维决策建议,从而降低综合成本。

1. 功能选型

功能选型见表8.2.1。

表 8.2.1 功能选型表

智能中压开关	具备机械特性实时监测功能(包含合分闸时间与速度、触头开距、超程、分闸反弹幅值和合分闸过冲等多项参数),通过传感器提取断路器机构运动曲线实时监测断路器机械运动状况。通过分析数据,直观量化断路器机构的状态,有效识别机械部件的早期故障,保证断路器的正常操作。具备储能电动机电流和分合线圈电流监测功能,通过绘制电流曲线,可以判断出机构卡涩,开关分、合不到位,分、合闸铁芯卡死或机构转轴生锈等故障,并提供预测断路器电寿命与机械寿命功能
智能测温	采用无线测温监控装置,进行无线信号传输,对开关柜内断路器触头、进线母排、出线母排温升实时监测,具备温度变化曲线查看、温度越限报警等功能。对温升故障点的运行状态进行动态追踪监测,不仅可以防止、杜绝此类事故的发生,而且也可以为电力系统可靠分析和调度提供重要的决策依据
温湿度监测	开关柜具备柜内温(湿)度监视,实现温(湿)度实时监视、温(湿)度变化曲线、温(湿)度越限报警等功能

（续）

电动机智能驱动	实现一键顺控：断路器手车、接地开关配备电动功能，通过在远程计算机上一键操作，可实现开关设备运行、热备、冷备、线路检修任意状态之间的切换操作，手动操作和电动操作能够自由切换。另外，在异常运行条件下控制单元能够起到有效保护（堵转保护、过流保护、超时保护），防止电动机烧毁和机构卡滞
可视化监测	通过在电缆室、手车室安装广角摄像头，实时监测每处情况，实现关键断点操作可视化。视频终端可调用相应部位的监视画面进行远程巡视；视频调用一定时间后如无更多操作可自动停止摄像头工作，延长摄像头使用寿命
局放监测	及时预警绝缘故障，传感器可以实时、准确地进行空间局放监测，它能使用户对现场局放实现远程的数据采集和监测，突出便利性、准确性和实时性。获得充足的预警时间并采取合适的对策。避免产生破坏性的放电，造成运行设备的彻底损坏
触控显示系统	触控显示单元与智能化元器件通过 RS485 通信接口进行通信，将开关设备温度、手车触头温升等参数进行实时监测以及多画面切换等。能直观显示一次回路模拟系统图及各个回路的运行状态，并将测量到的电参量直接显示于人机界面并适时刷新显示，存储重要的数据，展示曲线功能。触控显示单元实现电动接地刀、电动手车、分合闸断路器的一键顺控功能。实现断路器手车、接地开关动作可视化监测，并支持视频回放功能。提供智能化策略定制服务，可为现场设备增添温升跳闸、风机启停、环境排湿等非电量相关智能化能力
远程云系统	通过边缘计算，提供毫秒级时间精度的设备状态异常检测服务；提供语音播报、短信发送、移动 APP 弹窗等多种主动报警服务；提供异常时刻的现场状态数据抓录服务。提供特定型号开关设备的寿命预测及故障自诊断服务，提升电力系统持续运行时间，降低电力系统故障风险。支持移动设备（手机、平板）访问，可在设备现场进行无接触式三遥操作
数字化厂牌	根据项目每台柜定制专属数字化厂牌，扫描二维码，可查看设备信息、设备资料（一二次图样）、试验报告、元件 BOM 清单等信息

2. 应用案例

（1）项目概述

某电气设备生产公司年产 10 万 t 高纯硅基材料项目，要求配置 166 面 10kV 220 面 20kV 智能中压开关柜。产品通过配电物联网架构，即"系统应用、通信管道、边缘计算、电气端设备"，以全系列的数字化产品为基础，支撑电力监控、设备运维、能源管理等系统级应用，提供数字化变电、智慧供配电、智慧用电等应用场景的整体解决方案。

智能中压配电柜内部视图如图 8.2.1 所示，智能中压配电柜组网框图如图 8.2.2 所示。

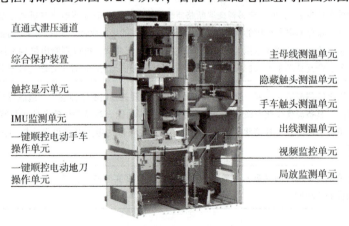

图 8.2.1　智能中压配电柜内部视图

8 双碳智慧园区建筑电气新设备应用——实施指南

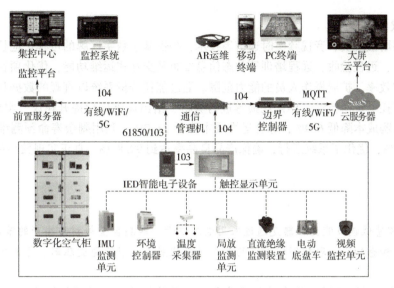

图 8.2.2 智能中压配电柜组网框图

(2) 设备选型

本工程选用 KYN28 金属封闭开关设备数字化解决方案，以 DQV 中压开关智能化解决方案为平台，通过多维度的运行监测，全方位进行数字化采集、状态监视、无线测温、故障预警与健康状态评估，及时提醒并指导运维人员进行检修及故障处理，将维护检修模式从"计划检修"向"状态检修"转变。选用的 KYN28 金属封闭开关柜可提供 12kV，额定电流至 4000A，短路开断电流 40kA 的解决方案，产品具体参数见表 8.2.2。

表 8.2.2 智能 KYN28 金属封闭开关柜参数

	单位	参数
额定电压	kV	12
额定电流	A	4000
额定短时耐受电流	kA/4s	40
外形尺寸	宽×深×高（mm）	650×1450×2360（400A） 800×1450（1750）×2360（1600A） 1000×1450（1750）×2360（4000A）

（3）功效优势

通过运用增强现实、音视频实时通信等技术，提供基于数字厂牌的可视化巡检、共享视界专家远程指导、远程验收、远程培训等动态信息发布及交互式运维功能，优化项目现场的数字化中压柜运维效率，扩展操作人员的能力范围。通过能耗分析系统以直观的数据和图表对电能质量、电量消耗、负荷特性、异常耗损等进行分析，给出运维优化提升建议，实现节能降耗。经计算综合采购成本降低 6.9%，综合运维成本降低 21.2%，利用剩余寿命预测维护降低备件库存 10%~30%，优化了系统运行，确保产品良品率达到 99.84%，真正实现数字化制造。

8.3 智慧低碳节能变压器

8.3.1 智慧低碳节能变压器是通过采用电工钢带、非晶合金等材质生产的节能型变压器、智慧网络监控和感知，实现数字化控制的电压转换装置，由节能型变压器、智能控制器、控制软件等组成。

8.3.2 节能型变压器应具有铁芯温升和绕组温升较低、空载损耗较低、过载能力较强、寿命较长等特点。智能控制器应具有采集变压器电流、电压、频率、负载率、状态、温度、损耗等功能，接入云平台，实现在线测温、局放智能检测、运行状态及用能管理。控制软件应包括参数设置、异常报警、资产管理、远程监控等功能。

【指南】

1. 功能选型

1）智慧低碳节能变压器是双碳智慧园区建筑节能系统设计规范中的关键组件之一，它通过采用先进的数字信号处理和通信技术，实现对电压的精确控制和优化管理，以提高电力系统的效率和稳定性，同时促进能源的节约和环境保护。变压器选择应优先考虑采用能效等级一级的产品，不得低于能效二级。

变压器的选型应结合实际应用场景，变压器负载率实际运行时通常达不到设计选型的值，当变压器长期运行在负载率 50% 以下时，建议优先选用非晶合金变压器。

2）智慧低碳节能变压器系统框图如图 8.3.1 所示。

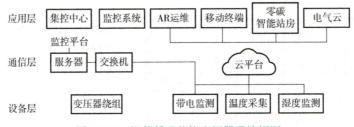

图 8.3.1 智慧低碳节能变压器系统框图

3）智慧低碳节能变压器组成见表 8.3.1。

表 8.3.1 智慧低碳节能变压器组成

传感器和执行器	数字化变压器配备了多种传感器和执行器，用于监测和控制变压器的运行状态。这些传感器包括电压传感器、电流传感器、温度传感器、压力传感器等，用于实时监测变压器的电气参数和环境参数。执行器则包括断路器、隔离开关、调节器等，用于控制变压器的操作和调节

(续)

通信接口	数字化变压器具有多种通信接口，包括光纤以太网、无线通信等，用于与上级调度控制中心和下级终端设备进行数据传输和信息交互。通过通信接口，数字化变压器可以实现远程监控、调节、保护和控制，提高了电力系统的可靠性和灵活性
数字信号处理技术	数字化变压器采用了数字信号处理技术，可以对采集到的模拟信号进行数字化处理和分析，实现对电力系统的实时监测、控制和保护。数字信号处理技术可以提高数据的精度和可靠性，并且可以实现多种算法和功能，提高了变压器的智能化程度
保护和控制功能	数字化变压器具有多种保护和控制功能，包括过电流保护、过电压保护、欠电压保护、短路保护等，以及负荷控制、无功补偿、有功功率控制等。这些功能可以实现对电力系统的实时保护和控制，保障了电力系统的安全稳定运行

4）智慧低碳节能变压器功能选型见表 8.3.2。

表 8.3.2 功能选型表

分类	功能
电压控制	数字化变压器可以通过电力电子设备实现对电压的精确控制，确保系统电压在规定范围内。同时，它可以根据实际需求对电压进行动态调整，以满足不同设备的用电需求
节能优化	数字化变压器可以实时监测电力系统的能耗，并通过优化算法对电压进行动态调整，降低能源浪费。例如，当园区内的负荷较低时，数字化变压器可以自动降低电压，减少变压器和线路的能耗。系统由智慧节能变压器、变压器智慧控制器和功率补偿器组成
负荷管理和调度	数字化变压器可以实时监测园区内的负荷情况，并根据控制指令对负荷进行调度和管理。例如，当园区内的负荷超过一定阈值时，数字化变压器可以自动调整负荷分配，以避免电力系统的过载
数据采集和监控	数字化变压器可以实时采集电力系统的各种参数，如电压、电流、频率、负荷等，并通过传感器将这些数据传输到数据中心或监控中心，为管理人员的决策提供依据
故障诊断和预警	数字化变压器可以实时监测电力系统的运行状态，并通过数据分析发现潜在的故障。当故障发生时，数字化变压器可以自动切断电源并发送预警信号，以防止设备损坏和减少事故范围
远程管理和控制	数字化变压器可以通过互联网、物联网等信息技术实现远程管理和控制，使得管理人员可以在任何时间、任何地点对电力系统的运行状态进行监控和管理
能效管理功能	数字化变压器具有能效管理功能，可以通过对变压器的能耗进行实时监测和优化控制，实现节能减排的目的。能效管理功能可以降低变压器的运行成本，提高能源利用效率，符合现代绿色低碳的发展理念

2. 应用案例

(1) 项目概况

某新能源晶硅工厂根据工艺要求，设置 6 座 10kV 开闭所、配电房，变压器采用智慧低碳节能变压器，通过数字化边界控制器和通信管理机对接本地主站，上传云主站，形成完整的数字化变配电系统。实现变压器的数字铭牌、状态评估、预测性维护和远程运维指导。

(2) 设备或装置组成

智慧低碳节能变压器由传感器和执行器、通信接口、节能型变压器等设备组成。

智慧低碳节能变压器的功能示意图如图 8.3.2 所示。

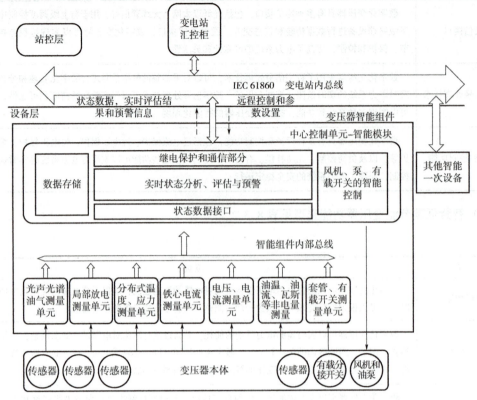

图 8.3.2　智慧低碳节能变压器的功能示意图

(3) 设备选型

设备选型见表 8.3.3。

表 8.3.3　设备选型表

智能测控终端	变压器配套智能测控终端，具备电量监测、状态监测、损耗计算、特性分析、告警处理、预测性维护、温控等数字化功能，即插即用。预置 Modbus 规约和标准以太网高速数据通道，无缝对接上位机数据
智能温度监控器	每台变压器配备三个温度测温元件（PT100）和一个温度监测器。温度传感器用于监测每相绕组温度；温度监测器能够输出报警、跳闸信号来保护变压器；同时，通过选配的边界控制器及物联网卡，可接入远程云平台，实现变压器的关键点在线测温、局放智能检测、能耗管理
触控显示系统	触控显示单元与智能化元器件通过 RS485 接口进行通信，将变压器电压、温度等参数进行实时监测以及多画面切换等，能直观显示变压器运行状态，并将测量到的电参量直接显示于人机界面并适时刷新显示，存储重要的数据，展示曲线功能
远程云系统	通过边缘计算，提供毫秒级时间精度的设备状态异常检测服务；提供语音播报、短信发送、移动 APP 弹窗等多种主动报警服务；提供异常时刻的现场状态数据抓录服务。提供特定型号开关设备的寿命预测及故障自诊断服务，提升电力系统持续运行时间，降低电力系统故障风险。支持移动设备（手机、平板）访问，可在设备现场进行无接触式三遥操作
数字化厂牌	根据项目每台变压器定制专属数字化厂牌，扫描二维码，可查看设备信息、设备资料（图样）、试验报告、元件 BOM 清单等信息

（4）功效优势

智慧低碳节能变压器是提升变压器管理效率的基础。集成数字化变压器监测装置，可以对变压器运行状态进行全面监视、供电质量实时分析、供电量统计及损耗评估等，从而提升变压器全生命周期管理水平，有如下技术特点：

1）变压器运行监视及控制：变压器绕组温度直接影响绝缘寿命，监测变压器绕组温度情况，保障绝缘系统工作在合适的温度范围，可以延长变压器寿命。

2）变压器供电质量监视：对于连续性生产要求高的场所，监视电压暂降和暂升尤其重要，这有助于用户发现和评估电压暂降或暂升给生产带来的影响。

3）变压器供电量统计：变压器供电量统计包含双向电能统计、有功电量、无功电量、需量、最大需量（含时间）等。

4）变压器损耗评估：变压器监测装置可以通过变压器实际运行时间、实时负载率和绕组温度来评估变压器的负载损耗。

5）基于云平台的变压器管理平台：基于无线通信技术，将变压器监测装置采集及分析的数据共享给变压器管理平台或第三方监控平台，以提高变压器自动化管理水平。

8.4 有载调容调压配电变压器

8.4.1 有载调容调压配电变压器是实现不停电调整输出电压和容量的装置，由专用有载调容调压的变压器、开关、控制器及通信模块等组成。

8.4.2 有载调容调压配电变压器可通过实时监测变压器运行状态，不停电状态下自适应调节负荷带载容量大小和电压输出档位，保持变压器处于安全经济运行状态，优化变压器运行状态，实现节能降碳。

【指南】

1. 功能选型

1）典型变压器组成示意图如图 8.4.1 所示。

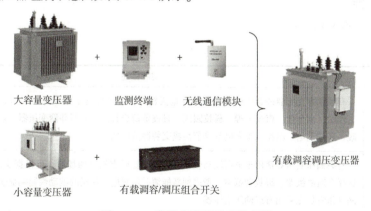

图 8.4.1 典型变压器组成示意图

2）有载调容调压配电变压器一般由专用的调容变压器器身、有载调容/调压组合开关、监控终端及无线通信模块等构成。通过控制器实时监测变压器运行的负荷状态和电压状态，按需控制有载调容开关或有载调压开关切换动作，在不停电状态实现变压器在大、小两种不同额定容量间转换和不同电压分接头间转换。可有效提升配电网电压质量，负荷空轻载时段配电变压器空载损耗可降低2/3以上。适用于用电负载变化有规律、变化频率较低的场所，如工业园区等。

2. 应用案例

（1）项目概况

某"煤改电"项目，属于典型季节性运行负荷。采用有载调容调压配电变压器，在供暖高峰期利用大额定容量进行供电，同时考虑市政高压电网电压波动及时调压，保障负荷平稳运行。在非供暖季，利用小额定容量为正常运行负荷持续供电，大量减少变压器损耗及电费支出。

（2）设备（或装置）组成

设备（或装置）组成示意图如图8.4.2所示。

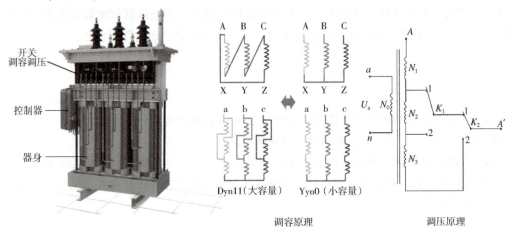

图 8.4.2　设备（或装置）组成示意图

（3）主要功能

功能选型见表8.4.1。

表 8.4.1　功能选型表

选型方式	功能描述
按运行特征选择	有载调容变压器适合应用在负荷峰谷差值较大，且平均负载率较低的场所。例如煤改电、8h工作的工商企业、市政工程、科技园区、昼夜负荷交替的新能源并网变压器、船用岸电、电气取暖、高铁供电、电动汽车充电等季节性或交替性负荷场合
按运行电压选择	有载调压变压器适用于电压波动较大、电压质量要求较高的场所，可根据实际电压波动范围，选择合适的级差、级数和范围。考虑到新能源并网对电压质量的波动性影响显著，所有新能源并网升压宜优先采用有载调压变压器
按使用需要选择	同时有负荷调容和调压选型需求的场合宜选用有载调容调压配电变压器

（4）功效优势

1）有载调容调压配电变压器技术是一种基于结构和技术创新实现带载容量调节和电压调

整的新型节能变压器。通过实时监测变压器运行状态，在不停电状态下自适应调节负荷带载容量大小和电压输出档位，保持变压器时刻处于安全经济运行状态，有效解决了周期性负荷变化大造成的配变空载损耗占比高、经济运行水平低、电压质量差等难题。

2）有载调容调压配电变压器技术创新实现了基于变压器运行状态优化，实现节能降碳和提升供电质量，突破了材料工艺进步接近极限的瓶颈，属我国原创、世界首创技术，入选《国家重点节能低碳技术推广目录》，荣获国家科学技术进步二等奖。此技术成果广泛应用于全国20多个省市电网中，累计降低电能损耗20多亿kWh；服务国家大气污染防治"煤改电"439万户、治理"低电压"1000万人口、"精准扶贫"光伏发电升压并网，保障了电网安全高效供电。

3）配电变压器是电网向用户供电的关键设备，量大面广，其安全经济运行关联千家万户、影响巨大。我国经济社会高速发展，用电负荷变化大、峰谷差显著，常规配电变压器容量固定、不能调节，导致重过载烧毁、轻空载损耗高等问题突出，配电变压器安全经济运行面临巨大挑战。双碳背景下新能源广泛并网，新能源的波动性特征进一步冲击配电网电压、加大了峰谷差波动，配电网的安全经济运行面临更严峻的考验。

8.5 智能低压配电装置

8.5.1 智能低压配电装置基于物联网等信息技术，结合云存储、大数据分析和人工智能等技术，实现对低压配电系统的智慧监控和运维管理。

8.5.2 智能低压配电装置由智能低压断路器、功能附件、通信模块、远程控制机构、智能终端配电箱等组成，通过数字化、网络化技术，实现远程监测、设定、诊断、分析等功能，并具备设备故障预警、前瞻性维护等功能。

8.5.3 智能低压配电装置应具有下列功能：

1. 应采用一体化智能断路器或组合式智能断路器，具有分合闸状态、过欠压保护、分励脱扣、远程控制、电压电流电能采集、数据通信等功能。智能断路器应符合《低压开关设备和控制设备 第2部分：断路器》（GB/T 14048.2）、《家用和类似用途的带过电流保护的剩余电流动作断路器（RCBO） 第1部分：一般规则》（GB/T 16917.1）等相关要求。

2. 应采用以太网或工业标准通信接口，满足各类环境使用条件。通信应采用环路结构实现冗余系统。智能低压配电装置控制模块应具有可扩展性。

3. 智能终端配电箱应采用具有电量采集、远程控制等功能的智能型断路器，应具备通信端口及网关实现数据采集与远程集中监控。

4. 智能低压断路器应具备网络接入、状态感知、电气参数测量、报警、远程控制、自诊断、自维护、故障记录、历史记录、通信等功能。

【指南】

1. 功能选型

1）智能低压配电装置可分为智能仪表型、智能模块型及智能断路器三种类型，智能仪表型低压配电系统示意图如图8.5.1所示，智能模块型低压配电系统示意图如图8.5.2所示，智能断路器型低压配电系统示意图如图8.5.3所示。

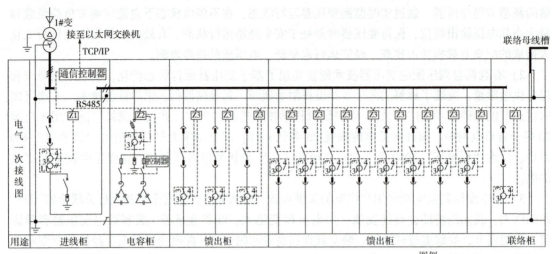

注：1. 本图仅示意成组设置的变压器的一台变压器低压配电系统接线图，给出现场层智能仪表设置和组网。其余变压器低压智能配电系统图参照本图原则进行编制。
2. 根据输入输出要求，选择智能仪表输入输出触点数量。
3. 有需要远程控制的回路，应采用带有电动操作机构的断路器。
4. 智能仪表功能根据具体工程设计要求进行选取。
5. 本图示低压配电系统接线图仅为示意，与智能配电系统无关的部分未示意。

符号	名称	功能
Z1	多功能综合电能表	计量、电流、电压、有功、无功、频率、功率因数、多次谐波、RS485接口、开关状态、故障报警
Z2	无功电能表	电流、电压、无功、RS485接口、开关状态、故障报警
Z3	综合电能表	计量、电流、电压、RS485接口、开关状态、故障报警

图 8.5.1 智能仪表型低压配电系统示意图

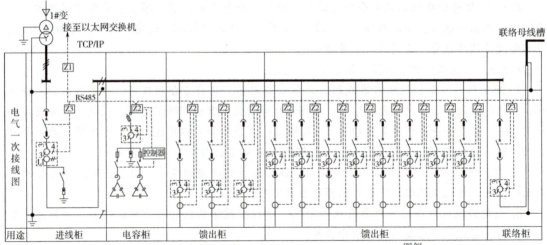

注：1. 本图仅示意成组设置的变压器的一台变压器低压配电系统图接线图，给出现场层智能仪表设置和组网。其余变压器低压智能配电系统图参照本图原则进行编制。
2. 采用智能模块型智能配电系统时，应通过每个回路的智能模块对开关和互感器进行监测和控制，智能模块通过屏蔽双绞线接入智能局域管理器并转换成TCP/IP信号输出。
3. 在低压配电的进线回路及母线联络回路、自备（应急）电源与城市电网电源的切换回路设置带联锁功能的智能单元模块；低压配电的补偿、滤波回路设置的智能单元模块，可分别与补偿、滤波控制器通信；低压配电的馈线回路设置的智能单元模块，可具有监测、保护、控制、管理以及级联保护等功能。
4. 有需要远程控制的回路，应采用带有电动操作机构的断路器。
5. 本图示低压配电系统接线图仅为示意，与本图示无关的部分未示意。

符号	名称	功能
Z1	智能局域管理器	具备采集、运算、存储、分析功能，具备CANFD、RS485接口，支持无线扩展功能；每一智能局域管理器所连接的智能单元模块数不宜超过200个
Z2	智能控制模块	具备全电量测量显示、故障记录、报警及显示功能；具备电气保护特性；具备剩余电流监测与保护特性
Z3	智能控制模块（带连锁功能）	具备全电量测量显示、故障记录、报警及显示功能；具备电气保护特性、剩余电流监测与保护特性、进线和母联开关的连锁功能

图 8.5.2 智能模块型低压配电系统示意图

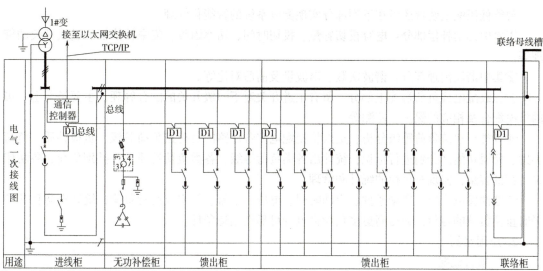

注：1. 本图仅示意成组设置的变压器的一台变压器低压配电系统接线图，给出现场层智能断路器设置和组网。其余变压器低压智能配电系统图参照本图原则进行编制。
2. 由智能断路器组网的系统应按照系统功能的要求对智能断路器及其功能附件、功能模块进行组合配置，所选的功能附件或功能模块包括显示、协议转换、通信、网关、供电等模块，安装于智能断路器本体上或外置于断路器安装。
3. 本图所示为网关外置的组网形式，图中D1为智能网关。当采用具备网关的智能断路器时可直接采用总线连接断路器。采用智能断路器型智能配电系统时，每个变电所均应设置以太网交换机，可设置在低压配电柜内或单独设置通信柜。
4. 具体工程设计有要求且满足条件时，可进行柜体测温，测温点可包括进出线铜排测温、水平母线拼接柜搭接处测温、断路器内部测温等参数。
5. 智能断路器信号传输根据具体工程设计要求可采用有线或无线的方式，本图示采用有线传输方式。
6. 本图示低压配电系统接线图仅为示意，与本图示无关的部分未示意。

图 8.5.3 智能断路器型低压配电系统示意图

2) 概述及组成

智能低压配电装置通过智能终端实现数据采集和监控，智能终端可包括智能仪表、智能断路器、智能模块，具体功能见表 8.5.1。

表 8.5.1 智能低压配电装置具体功能

	仪表和开关配合使用
智能仪表	仪表功能：显示、测量（电流、电压 0.2，功率 0.5，有功电能 1）、存储、开关量输入、继电器输出、模拟量输出、通信接口
	开关功能：需要满足正常配电回路断路器的功能、分励脱扣、电动操作（有遥控要求）、提供需要的辅助接点
智能断路器	开关功能：具有 LSIG 保护功能、电压保护、显示、测温（环境、接头）、电气参数测量（电流电压 0.5 级、功率 1 级、电能 1 级）、开关量输入、控制输出（250V、10A）、通信（无线、RS485、3G/4G）
智能模块	模块功能：数据采集、显示、专用电流互感器（保护、测量精度 0.5）、保护、控制。可同时采集多个供电回路，可实现上下级级差配合、通信接口
	开关功能：实现带负荷开断、分励脱扣、电动操作（有遥控要求）、提供必要的辅助接点

智能低压配电装置还可在下列部分实现配电系统的智能化管理：

①集中无功补偿部分：电容投切容量、投切时间、功率因数、集中补偿柜的进线开关的管理等。

②集中谐波治理部分：谐波次数、谐波量及前后对比等。

③二级配电或负荷端配电部分：留有主进开关对下一级开关的配合管理，主要是与上一级的供电配合及相应的保护、监测等。

④各类型建筑负荷等级分析，重点将变配电室各回路的负荷按负荷等级、负荷性质、负荷类别、所属功能区分别进行标识，统计出各类负荷等级、各类负荷性质、各类别负荷、各功能区负荷的容量，实现对负荷的统计和管理。

⑤柴油发电机组：启动条件、启动时间、电压、电流、频率及运行负荷，统计消防负荷和平时重要负荷的容量，为提高更多负荷供电的可靠性创造条件。

2. 应用案例

（1）项目概况

江苏省今世缘南厂区智能化包装物流中心项目，厂区总建筑面积约 160 万 m^2，为省重大项目之一，围绕建设"智慧型、生态型、文化型"新厂区的要求，建设智能化包装物流中心。该物流中心的设备种类较多，含有大功率设备，部分设备为重要负荷。

智能低压配电装置的应用可实现各回路的用电数据的自动采集与监视以及电力系统运行状态监视、报警、各种历史运行数据的管理。还可提供系统的遥测、遥信、遥控、遥调的四遥功能，通过智能配电系统平台统计、分析配电系统各支路用电量，合理、绿色分配用电。

（2）系统组成（框图）

系统结构应采用分层分布式设计，分为边缘感知层、边缘智能层、应用服务层。其系统框架如图 8.5.4、系统示意图如图 8.5.5 所示。

（3）选型安装

1）智能框架断路器选型：选用智能云框架断路器，支持多种通信方式（RS485、蓝牙、4G 等），并可实现"四遥"功能。框架断路器具有过载预报警、波形捕捉、谐波分析等功能。

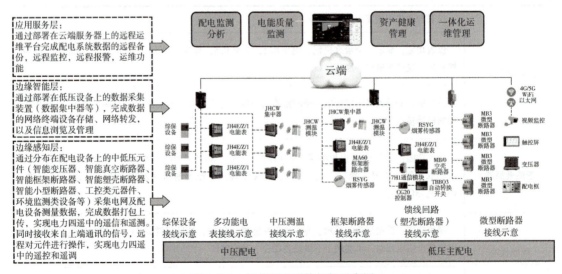

图 8.5.4　智能配电系统框架示意图

8 双碳智慧园区建筑电气新设备应用——实施指南

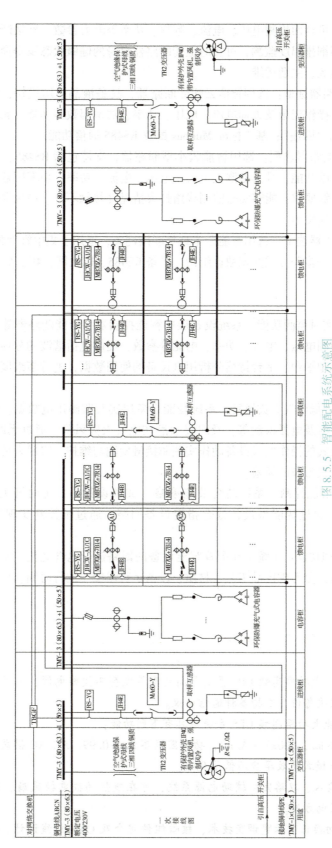

图 8.5.5 智能配电系统示意图

内置高精度互感器，可全面检测电压、电流、频率、功率等电力参数。框架断路器具备触头温升监测功能及配电柜铜排温度监测，可实时上传断路器自身的健康状态及寿命预估，保证了供电的可靠性，实现高效、主动运维。

2）智能塑壳断路器选型：选用智能云塑壳断路器，具备液晶显示模块，能本地、远程液晶显示故障、报警、操作记录及查询电流、电压、功率、功率因数等功能；具备通信功能，能够与上位机通信实现"四遥"；基于标准 Mudbus 配置 RS485 通信功能。

3）智能型微型断路器选型：选用智能云小型断路器，支持包括 RS485、4G、蓝牙等多种协议，具备远程分合闸功能，且具备漏电电流、电压、电流、功率、功率因数、电能等测量功能，电能计量满足 1 级要求；能够实时监测线路打火情况（接触不良、绝缘层破损等）并报警或断电，防止电气火灾发生。

4）智能数据集中器选型：选用智能云本地物联网网关，适用于集中管理智能配电元器件，且可通过有线或无线等多种方式实现数据组网。具备 RS485、以太网、4G、WiFi 等多种通信方式可选。

（4）功效优势

1）电能质量的实时监测功能：系统设备层的智能控制器、智能断路器等智能设备实时采集用电数据，全面检测电压、电流、功率、电能等参数，提供包括谐波的分项监测，监测的数据实时上传至配电管理平台。平台持续分析用电设备的使用数据，进行多维度计算，为优化供配电系统提供依据。

2）保护人身、降低电气火灾风险：系统智能设备层实时监测用电数据，包括实时剩余电流监测、持续的热监测及电弧检测等，及时提示潜在电气火灾风险。通过无线通信手持终端、触控屏或平台非接触式的操作电气设备动作实现非接触检测与维护，实现人员与设备的物理空间隔离，降低操作失误带来的风险。

3）远程自动化节能控制：系统结合节能策略（如预设策略：定时开关），基于系统时间和系统能效状态，通过智能型设备分合指定设备回路，通过硬关断实现终极的设备节能效果。

4）设备健康管理功能：系统可在配置智能设备的回路进行电气老化、机械老化分析，相关的老化分析功能需充分考虑产品工艺、材质、设备运行温度、运行时间、分合闸次数的相关信息综合评估。

8.6 低碳节能大功率高频 UPS 系统

8.6.1 低碳节能大功率高频 UPS 系统是高效率节能型不间断电源，采用高频切换正弦脉宽调变技术，可双机热备份，支持多种通信协议。

8.6.2 低碳节能大功率高频 UPS 系统应具有下列功能：

1. 功率密度应不低于 600kV·A/m²，功率因数不低于 0.99，AC/AC 模式下设备效率不低于 96.5%、经济运行模式下效率应不低于 99%。

2. 应采用双路输入、双路冗余辅助电源系统，可在线热插拔更换风扇。系统可实现 $N+X$ 冗余，具备双总线供电方案。

3. 应采用高频切换正弦脉宽调变技术、核心组件冗余及 CAN 总线设计。关键部件具有寿命和故障预测功能。

【指南】

1. 设备选型

低碳节能大功率高频 UPS 系统是专为数据中心的大型电源系统所设计。采用先进的高频切换正弦脉宽调变技术 IGBT 整流器，使 UPS 电源质量好、效率高、热损耗小、噪声低，并具有双市电输入功能。双输入回路设计可将 UPS 连接成双机热备份，提高客户用电质量，并可通过各种不同的通信接口连接计算机进行监控。UPS 可并联多达 8 台，达到扩充冗余功能。低碳节能大功率高频 UPS 系统主要由整流器、逆变器、静态开关、蓄电池等装置组成。

大功率高频 UPS 系统，以在线模式状态单回路并机为例，系统组成示意图如图 8.6.1 所示。

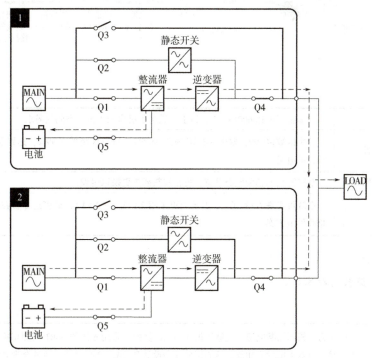

图 8.6.1　大功率高频 UPS 系统组成示意图

2. 应用案例

（1）项目概况

中国联通云数据中心项目包含河北廊坊、内蒙古呼和浩特、贵阳贵安三个云基地，总采购需求数量 270 台。项目采用大功率高频 UPS，30% 负载效率超过 95%，在本项目中，UPS 效率提高 2%，就可以节约 200 万元/年的电费，产生巨大节能效益。

（2）系统组成（框图）

低碳节能大功率高频 UPS 系统概略图如图 8.6.2 所示。

（3）主要功能

主要功能见表 8.6.1。

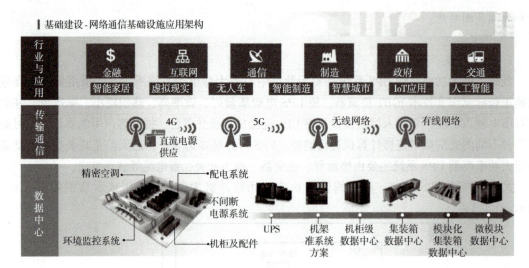

图 8.6.2　大功率高频 UPS 系统概略图

表 8.6.1　低碳节能大功率高频 UPS 系统的主要功能

高功率密度	功率密度可达 600kVA/m² 以上，满足了机房减少占用空间的需求
高性能及经济性	功率因数>0.99；效率 AC-AC 模式 96.5%，ECO 经济模式 99%，达到业界顶级水平，节省大量电费
高可用性：采用双路输入	双路冗余的辅助电源系统，可在线热插拔更换风扇设计
高可靠性	系统可实现 $N+X$ 冗余，必要时可采用 $2N$ 或 $2(N+X)$，最多达 8 台在线并机，具备双总线供电方案

（4）设备选型

选型及安装要求见表 8.6.2。

表 8.6.2　选型及安装要求

选型要求	UPS 为三相不间断电源，能够提供 3 相电源保护，采用先进的 IGBT 高频切换正弦脉宽调变技术，并具有双市电输入功能；核心组件冗余设计和 CAN 总线设计，通过合理系统设计，可避免单点故障
	关键部件的寿命和故障预测功能，可帮助用户提前预知风险，及时化解故障事件；智能电池健康诊断功能，可帮助用户随时掌握电池运行状态，及时维护更换电池，降低电池事故风险；具有关键参数和波形记录功能
安装要求	UPS 安装于室内，不可置于户外；此 UPS 300kVA 机柜只可采用上进线；400kVA/500kVA/600kVA 机柜可采用上、下进线，需于顶部或底部预留足够的进线空间。需确认安装地点有足够空间，供 UPS 通风散热及人员进行配线与维护
	安装地点须随时保持整洁干净、配线路径的密封性，以避免鼠害
	机房内温度须保持在 25℃ 左右、相对湿度小于 95%、最大操作高度为海拔 1000m

（5）功效优势

1）高功率密度：功率密度最高可达 600kVA/m²，满足了机房减少占用空间的需求。

2）高性能及经济性：功率因数>0.99；效率 AC-AC 模式 96.5%，ECO 经济模式 99%，达到业界顶级水平，节省大量电费，运行几年即可收回 UPS 采购成本。（例如：中国联通云数据中心项目，配置 400kVA-UPS 96 台容量的机房，效率每提高 1%，就可节约电费 100 万/年）

3）高可用性：采用双路输入，双路冗余的辅助电源系统，可在线热插拔更换风扇设计。

4）高可靠性：系统可实现 $N+X$ 冗余，最多达 8 台在线并机，具备双总线供电方案。

8.7 集装箱式柴油发电机组

8.7.1 集装箱式柴油发电机组为紧凑型预装式集成化的应急电源用柴油发电机组，由柴油发电机组及油箱、散热器、蓄电池、消声器、低噪声壳体及控制保护装置等组成，实现节地节材。

8.7.2 集装箱式柴油发电机组应具有下列功能：

1. 应能带负载稳定运行，发电机启动成功后，负荷应可分级投入，机组提供自动顺序合闸指令。在负载容量不低于 20% 时，允许长期稳定运行。

2. 控制保护装置应具有柴油发电机与工作段正常电源同期并网功能。实现对发电机组运行状态的自动监测、报警、保护。

3. 应具备模拟试验功能。

【指南】

1. 功能选型

集装箱式柴油发电机成套装置包括柴油发电机组及机组油箱、散热器、蓄电池、消声器、柴油发电机控制保护装置、电流互感器、断路器、集装箱及壳体等，壳体为低噪声防声箱体。产品适用于室外安装，适用于堆栈式数据中心、屋顶柴油发电机组、建筑小容量柴油发电机组需求等。安装于非地面层时，应提供有效的供油措施，如安装输油管、输油泵等辅助设备。

柴油机发电机组参数见表 8.7.1。

表 8.7.1 柴油机发电机组参数

类型	四（4）冲程，机械调速
安装	户外露天场所
转数	1500 r/min
启动系统	以蓄电池为电源的电启动，自带蓄电池
燃油消耗率	≤210g/kVh
振动	带防振垫的最大峰值为 250μm
类型	凸极式，4 极同步
额定电压	400V/230V，直接接地系统
相数	3 相 4 线制
电源频率	50 Hz
功率因数	0.8（滞后）

(续)

额定工况效率	≥95%
励磁类型	无刷励磁机
绝缘等级	H级
冷却方式	带水箱闭式循环
连接方式	星形，中性端子与端子箱的外壳相连

2. 应用案例

（1）项目概况

集装箱式柴油发电机在建造数据中心备用电源方面有非常广泛的应用，如某数据中心采用堆叠集装箱柴油发电机组，利用4台2MW的集装箱柴油发电机组堆叠放置，在楼顶二层的机组可通过集装箱之间搭建的检修平台进入。由于是在楼顶，对于人员无法搬动的设备的运输问题，通过在检修平台设置了一个简易的起吊装置解决。机组的进风从检修平台一侧进入，从前端向上排出，避免了热风的回流。该项目安装已有十几年，运行良好。当发生市政停电事故时确保IT设备供电的连续，数据中心的UPS或HVDC备用电池进入放电模式，同时，数据中心配置的集装箱式柴油发电机迅速启动，完成并机，为整个数据中心提供电力保障。

（2）设备（或装置）组成

集装箱式柴油发电机组常见平面布置图如图8.7.1所示，集装箱式柴油发电机组剖面图如图8.7.2所示，集装箱式柴油发电机组堆叠立面图如图8.7.3所示。

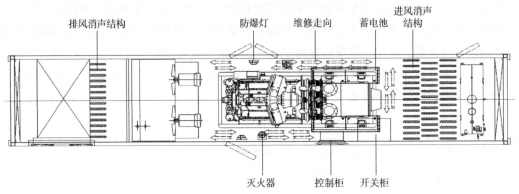

图8.7.1 集装箱式柴油发电机组常见平面布置图

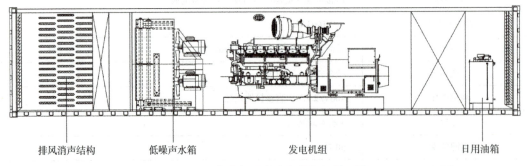

图8.7.2 集装箱式柴油发电机组剖面图

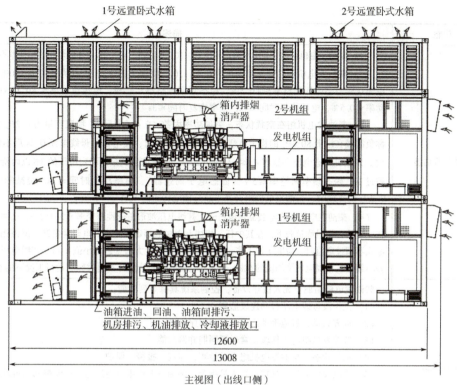

图 8.7.3 集装箱式柴油发电机组堆叠立面图

(3) 主要功能

集装箱式柴油发电机主要功能见表 8.7.2。

表 8.7.2 集装箱式柴油发电机主要功能

功能	描述
自启动功能	柴油发电机组保证在变电站的全站停电事故中,快速自启动带载运行。在无人值守的情况下,接启动指令后在 10s 内自启动成功,在 30s 内实现一个自启动循环(即三次自启动)。若自启动连续三次失败,则发出停机信号,并闭锁自启动回路。在以上一个自启动循环的过程中不应造成主设备的任何损坏。在使用单位所提供的现场条件下,机组一次自启动成功率不小于 99%。柴油发电机组自启动成功的定义是:柴油发电机组在额定转速,发电机在额定电压下稳定运行 2~3s,并具备首次加载条件
带负载稳定运行功能	(1) 柴油发电机启动成功后,保安负荷分级投入,机组提供自动顺序合闸指令。柴油发电机组 10s 内允许首次加载不小于 50% 额定容量的负载(感性)。在首次加载后的 2s 内带满负载(感性)运行,并在负载容量不低于 50% 时,允许长期稳定运行 (2) 柴油发电机组能在功率因数为 0.8 的额定负载下,稳定运行 12h 中,允许有 1h1.1 倍的过载运行,并在 24h 内,允许出现上述过载运行两次。发电机能承受 20s 的 2 倍过载电流而不出现损坏 (3) 柴油发电机组应能在空载条件下,直接启动一台 30kW 的鼠笼型电动机;且在启动过程中母线电压降不超过发电机额定电压的 25%,频率不得低于额定频率的 95%。发电机短时过载能力为 150% 额定容量,时间 30s (4) 在负载容量不低于 20% 时,允许长期稳定运行

(续)

功能	描述
自动调节功能	（1）柴油发电机组的空载电压整定范围为（95%~105%）U_e，线电压波形正弦畸变率不大于±2% （2）柴油发电机组在带功率因数为0.8~1.0的负载（感性），负载功率在0~100%内渐变时应能达到稳态电压调整率≤±0.5%，稳态频率调整率≤±2%，电压波动率≤0.15%，频率波动率≤0.5%，电压恢复时间≤4s，频率恢复时间≤3s （3）柴油发电机组在空载状态，突加功率因数≤0.4（滞后）、稳定容量为$0.2P_e$的三相对称负载或在已带$80\%P_e$的稳定负载再突加上述负载时，发电机的母线电压0.2s后不低于85%U_e。发电机瞬态电压调整率d_u≤-15%/+20%，电压恢复到最后稳定电压的3%以内所需时间不超过1s，瞬态频率调整率≤5%（固态电子调速器），频率稳定时间≤3s。突减额定容量为$0.2P_e$的负载时，柴油发电机组升速不超过额定转速的10% （4）柴油发电机组在空载额定电压时，其线电压波形正弦性畸变率不大于3%，柴油发电机组在一定的三相对称负载下，在其中任一相加上25%的额定相功率的电阻性负载，但该相的总负载电流不超过定值时，应能正常工作。发电机线电压的最大值（或最小值）与三相线电压平均值之差不超过三相线电压平均值的5%，柴油发电机组各部位温升不超过额定运行工况下的水平
控制功能	柴油发电机组属于无人值守设备，控制系统具有下列功能： （1）工作段母线电压自动连续监测 （2）远方启动，就地手动启动，自动程序启动 （3）柴油发电机与工作段正常电源同期并网功能 （4）运行状态的柴油发电机组自动检测、监视、报警、保护 （5）主电源恢复后，根据运行人员指令，柴油发电机组应能经与工作电源同期自动或手动并列，将负荷转移至工作电源后自动或手动停机 （6）发电机空间加热器自动投入功能 （7）蓄电池自动充电 （8）预润滑、润滑油预热，冷却水预热
模拟试验功能	柴油发电机组在备用状态时，模拟保安段母线电压低至25%U_e或失压状态，能够按设定时间快速自启动运行试验，试验中不切换负荷。但在试验过程中如保安段实际电压降低至25%时能够快速切换带负荷

（4）设备选型

1）柴油发电机的尾气排放必须满足国家相关环保要求，有效消除黑烟及禁止的有害气体。集装箱式柴油发电机应能保证在规定的环境条件下满载持续运行24h。

2）柴油机设备应适合在下列条件下连续工作：

①电压变化：±10%

②频率变化：+3%~5%

3）发电机在其出口发生三相短路时持续10s而不发生绕组、铁芯等附属部件的有害变形。

4）柴油机在承受1.2倍的超速运行时不发生有害变形。

5）整套柴油发电机组保证平均无故障间隔期：10000h。

6）柴油发电机组在不更换柴油机主要零部件的情况下能正常工作的保质期不少于150000h。

7）柴油发电机组在运行中稳态和暂态电压频率调整精度保证值符合要求。

8）柴油发电机组应在开机指令发出12s内加至满载（感性）。

9）防凝露：加热器电源为AC 220V±10%，1PH，50Hz，当机组启动时自动断开。

（5）功效优势

考虑到室外柴油发电机方案可以节约投资、提高单位建筑面积的 IT 机柜产出率，便于分期和能够快速交付等特性，因此多层室外柴油发电机集约化布置的方案采用在数据中心项目中存在巨大机会和效益。

8.8 电能路由器

8.8.1 电能路由器是将光伏、储能、电网、负载等要素，通过变流器控制后直流组网，利用微网运行控制器进行潮流控制和算法保护，达到清洁能源就地最大化利用的装置。电能路由器可为光伏、储能、风电、电动汽车、电网等多种能源互补就地组网供电，服务于光储直柔、光储消纳、分布式能源直流耦合并网等供电。

8.8.2 电能路由器应具有下列功能：

1. 电能路由器应根据光伏发电、储能调功、直流配电、柔性用电的电压、功率、接地方式、保护整定值进行配置。应具备电力电子和配电保护功能，采用功率模块化成品柜，部分模块故障时，可继续工作。

2. 电能路由器可对能源数据流、业务流和控制流等信息数据进行接入、存储、处理、传递、运算和发出指令。应具备并网、离网及孤岛等运行模式，具备故障诊断、保护及容错运行等能力。

3. 应具备并网、离网、并/离网切换运行、故障保护、数据存储及显示等功能。

【指南】

1. 设备选型

（1）设备概述

电能路由器可以理解为控制电能分配和保护的中枢，应用于微电网系统或者多变流器组网系统中将光伏、储能、电网、负载等多种多机或一种多机组网系统通过变流器控制后直流组网。电能路由器内部的中央控制器负责实现系统潮流控制和算法保护，达到清洁能源就地最大化利用。由电能路由器构成的微电网系统架构示意图如图 8.8.1 所示。

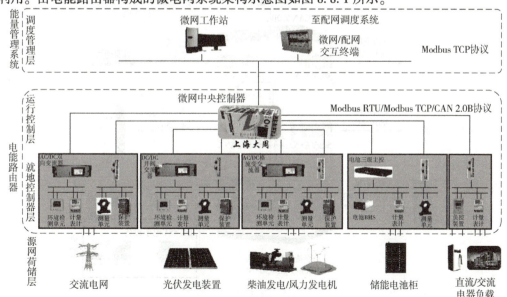

图 8.8.1 由电能路由器构成的微电网系统架构示意图

(2) 主要功能

电能路由器功能见表 8.8.1。

表 8.8.1 电能路由器功能

直流微电网	独立可控、柔性并网，更好地适应万物发电、万物用电、互联互通
电能路由器	标准平台、多合一、模块适配、参数定制，适应早期市场需求多样
模块化电源	并网 AC/DC、储能 DC/DC、光伏（MPPT）控制器，均为模块化产品
可升级能力	根据客户需求变化进行软硬件升级，实现客户的电能路由器不落后
可应急供电	部分替代柴油机类 EPS 和 UPS 电池，降低用户投资，多种经济效益产出
台区间互济	通过两台 AC/DC 端口变流器模块，实现两台区间的柔性互联和功率交换

2. 应用案例

(1) 项目概况

嘉定未来城市项目将绿色低碳、智慧科技融入。春熙集建筑面积 $3110m^2$，以建筑与光伏深度融合、近零能耗、近零碳排放为目标，采用光伏、储能、直流、柔性等技术措施，进行综合"零碳"升级，打造低成本、低消耗、高舒适度、可参与的低碳生活，也是光储直柔系统在街区商业中首次运用。市集入选"十四五"国家重点研发计划。

电能路由器主要应用于光伏、储能、风电、氢能、电动车、负荷、电网等多种能源互相补给就地供电，主要服务场景包括零碳建筑光储直柔供电、零碳智慧园区与工厂光储直柔供电、台区直流微网风光储荷动态增容供电、多台区柔性互联功率互济、离网风光储供电及节能、分布式能源直流耦合并网供电。

(2) 系统组成（框图）

电能路由器组成如图 8.8.2 所示。

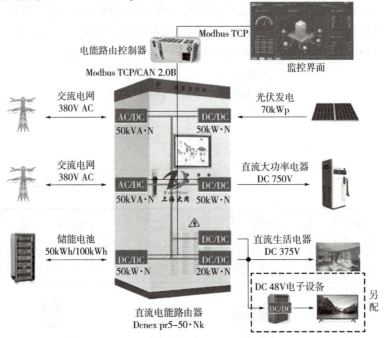

图 8.8.2 电能路由器组成

(3) 设备功能

电能路由器功能见表 8.8.2。

表 8.8.2　电能路由器功能

序号	功能	序号	功能
1	多能互补并离网智能控制	10	数据检测
2	在线 EPS 功能控制	11	切负荷控制
3	直流母线稳定控制	12	人机交互监控
4	系统功率平衡控制	13	用户权限管理
5	系统云能量管理	14	运行数据显示与存储
6	电池充放电时段设置	15	故障报警处理
7	与上层管理系统通信	16	操作记录查询
8	智能充放电与电池保护	17	二次开发
9	电量统计		

(4) 功效优势

1) 台区优化收益：

①降低台区用电高峰时段负载率收益 10%/年，其中一段台区负载率高于 80%，且另一台区负载率低于 40% 时，通过本设备实现低负载率台区向高负载率台区输送功率，实现台区间的功率柔性互补。

②无功补偿收益 10%/年，检测到台区电网无功达到限值时，向电网输送无功支撑，降低台区无功波动。

③电压暂降支撑收益 10%/年，在电网电压暂降超过国家标准时，向电网输送有功支撑，减少台区功率波动。

2) 节能降费：

①降低最大需量 30%，上海市最大需量费 34 元/kVA，则 50kW 系统可节约 = 34×50/0.7×0.3 = 728（元/月）。

②储能峰谷差收益，上海市峰谷差为 0.642 元/度，则 50kWh 储能可节约 = 0.642×50×30 = 960（元/月）。

③光伏发电节约电费，上海市有效发电时间 3h 计算，则 100kWp 光伏节约电费 = 0.912×100×3×30 = 8208（元/月）。

④充电桩收益，按照上海市充电桩每度电 1.512 元水平每天有效充电 3~10h 计算，则每个 60kW 充电桩的收益 =（1.512-0.912）×60×(3~10)×30 = 3240~10800（元/月）。

3) 提高供电可靠性收益：

①后备电源 EPS 供电，按照应急电源车 50kW 等级，每 8h 供电费用 2000 元，按照供电可靠率 99.5% 计算停电天数为两天，节约应急供电费用 = 2000×2/12 = 333（元/月）。

②减少电压暂降损失，电压暂降每次造成损失 100 元/(kW·次)，每年发生 3 次计算 = 100×50×3/12 = 1250（元/月）。

8.9　变频控制设备

8.9.1　变频控制设备是将固定频率的交流电转换为可调节频率的交流电的电力调节设备。

8.9.2 变频控制设备应具有下列功能：

1. 各类风机、水泵、液压机、电梯、空调等电动机拖动高负载的设备使用中，接入变频控制设备可在低负载时降低转速，降低电动机用能。
2. 利用变频控制设备的软启动功能，电动机匀速加速，降低启动电流，避免对电网与同网设备的冲击。
3. 变频控制设备可提升功率因数，减少无功损耗。

【指南】

1. 设备选型

根据风机、泵类（罗茨风机和液压泵等除外）的变转矩负载特性（即风量或流量与转速成正比，轴功率与转速立方成正比），如果采用变频器控制风机、泵类负载，通过调整电动机转速来调节风量或流量，则可以实现电动机功率的按需输出，从而达到节约能源的目的。

变频器的拓扑电路不同，功能效率就不同，要根据应用对象进行选择，变频器拓扑分类见表8.9.1。

表 8.9.1 变频器拓扑分类

变频器	逆变器部分所用元器件	控制电动机	变频器输出功率	应用场合	适用行业
交-直变流器（斩波器）、交-交变频器	晶闸管	直流电动机、交流电动机、整流电源	高压大功率	耗能大、精度要求不高	石油化工、冶金
交-交变频器、交-直-交 VSI（电压源）变频器、交-直-交 CSI（电流源）变频器	GTR	异步电动机（笼型和绕线转子）	中、小功率	调速性能要求低（两象限运行）	各行业
IGBT 变频器、IGCT 变频器	IGBT、IGCT（集成门极换向晶闸管）	异步电动机、同步电动机	高、中压，中、大功率 1～50MW	调速性能要求高（四象限运行）	各行业、采矿、船舶
IGCT 变频器、IGBT 变频器、IPM 变频器	IGCT、IGBT、IPM	特殊电动机：开关磁阻电动机（SRM）、无刷直流电动机（BDCM）、步进电动机、执行机构、直线电动机		伺服控制	加工工业
MOSFET 变频器、IGBT 变频器、IPM 变频器	MOSFET（功率场效应晶体管）、IGBT、IPM			轻型、微型电源	航空航天

我国强制性规范《建筑节能与可再生能源利用通用规范》（GB 55015）中明确规定：

3.2.22 间接供热系统二次侧循环水泵应采用调速控制方式。

3.2.23 当冷源系统采用多台冷水机组和水泵时，应设置台数控制；对于多级泵系统，负荷侧各级泵应采用变频调速控制；变风量全空气空调系统应采用变频自动调节风机转速的方式。大型公共建筑空调系统应设置新风量按需求调节的措施。

因此，变频调速设备的使用是目前工业与民用建筑的风机、水泵及物流工艺的必需特性。

2. 应用案例
（1）系统组成

变频器典型一次组成及接线图如图 8.9.1 所示。

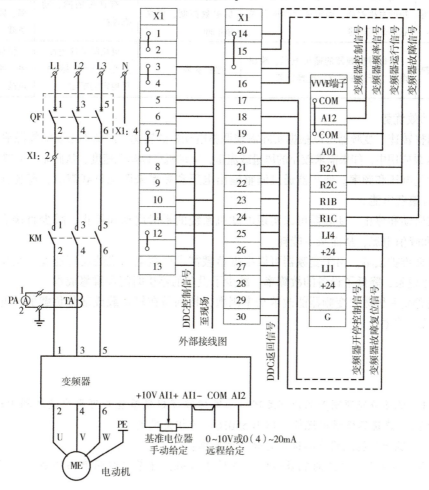

图 8.9.1 变频器典型一次组成及接线图

（2）设备选型

变频器控制方式选型见表 8.9.2。

表 8.9.2 变频器控制方式选型

控制方式	控制内容	实现难易程度	控制效果	适用场合
u/f 恒定	电动机电源频率变化的同时控制变频器的输出电压，使二者之比为恒定，从而使电动机的磁通基本保持恒定	容易	低速性能较差，可开环控制	节能型
转差频率	转矩及电流由转差角频率决定	要检出电动机的转速	静态误差小，得不到动态性能	单机运转
矢量控制	高性能控制电动机的转矩、电流和励磁电流	要建立数学模型，需复杂的软件及相应的硬件	有良好的静、动态性能	恒转矩、恒功率、四象限运转负载

(续)

控制方式	控制内容	实现难易程度	控制效果	适用场合
直接转矩控制	利用空间电压矢量通过磁链、转矩的直接控制，确定逆变器的开关状态来实现的	直接取交流电动机参数控制，更简单准确	有良好的静、动态性能	恒转矩、恒功率、四象限运转负载
直接速度控制	通过对变频器的输出电压、输出电流进行检测经坐标变换处理	坐标变换	更快的响应速度，更小的转矩脉动，更稳定的精度	恒转矩、恒功率、四象限运转负载

（3）功效优势

1）调整转速。变频器可以根据实际需求调整电动机的转速，避免不必要的能源浪费。例如，在风机或水泵应用中，如果需求较小的风量或流量，电动机可以降低速度，从而显著节省电能。

2）优化电压和频率。变频器通过调整输出电压和频率来匹配负载需求，避免在不需要全功率运行时浪费电能。

3）软启动和停止。变频器可以实现电动机系统的平滑启动和停止，减少直接启动方式造成的冲击和峰值电流，从而减少能耗。

4）降低维护成本。由于变频器可以根据负载需求调整电动机的运行速度，减少了设备的过载和过热现象，降低了设备的故障率，减少了设备的停机时间和维修成本。

5）改善功率因数。变频器能改善功率因数，特别是在轻负载或部分负载的情况下，可以提高电动机的效率。

8.10 低碳节能照明产品

8.10.1 低碳节能照明产品应满足现行国家标准《建筑节能与可再生能源利用通用规范》（GB 55015）、《建筑环境通用规范》（GB 55016）的相关规定。

8.10.2 低碳节能照明产品选用符合下列要求：

1. 选用的照明光源产品的能效等级应不低于二级，并考虑照明产品的眩光、频闪及蓝光等参数。

2. 宜选用符合国家节能认证、绿色建材分级认证的产品。

3. 照明产品及控制装置应符合相关强制性标准要求，包括安全、电磁兼容、能效、有害物质等。

4. 低碳节能照明灯具宜具备通信功能，可接收智能照明控制信息，应具备亮度、色温、频率及开关等调节功能。

【指南】

1. 设备选型

照明的低碳化是社会大趋势，但照明产品并非仅节能就能达到低碳目标，还需要以绿色供应链的标准化流程来完善照明产业的产品设计、制造和运营等各环节，应严格按照国家标准《生态设计产品评价技术规范 灯具》（GB/T 40775）执行，包括对包装物的限用物质管控，产品能源效率水平的提高，健康光质量指标的提升，蓝光危害的控制等方面进行系统设计与管控。以绿色生态标准来约束企业在产品设计环节按照相应标准进行，以可回收理念为核心进行产品设计便于后期的回收和再利用，在照明产品整个生命周期各环节均赋予绿色理念，才能达到低碳和节能的目的。

2. 应用案例

（1）项目概况

LED 灯具为目前最常用的低碳节能照明产品，在目前所有类型的工程项目中都有大量应用。以某地库为例，采用 T8 LED 灯具替代普通灯具，共 2000 只灯具，公共活动场所皆采用雷达感应控制方式。

（2）主要功能（以雷达控制 LED 灯具为例）

1）光效高达 170lm/W。

2）5.8G 雷达感应功能。

3）蓝牙 Mesh 自组网。

（3）设备选型

节能低碳照明产品评价指标应符合表 8.10.1 的相关规定。

表 8.10.1 节能低碳照明产品评价指标

一级指标	二级指标		单位	基准值	评价依据/方法
关键技术指标	能效等级	反射型自镇流 LED 灯	lm/W	实测值达到 2 级	依据 GB 30255 标准要求进行检测
		非定向自镇流 LED 灯			
		LED 筒灯			
		道路和隧道照明用 LED 灯具		实测值达到 1 级	依据 GB 37478 标准要求进行检测
		LED 平板灯 CCT<3500		≥95	依据 GB 38450 标准要求进行检测
		LED 平板灯 CCT≥3500		≥105	
		LED 投光灯具		≥95	依据 GB/T 37637 标准要求进行检测
	蓝光危害	反射型自镇流 LED 灯	—	RG1	依据 GB/Z 39942 标准要求进行检测
		非定向自镇流 LED 灯			
		LED 筒灯		RG0	
		LED 平板灯			
	显色指数	反射型自镇流 LED 灯	—	初始一般显色指数 Ra≥80，Ra 实测值相对于额定值的降低不应大于 3；$R9$>0	依据 GB 30255 标准要求进行检测
		非定向自镇流 LED 灯			
		LED 筒灯			
		LED 平板灯		初始一般显色指数 Ra≥90，Ra 实测值相对于额定值的降低不应大于 3；$R9$>0	依据 GB 38450 标准要求进行检测
		道路和隧道照明用 LED 灯具		初始一般显色指数 Ra≥70，Ra 实测值相对于额定值的降低不应大于 3	依据 GB 37478 标准要求进行检测
		LED 投光灯具			依据 GB/T 37637 标准要求进行检测

(续)

一级指标	二级指标		单位	基准值	评价依据/方法
关键技术指标	波动深度	反射型自镇流 LED 灯	—	$f≤10Hz$：波动深度≤0.1% $10Hz<f≤90Hz$： 波动深度≤$f×0.01$ $90Hz≤f≤3125Hz$： 波动深度≤$f×0.08/2.5$ $f>3125Hz$；免除考核	依据 GB/T 31831 标准要求进行检测
		非定向自镇流 LED 灯			
		LED 筒灯			
		LED 平板灯			
	额定寿命	LED 筒灯	h	≥30000	依据 GB/T 33721 标准要求进行检测
		LED 平板灯			
		道路和隧道照明用 LED 灯具		≥50000	
		LED 投光灯具			
	光通维持率	反射型自镇流 LED 灯	—	3000h 光通维持率不应低于与额定寿命相关的光通维持率要求值	依据 GB 30255 标准要求进行检测
		非定向自镇流 LED 灯			
环保指标	铅		mg/kg	≤1000	依据 GB/T 26125 标准要求进行检测
	汞			≤1000	
	镉			≤1000	
	六价铬			≤1000	
	多溴联苯			≤1000	
	多溴二苯醚			≤1000	

(4) 功效优势

1) 节能减排：以高光效、低功率的特性，显著降低了电能消耗，符合节能减排和绿色生活的需求。

例如，安装 2000 支智能 T8 LED 灯管，在同等光照下，相比传统常亮灯具，每年可节约用电 25.5 万度，节能率高达 80%~90%，大幅降低车库等公共区域的运营成本。

2) 自动感应调节：内置雷达传感器，能自动侦测车辆与人体，实现照明智能调控。车辆驶入时，车道灯光即时亮起并优化亮度；离开后，灯光渐暗至熄灭，进一步高效节能。

3) 远程控制与灵活性：用户可通过手机 APP 灵活控制灯具，包括亮度、感应时间及距离调节，并支持灯具分区管理。这种便捷性让灯具轻松适应多变场景与需求。

综上所述节能低碳照明在项目效果和带来的效益方面均表现出色，为照明提供了更加高效节能的解决方案。

8.11 智慧双电源切换设备

8.11.1 设备概述

1. 智慧双电源切换设备是具有高速智能有序切换、在线监测、故障预警及集中调配等功能的双电源转换装置，可提高供电可靠性，节省管理成本，提升管理效率。

2. 双电源切换装置选择应符合其使用类别，对于额定电流超过100A的电动机等感性负载且不允许停机的场合，宜采用智慧机械式快速开关切换装置MTS。具有无间断电源转换需求的设备，宜选择电网无闪切换装置。

8.11.2 智慧双电源切换设备应符合下列要求：

1. 智慧双电源切换设备应具有自动切换、检测、显示、联锁（机械、电气）、继电保护（自复、失压、欠压、断相）、手/自动转换、在线监测管理及内置维修旁路等功能。

2. 智慧机械式快速开关切换装置（MTS），保证高环境温度下大电动机负荷15ms（注）内双电源故障切换。

3. 电网无闪切换装置应满足用电设备切换过程中不停电或不停机要求；应具备电压暂降切换功能，装置本体应为免维护装置。

注：最新团标《低压真空快速转换开关电器》对此指标更新为10ms。

【指南】

1. 设备选型

（1）智慧双电源控制器要求

智慧双电源的控制器需须满足《低压开关设备和控制设备 第6-1部分：多功能电器 转换开关电器》（GB/T 14048.11）附录C要求，并提供相关EMC电磁兼容性认证报告。具备自投自复及自投不自复、互为备用三种功能，并现场可调。

控制器应具有相位角侦察功能，以完成同相位转换。控制器应具有相序检测功能，检测2路进线电源相序的正确性，防止主备电源相序不一致造成负载损坏，对三相电动机或三相负载起到保护。能够自动和手动操作，并具备故障报警功能。控制器可对两路电源的转换延迟时间等参数现场可调，延迟可调时间不低于15min。

工作电源出现过压、失压、任意相断相等电源故障时装置应可靠转换，过、欠电压在额定电压的70%~115%范围内可现场设定。控制器应具有液晶显示屏，具备主、备电源三相电压状态显示，开关分合闸状态显示等。具有RS485通信接口，以方便现场组网。

智慧双电源可配置云平台，应包含下列功能：

1）满足配电设备端产品的"四遥"功能，遥测（$U/I/P/F/\cos$）、遥信（位置、状态等）、遥控（电力开关、照明、通风等）、遥调（参数整定）。

2）可实现对现场环境监控，不仅限于视频图像监控、防盗报警（红外、电子围栏等）、灾害报警（感烟、感温、水浸等）、环境参数（温度、湿度等）。

3）支持现场预警（过载、短路、过欠压、漏电、故障电弧、温升、双电源切换、过欠频、门禁、水淹、烟雾等）。

4）可显示现场电能质量波形图，并对电压平衡监测（电压波动、三相不平衡、暂变、闪变等）、供电可靠性、连续性监测。

5）可实现能效管理，可分时用能数据采集、分部门、分区域、分类别、分路的电能计量及统计分析、用能趋势分析。

6）支持生命周期管理，维护预警报告、寿命预期、设备管理、场地管理。

（2）智慧机械式快速开关切换装置

在多路电源无缝切换的规划设计中，为了确保一级负荷的连续可靠节能供电是不可忽视的要求，采用智慧机械式快速开关切换装置是一个很好的选择，此装置能够在小于15ms内，自动或手动实现故障电源快速切换。

1）智慧机械式快速开关切换装置是国家电网研发的具备快速识别及快速动作的双电源切换装置。装置由快速控制部件及快速执行部件构成，在电压暂降 5~15ms 实现主备电源的快速互换，有效地防止了电压暂降、电源短路及电源开路故障导致的重要敏感设备停运事故，提高了负荷的供电连续可靠性及供电质量。结构形式分为两切式、三切式或者多切式，具体由电流互感器、电压互感器、快速控制器、快速机械开关等组成。

如图 8.11.1 所示，用在电源进线处可以选用三切模式，需要使用 3 台快速真空断路器，用于单负荷切换或整组切换时可以采取两切模式，需要使用 2 台快速真空断路器。

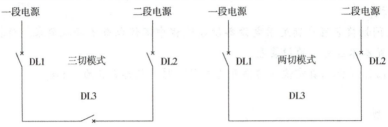

图 8.11.1　切换模式图

三切模式下，智慧机械式快速开关切换装置主要由 2 台电源进线断路器 DL1 和 DL2 及母联断路器 DL3 组成。

2）运行方式 1：正常运行工况下，进线电源 DL1 和 DL2 合闸，母联 DL3 分闸，一段电源和二段电源通过 DL1、DL2 各自为其负载供电。以一段 DL1 电源发生故障为例，快切控制器监测电压和电流异常信号，DL1 立即分闸，在监测到 DL1 分闸完成后，DL3 立即合闸，将所有负载切换到二段电源供电。二段 DL2 电源发生故障同理。

3）运行方式 2：正常运行工况下，母联 DL3 合闸，进线电源 DL1 和进线电源 DL2 任一路分闸，由其中一路电源为所有负载供电。以一段电源 DL1 发生故障为例，快切控制器监测电压和电流异常信号，DL1 立即分闸，在监测到 DL1 分闸完成后，DL2 立即合闸，将正常电源为所有负载供电。二段 DL2 电源发生故障同理。

两切模式下，智慧机械式快速开关切换装置由 2 台电源进线断路器 DL1 和 DL2 组成，一、二段电源互为备用。当正常运行的电源发生故障时，此段电源立即分闸，在监测到该路故障电源分闸完成后，正常回路的电源立即合闸，为下级负载供电。

4）智慧机械式快速开关切换装置从电压等级分可以做到 35kV 及以下，对于 10kV 及以上建议安装在主变 10kV 侧，实现两段或多段母线的整体切换，安装在 400V 侧可以实现整体切换、重要负荷的单机切换，对于特别重要又特别敏感类型的一级电源能够起到很好的保护作用。

5）主要功能

快速切换：当系统发生"电压暂降"时，可以在控制类设备没来得及释放、变频设备没停止供电之前完成切换，保证重要敏感设备的连续运行。对于中压电动机类设备可以在电动机端电压与备用电源系统之间的压差频差和相角差等同期并列条件没有破坏之前完成切换，切换时的冲击极小。

智能控制：装置完成自动切换待系统恢复正常后，用户可以选择"自动回切"或"手动回切"，对于控制对象为两进线开关和母联开关时装置能根据各开关的运行状态自动选择切换对象。

计算机综保：快切控制器具有常规计算机综保的电压监测、越限报警、过流速断、限时速断、过流保护、过负荷保护等功能，也可配置用户指定的计算机综保，本装置可以取代进线柜。

远程通信：本装置配置了 RS485 通信接口，可以按照用户给定的通信规约与监控中心实现数据远传，并可按照监控中心的命令进行远程操作。

事件记忆及录波：本装置可记录线路短路或装置故障发生的时间、类型、相别及故障时的电流、电压等电气参数。

产品的经济性和方案比选过程不应仅采用设备购置费用比选，需结合停电后果、风险评估、恢复产能时间等因素综合考虑。

根据用户现场独立电源及母线的数量选择开关的数量，根据负荷的大小选择机械开关的具体参数。

2. 应用案例

（1）项目概况

某高校大型实验基地在智慧园区建设项目，总建筑面积约 25 万 m^2，涉及多个领域的国家重点实验室。总设备容量（P_e = 47071.6kW）极大，大功率用电设备种类繁多（60 余种），各实验室分散在 5 个楼宇之中。

实验楼分为化学实验楼、物理实验楼、小科学家实验楼、电气动模试验楼及智能语音交互实验楼，实验室内设备昂贵，对供电可靠性极高，一个微小的电压抖动都会影响试验的精度，而且试验测试时间长，短则几个小时，长达数天，甚至数十天，这些条件对供电连续性及可靠性要求极高。

实验楼均采用双回路独立电源供电，形成 2 段 10kV 母线，每段母线均通过电缆连接各个实验楼的开闭所，在通过不同配电变压器电压不同电压等级给实验室双回路供电，对于特别重要的实验室，可以在 400V 的电源进线侧加装低压的智慧机械式快速开关切换装置，对单个重点实验室保驾护航，供电系统简图如图 8.11.2 所示。

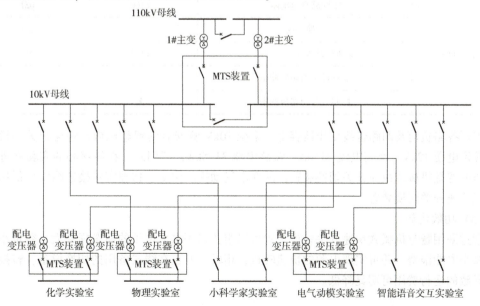

图 8.11.2 供电系统简图

(2) 设备或装置组成

本系统采用三切的模式，在 10kV 进线侧安装智慧机械式快速开关切换装置（三切式），正常运行时母联和主电源快速开关合闸，一旦主电源发生电压暂降，在 15ms 内能够将备用电源投入，而主电源被隔离，实现无扰动切换。

(3) 主要功能

对于实验室这种特殊的供电场合而言，仪器精密度高，这些设备对供电连续性要求极高，而且设备容量大，如果采用电力电子开关，通态损耗太大，产生大量的电能浪费，而实验室作为专家学者重要的试验场所，推动技术进步，采用通态损耗小机械开关代替电力电子开关，而采用智慧机械式快速开关切换装置能够将电压暂降持续时间从 100ms 缩短至 5~15ms，能够提高供电可靠性。

(4) 设备选型

设备选型见表 8.11.1。

表 8.11.1 设备选型表

	参数名称	数值范围	单位
额定参数	额定电压	12	kV
	额定电流	3150	A
	额定频率	50	Hz
绝缘水平	1min 工频耐受电压	42	kV
	雷电冲击耐受电压	75	kV
开断能力	额定短路开断电流	31.5	kA
	2s 额定短时耐受电流	31.5	kA
	额定峰值耐受电流	80	kA
机械特性	主回路直流电阻	<100	$\mu\Omega$
	切换时间	≤15	ms
	电动机设备的切换冲击	<1.5	倍
	变频设备的切换冲击	无	
	控制设备的切换冲击	无	

根据各路负荷及两路进线变压器容量，系统 10kV 侧安装的智慧机械式快速开关切换装置型号额定电压 12kV，额定电流 3150A，短路电流 31.5kA，三切式。在最核心的实验室进线安装低压的智慧机械式快速开关切换装置，即在电气动模、化学、物理实验楼进线安装低压智慧机械式快速开关切换装置。

(5) 功效优势

通过采用智慧机械式快速开关切换装置可以避免采用电力电子的通态损耗大、容量小的难题，减小电能浪费，并可实现电源的快速转换，相较于普通在线式备用的切换设备，转换开关损耗导致的运行费用可明显降低。

8.12 智能母线槽

8.12.1 智能母线槽是采用物联网和人工智能等技术,实现定点故障监测及智能测温的电能传输用母线干线系统,由母线槽和智能测控系统组成。

8.12.2 智能母线槽测控系统包括测量模块、数据采集模块、网关和数据监控平台等组件。智能测控系统可通过有线或无线的方式进行数据传输。

8.12.3 智能母线槽测温系统应为一体化设计,测温元件及通信线缆预安装在母线槽上,对关键部位进行定点测温,并利用母线槽结构对测温元件和通信线缆进行保护。

【指南】

1. 设备选型

母线槽是以导体系统形式的封闭成套设备,该导体系统由管道、槽或相似外壳中绝缘材料间隔和支撑的母线构成,可为所有类型的负载配电,适用于工业、数据中心、商业建筑、基建等场景。相比传统的电缆和线槽,母线槽具有高使用性、高密度、高安全可靠性等优点。

智慧母线是一种应用物联网和人工智能等技术的新型配电设备,其通过实时监测母线槽运行状况,结合电力系统实时数据,能够快速定位设备故障,保证供电连续性;并通过智能算法实现对电力负载的预测和优化调度,提高电力系统的运行效率和安全性。目前,智能母线已经在工业厂房、数据中心等领域得到广泛应用。

智慧母线由母线槽和智能测控系统组成,其中,智能测控系统又包括测量模块、数据采集传输模块和数据监控平台等组件。智能测控系统的组件之间可通过有线或无线的方式进行数据传输。智慧母线系统示意图如图 8.12.1 所示。

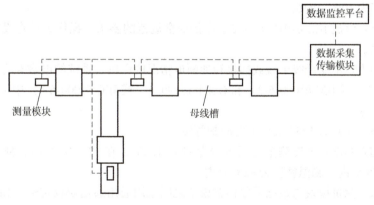

图 8.12.1　智慧母线系统示意图

2. 应用案例

(1) 项目概况

某粮食加工厂房扩建项目,总建筑面积 6.9 万 m^2,预计年加工 48 万 t 小麦。项目共使用 9 条母线回路,母线总长度 630m。

(2) 设备或装置组成

该项目的智慧母线系统由母线槽、测温模块、数据采集传输模块和数据监控平台组成。其中,测温模块在出厂时已预置在母线上,母线在现场安装后,将测温传感器固定于母线接头上，并将测温模块和数据采集传输模块进行对接，形成通信链路。测温模块通过通信链路将温度数据传输至数据采集传输模块，数据采集传输模块将数据汇总后，通过现场总线或以太网将数据传输至数据监控平台。

数据监控系统服务器设置于配电室内，安装数据监控平台，系统主机通过现场网络收集数据采集传输模块和其他配电设备采集的数据，配合分层级母线路由视图，实现对母线运行状态和电力系统的实时监测和管理。

（3）主要功能

智慧母线对母线槽的运行状况实现遥调、遥测、遥控、遥信等一项或多项功能；结合监控系统中的母线路由视图，能够快速定位设备故障；并通过智能算法对数据进行分析，帮助故障诊断和预测性维护，提高能源管理效率。

该项目通过智慧母线系统实现以下功能：

1）对现场所有母线接头进行温度监测。

2）对于温度异常的母线接头，在监控系统上进行预警或报警，通知现场运维人员。

3）配合建筑级、分区级、回路级和元件级的母线路由视图，可清晰查看母线温度分布情况，并快速定位故障发生位置。

4）结合配电系统的电能测量数据，通过智能算法进行分析及预测，提高电力系统的运行效率和安全性。

（4）设备选型

1）测量模块：安装在母线槽本体，监测母线槽接头或关键部位温度，测得数据通过通用通信协议传输到信号采集模块。测量模块应至少满足以下要求：

①环境要求：可工作在海拔 $0\sim2000m$，污染等级 1 或 2 的环境中，工作环境温度为 $-20\sim85℃$，相对湿度为 $10\%\sim95\%$。

②安全要求：满足 IEC 61010-1 中关于设备安全规范的要求。操作人员在设备工作时可安全触摸模块外壳。

③抗干扰能力：不受母线干线或插接箱通断电情况的影响。系统的电磁兼容能力应至少满足 GB/T 17999.2（或 IEC 61000-6-2）和 GB/T 17999.4（或 IEC 61000-6-4）中工业环境对抗扰度和发射度的要求。

④防护等级：应具有 IP54 及以上的防护等级。

⑤测量范围及精度：温度测量范围至少为 $-20\sim120℃$，在 $-20\sim75℃$ 内，测温精度为 $±1℃$ 以内，在 $75\sim120℃$ 内，测温精度为 $±2℃$ 以内。

⑥信号传输：测量模块与数据采集传输模块之间采用通用通信协议传输，如 Modbus RTU、PowerBus、HPLC 等，最长距离在 200m 以上，信号传输应保证稳定可靠。

⑦组网拓扑：系统应支持串联组网或 T 形组网拓扑。

⑧安装：测量模块建议预安装在母线上，并与母线一同出厂；测量模块的安装不得对母线防护性能与绝缘能力产生损害，严禁在插接口、连接头盖板等位置打孔安装。

⑨绿色材料：模块使用材料应符合 RoHS、REACH 要求。

2）数据采集传输模块：接收测量模块传输的数据，具有协议转换功能，将数据通过总线或以太网发送至数据监控平台。数据采集传输模块应至少满足以下要求：

①环境要求：可工作在海拔 $0\sim2000m$，污染等级 1 或 2 的环境中，工作环境温度为 $-20\sim55℃$，相对湿度为 $10\%\sim95\%$。

②安全要求：满足 IEC 61010-1 中关于设备安全规范的要求。操作人员在设备工作时可安全触摸模块外壳。

③抗干扰能力：系统的电磁兼容能力应至少满足 GB/T 17999.2（或 IEC 61000-6-2）和 GB/T 17999.4（或 IEC 61000-6-4）中工业环境对抗扰度和发射度的要求。

④防护等级：应具有 IP20 及以上的防护等级。

⑤信号传输：数据采集传输模块可通过 Modbus RTU、Modbus TCP 等协议与数据监控平台连接。

⑥通信地址分配：数据采集传输模块一键分配测温模块通信地址，无需人工设定。

⑦绿色材料：模块使用材料应符合 RoHS、REACH 要求。

3）数据监控平台：结合母线路由视图对母线运行状态进行可视化动态监测，并对异常状况进行报警；通过对历史数据的存储，可进行历史记录分析；通过智能算法，对母线和电力系统健康度进行诊断和预测。数据监控平台应至少具备以下功能：

①系统结构：系统采用分层、分布式结构设计，整个系统为分为三层，即系统管理层、通信接口层、现场监控层；此外，应支持灵活多样系统结构，适用于从单一设备的生产运行管理和故障诊断，到网状结构的分布式大型母线智能监控管理系统服务器集群。

②母线业务专业化：应高度面向母线业务组织的母线专业化系统，包括内置母线专用的业务层级描述、报警功能按照母线业务逐级选取并快速定位等。

③综合功能：应能够容易结合配电及过程控制设备，构建完整的大型系统；其应综合了与母线连接的全部二次设备，包括智能断路器、仪表，以及监控母线运行状况的及周边环境状态的测温设备等。

④稳定运行：应保持稳定运行，不应受通信、登录、报警等干扰，并且可在线添加、修改、移除设备。

⑤高可靠架构：应能够支持采用双服务器热备运行，互为冗余。

⑥网络安全：软件平台应符合网络安全标准 IEC 62443-4-1 和 IEC 62443-4-2（SL1）。

⑦系统通信管理：系统通信基础设施应支持以下内容：

A. 支持多个通信网络的拓扑结构包括以太网协议，串行 RS485/RS232，和调制解调器拨号连接。

B. 可接入超过 1000 台设备。

C. 可同时和多个设备通信，包括处于不同物理通信渠道的设备。

D. 在特殊时期可规划通信时间以节约带宽。

E. 提供以太网网络时间同步信号（精度≤16ms）。

F. 从所支持的设备自动检索记录数据（区间数据，事件数据，波形数据）而无需额外的配置。

G. 接受或拒绝将重复的数据输入到数据库中。

H. 当所有设备数据是数据库同步的时候，自动断开调制解调器连接（用以最小化长途电话费）。

I. 应支持多协议，包括 Modbus, IEC 61850, DNP3, IEC 101/104, ION, SNMP, BACnet, KNX 等。

J. 测量模块选型见表 8.12.1。

表 8.12.1 测量模块选型

功能	要求
供电电源	额定输入 27V DC，兼容 24~36V 额定电压输入，瞬时最大功耗<1W
安全规范	满足 IEC 61010-1
电磁兼容	满足 IEC 61000-6-2、IEC 61000-6-4 中工业环境对抗扰度和发射度的要求
温度测量范围	−20~120℃
温度测量精度	±1℃（−20~75℃） ±2℃（75~120℃）
通信协议	HPLC
在线升级	支持
组网	支持串联组网或 T 形组网拓扑
安装方式	背胶粘贴+磁铁吸附于母线外壳
绿色认证	RoHS、REACH
工作环境温度	−20~85℃
存储温度	−20~55℃
海拔	<2000m
IP	IP54

K. 数据采集传输模块选型见表 8.12.2。

表 8.12.2 数据采集传输模块选型

功能	要求
供电电源	220V AC
安全规范	满足 IEC 61010-1
电磁兼容	满足 IEC 61000-6-2、IEC 61000-6-4 中工业环境对抗扰度和发射度的要求
通信协议	HPLC、Modbus RTU、Modbus TCP
在线升级	支持
通信地址分配	支持一键分配测量模块通信地址
安装方式	挂墙安装
绿色认证	RoHS、REACH
工作环境温度	−20~55℃
存储温度	−20~55℃
海拔	<2000m
IP	IP20

L. 数据监控平台选型：EcoStruxure PO/Busway 母线监控系统。

(5) 功效优势

对比传统的运维方式，智慧母线有以下优势：

1) 实时在线监测及反馈，帮助运维人员及时了解母线运行状况，快速发现故障，而非依赖定期巡检。

2）可记录历史数据，有助于分析母线运行趋势。

3）利用大量采集的数据进行数据分析与建模，用于故障诊断和预测性维护。

4）结合电力系统数据，帮助运维人员更好地管理并制定能源优化策略，提高能源使用效率。

通过采用智慧母线，实现对母线槽本体的运行状态监测，以及上下游设备的能源监测与管理，帮助识别潜在的能源浪费或异常，从而采取措施减少能源浪费，避免计划外停电导致的生产材料损失。同时，通过对运行数据进行数据分析，智慧母线可以为运维人员提供更多有关能源管理的详细见解，帮助他们制定更有效的能源节省策略和决策，以减少建筑物的整体能源消耗。

8.13 IoT 物联网边缘控制器

8.13.1 IoT 物联网边缘控制器是具备边缘计算功能的物联网楼宇控制器，可将楼宇机电控制、智能照明、区域环境控制、门禁、空气品质监控传感器等多种系统设备连接至物联网。

8.13.2 IoT 物联网边缘控制器应满足下列要求：

1. 控制器可作为楼宇自控系统和物联网系统的控制装置。

2. 控制器应支持水暖设备、门禁、照明、环境控制等多种协议，可通过 Node-RED 与任意物联网平台连接。

3. 应支持 BACnet/IP、BACnet over Ethernet、BACnet/SC、MQTT、LINKnet、Modbus、CANbus 等多种通信协议，支持 WiFi、Cell Moden、Bluetooth5.0、NFC 等连接方式。

【指南】

1. 设备选型

将物联网技术融入智能楼宇控制系统组成 IoT 物联网控制系统，在云端进行管理和控制。作为一款完全可编程的 IoT 边缘控制设备 RED5 控制器可支持多种功能应用。作为新一代 IoT 控制器 RED5 支持业内最新标准的 BACnet/SC 通信协议，该协议为设备和楼宇网络提供了银行系统级别的身份验证和加密保护手段，有效提高楼宇网络通信的安全性，同时也能实现将 BMS 系统由过去的局域网系统向互联网系统进行了跃迁式的升级转化；此外，其内部嵌入集成了物联网轻代码编程工具"Node-RED"，使 RED5 控制器几乎可以免开发地轻松接入任何物联网或大数据平台，有效提升了与之相关的系统开发效率，为未来的智能建筑开辟了新的可能性。

IoT 物联网控制系统主要由 RED5 系统控制器、室内多合一传感器、扩展模块、网关模块、DDC 应用控制器、LINKnet 设备、空气质量侦测器、风机盘管温控器、触摸屏等设备组成。其系统框架如图 8.13.1 所示。

配备蓝牙、NFC 模组，方便对控制器进行设定，使现场人员的调试工作更加高效。

使用最新 BACnet/SC 加密认证协议，通过 TLS 密钥技术，对楼宇自动化网络中的设备做认证与通信加密，为使用者提供高规格的安全性。

2. 应用案例

（1）项目概况

某小型写字楼，被控设备包括冷热源、智能照明、暖通空调、风机盘管、电动窗帘、门禁、空气品质监控传感器等，通过 RED5 系统级边缘控制器将多种协议机电设备整合在一起，并通过 MQTT 协议将楼控系统集成至第三方物联网管理平台，构成 IoT 物联网控制系统。

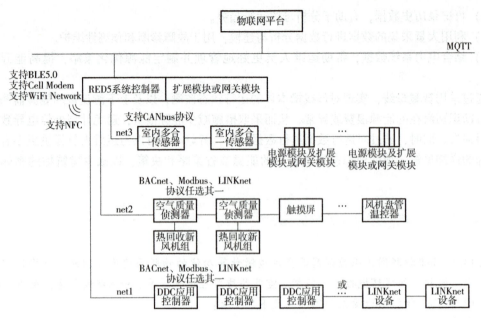

图 8.13.1 IoT 物联网控制系统框架

（2）系统组成

该系统由 RED5 系统控制器、RED5 应用控制器、EBCON-2、扩展模块、网关模块、室内多合一传感器、空气质量侦测器、风机盘管温控器、触摸屏等设备及第三方物联网平台组成。

IoT 物联网控制系统组成示意图如图 8.13.2 所示。

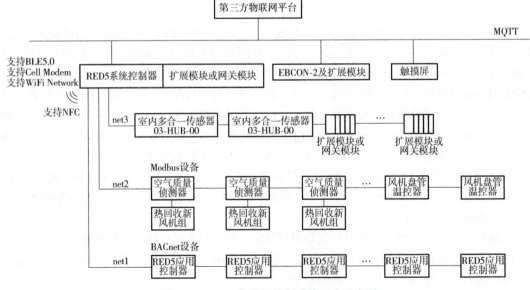

图 8.13.2 IoT 物联网控制系统组成示意图

（3）主要功能

1）强大的兼容性：新一代 RED5 物联网边缘控制器将暖通控制、门禁控制、照明控制等众多系统集成在一起，可以将多个控制和 I/O 分在一个控制单元中，通过工作流的改进，提供扩展 I/O 与物联网无缝集成，提供更好的用户体验。

2）支持 Node-RED，与物联网无缝连接：Node-RED 是构建物联网 IoT（Internet of Things）应用程序的一个强大工具，是开源的物联网编程工具，它提供了一个基于浏览器的流程编辑器，不仅可以非常方便地将面板上丰富的节点组装成流程，而且可以通过一键部署功能，将其安装到运行环境中。新一代 RED5 控制器可通过 Node-RED 与任意物联网平台实现无缝连接，将传统建筑设备监控系统直通 IoT 网络。

3）传统 DDC 控制器与边缘网关的融合：高品质、多功能的 IoT 边缘设备，集云计算、可定义格式、硬件安全、多目的发送于一身，并将边缘设备的安全性进一步提升，避免核心故障点的情形出现。

(4) 设备选型

设备选型见表 8.13.1。

表 8.13.1 设备选型表

设备名称	型号	描述	参数
系统控制器	RED5-Plus-xxx	完全可编程的 IoT 系统控制器	具有 BTL 认证的 BACnet 楼宇控制器（B-BC） 32-bit ARM 处理器，8GB 闪存，512 MB RAM 内存 支持 BACnet SC 协议 可通过 NFC、蓝牙调整网络设置，查看传感器数据并进行校准 支持 MQTT 协议，可作为 IoT 设备为未来的智能建筑开辟新的可能
	RED5-Edge-xxx	完全可编程的 BACnet 应用控制器	具有 BTL 认证的 BACnet 楼宇控制器（B-BC） 32-bit ARM 处理器，4GB 闪存，256 MB RAM 内存 支持双网口通信，具备 bypass 网络旁路功能；支持 BACnet IP、BACnet/Ethernet；支持多种协议，具有扩展性和集成性 支持 BACnet SC 协议 可通过 NFC、蓝牙调整网络设置，查看传感器数据并进行校准 支持 MQTT 协议，可作为 IoT 设备为未来的智能建筑开辟新的可能

(5) 功效优势

突破传统控制器的控制功能界限，跃升为云端与终端实现互联互通的关键组件，RED5 物联网边缘控制器凭借强劲处理器和大容量内存、多种协议灵活扩展、内嵌轻量级开发平台、银行级加密认证协议等四大核心优势可让数据安全穿越边界，打通云端管控到终端设备最后一公里的智能互联。

"双碳"号召下，对于智能建筑行业来说，使用成熟的物联网技术成为未来发展的必然要求。新一代 RED5 边缘控制器内置经 ASHRAE 认证的专家级节能控制程序，更好地应用于暖通空调控制系统，其强大的兼容性可将传统楼宇系统与智能照明、门禁、遮阳等多种第三方设备进行集成联动实现智能管控，降低建筑机电运行及人力成本，同时提高建筑内人员的舒适感、工作效率以及整个建筑的安全度。

9 双碳智慧园区管理平台——实施指南

9.1 一般规定

9.1.1 双碳智慧园区管理平台应包括平台技术架构、功能要求、平台软硬件配置、数据接口协议要求等内容，集成系统的接口和协议应满足开放性和标准化要求。

9.1.2 系统应结合园区硬件环境、网络架构、数据交换方式等，根据园区实际需求和条件选择部署方式，宜采用C/S或B/S结构，可采用分布式、混合、云边混合等部署方式，并可根据园区运行情况进行云服务资源扩展。

9.1.3 宜建立基于BIM、GIS等技术的数字孪生可视化管理平台，实现能碳统一管理。

【指南】管理平台通过管理对象的全连接、数据的全融合，可实现园区可视、可管、可控，打造安全舒适高效低成本的园区运营环境。平台应根据园区的建设目标、功能类别、运营及管理要求等，确定所需构建的集成管理平台，实现对智慧化子系统全生命期的集中监控、联动和管理；平台功能应强调能效管理、碳排放管理、微电网管理等双碳、节能相关目标的实现。平台架构关系图如图9.1.1所示。

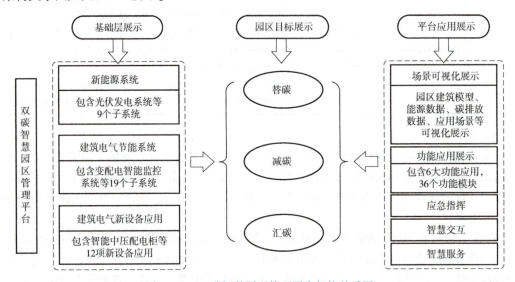

图 9.1.1 双碳智慧园区管理平台架构关系图

平台架构应结合园区特点，实现柔性扩展规模等要求，并通过各子系统提供的开放、标准的接口和协议，实现对园区子系统、设备信息的监测、查询和控制。

通过设计全景协同的园区管理平台，应用物联网技术，通过智慧感知网关连接智能感知设备、自动化控制设备，实现对项目内的智能化设施状态、环境参数、能源等信息的智能感知、采集、传输和控制，并按照接口标准，提供易于识别、跟踪、管理和控制的外部接口。平台通过物联网技术，将原本孤立的光伏储能、冷热源、排送风、给水排水、供配电等设备或子系统统一接入、汇聚、建模，形成综合分析展示、集成联动和统一服务的能力；同时在基础平台上为园区运营管理构建重要的智慧应用系统；平台建立项目地理信息模型，将设备数据信息基于集中控制平台，结合 3D 建模和 BIM 等系统进行界面展示，使得管理更直观、更高效，达到身临其境的效果；系统采用统一的数据服务总线与集中控制平台，对项目感知系统和运行资源进行一体化的管理，实现集中的管理和控制，实现指挥控制中心系统和运营监控中心系统。

9.2 平台技术架构

管理平台宜根据需要集成 IoT、视频、智能分析、BIM、GIS 和定位等技术，设置园区应用场景可视化平台。融合能效管理、园区设施管理、碳管理、能源运营、综合管理及智能运营等模块，实现计算能力、数据存储、交换能力、安全管理、绿色管理的集约建设。管理平台可分为展示应用层、数字平台层、网络传输层、基础设施层等。

9.2.1 展示应用层为园区执行层面的管理人员，提供集中的安防、资产和设施管理等服务；为访客和员工提供安全、舒适的环境和便捷智能化的服务；为决策者提供园区总体的数字化运营分析和态势感知服务。

9.2.2 数字平台层应满足下列要求：

1. 园区数字平台建设宜包括基础设施即服务（IaaS）、平台即服务（PaaS）、园区核心服务。

2. IaaS 提供数字平台及应用部署所需的计算、存储、网络等基础资源。

3. PaaS 宜预集成 IoT、大数据、人工智能、GIS、BIM，在 PaaS 基础上，进行多业务数据融合，实现统一的管理和运营，以服务形式开放数字平台接口，加速上层业务的智慧应用和信息技术的应用创新。

4. 园区核心服务宜对南向 IT 设备、OT 设备或子系统进行预集成，支持项目快速接入园区系统和设备。

9.2.3 网络传输层应满足下列要求：

1. 网络结构应具备一定的冗余性，选用主要网络设备时应考虑业务处理能力的高峰数据流量，使冗余空间满足业务高峰期需要；宜绘制与当前运行情况相符的网络拓扑结构图。

2. 网络带宽应保证接入网络和核心网络满足业务高峰期需要；应按照业务系统服务的重要次序定义带宽分配的优先级，在网络拥堵时优先保障重要主机。

3. 应合理规划路由，建立业务终端与业务服务器之间安全路径；关键网络位置应采用安全防护设备对网络进行安全防护和加固。

4. 保存有重要业务系统及数据的重要网段不能直接与外部系统连接，应和其他网段隔离，单独划分信任区域。

5. 应根据各部门的工作职能、重要性和所涉及信息的重要程度等因素，划分不同的网段或 VLAN。

9.2.4 基础设施层宜包含业务终端或子系统以及对业务终端或子系统进行采集、控制的终端设备。感知的子系统或终端设备宜包括园区内的新能源系统、建筑电气节能系统、建筑电气新设备应用系统和采集及控制末端设备（如采集器、传感器、网关、现场控制器及边缘计算节点等）。基础设施层子系统设置见表 9.2.1。

表 9.2.1 基础设施层子系统明细表

序号	名称	内容	备注
1	新能源系统	1.1 光伏发电系统 1.2 建筑太阳能光伏光热系统（PV/T） 1.3 分散式小型风力发电系统 1.4 电动汽车充换电设施系统 1.5 储能系统 1.6 新能源微网管理系统 1.7 建筑直流配电系统 1.8 建筑柔性用电管理系统 1.9 热泵系统	
2	建筑电气节能系统	2.1 变配电智能监控系统 2.2 建筑能效管理系统 2.3 建筑设备监控系统 2.4 一体化智能配电与控制系统 2.5 智慧预约用电管理系统 2.6 智能照明控制系统 2.7 智慧照明新技术系统 2.8 室外一体化照明系统 2.9 智慧电缆安全预警系统 2.10 智慧充电桩集群调控管理系统 2.11 无源光局域网系统 2.12 以太光局域网系统 2.13 智慧电池安全预警系统 2.14 智慧办公系统 2.15 室内环境低碳节能控制系统 2.16 智慧室内导航系统 2.17 可控磁光电融合安全云存储系统 2.18 低碳智慧景观座椅管理系统 2.19 智慧遮阳系统	
3	建筑电气新设备应用	3.1 智能中压配电柜 3.2 智慧低碳节能变压器 3.3 有载调容调压配电变压器 3.4 智能低压配电装置 3.5 低碳节能大功率高频 UPS 系统 3.6 集装箱式柴油发电机组 3.7 电能路由器 3.8 变频控制设备 3.9 低碳节能照明产品 3.10 智慧双电源切换设备 3.11 智能母线槽 3.12 IoT 物联网边缘控制器	

9.2.5 平台技术架构框图

平台技术架构框图如图 9.2.1 所示。

9 双碳智慧园区管理平台——实施指南

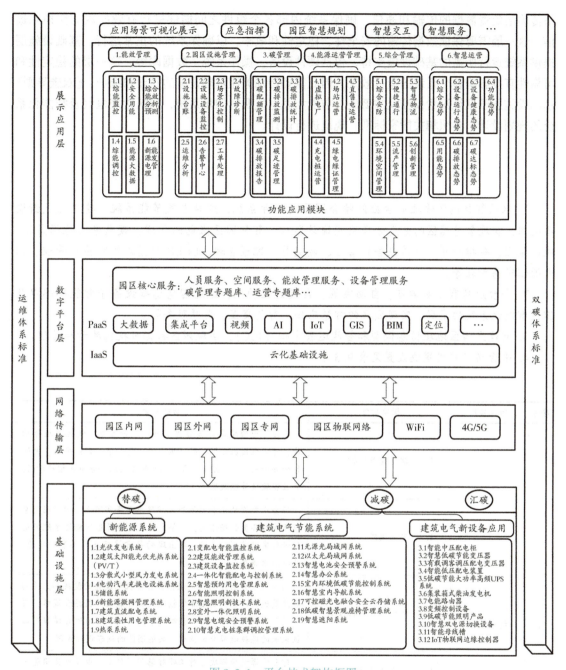

图9.2.1 平台技术架构框图

【指南】

在技术架构上，管理平台分为展示应用层、数字平台层、网络传输层、基础设施层，这样划分有助于提高系统的可维护性、可扩展性和性能优化，使系统更加稳定、高效地运行。展示应用层是用户直接接触和使用的界面，负责展示数据、提供操作功能，是用户与系统互动的主要入口，这一层的设计需要考虑用户实用性、易用性和美观性，以便用户能够方便地使用系统功能。数字平台层是整个系统的核心，负责数据的处理、分析和存储，提供各种数据处理算法和业务逻辑。在这一层，数据被处理和转化为有意义的信息，为系统的各项功能提供支持。网

223

络传输层负责数据的传输和通信，确保系统内部各个组件之间能够进行有效的数据交换和通信。这一层需要保证数据传输的安全性、稳定性和效率，以确保系统的正常运行。基础设施层提供系统运行所需的基础设施支持，包括硬件设备、操作系统、数据库等。这一层的稳定性和可靠性直接影响整个系统的运行效果，因此需要特别关注基础设施的建设和维护。《双碳导则》基础设施层子系统设置仅涉及与低碳、节能相关电气及智能化系统，园区常规电气及智能化系统的规划设计，参照相关国家标准、规范进行设计。

9.3 功能要求

1. 双碳智慧园区管理平台应能结合园区新能源系统、建筑电气节能系统、建筑电气新设备运用，实现智慧园区的分类分项用能统计监控、智慧园区微电网管理、碳盘查（能源监测、能源量化、碳排折算、碳排报告）管理、碳交易（配额管理、CCER自愿减排交易）管理、绿电绿证交易管理等。

2. 平台应具有自主学习、自动决策、自我进化功能，通过智慧感知设备等智能终端以及园区智能化系统的集成，实现园区的智慧感知、智慧交互、智慧服务等。

3. 宜建立园区地理信息模型和智能运营中心（IOC），实现园区数据可视化展示和管理。

4. 平台功能应用模块设置见表9.3.1。

表 9.3.1　双碳智慧园区管理平台应用模块功能明细表

序号	功能模块	模块功能	功能简述
1	能效管理	1.1 综合能源监控	能源管理模块应具备数据采集、运行监控、能耗管理等功能，可实现园区能耗数据（水、电、气、冷、热）采集，并进行分部分项计量、KPI计算、能源数据的综合分析和智能诊断，并且能验证节能效果
		1.2 安全用能	安全用能模块应能够依据末端传感设备实时上传的数据信息以及集成各类数据信息，对整个园区设施设备和能源系统的运行进行实时监测、监控；对出现的异常情况及时预警和报警，及时消除隐患
		1.3 综合能效分析预测	综合能效分析预测模块应根据各类机电设备的能耗和产生的冷热量进行计量，确定降低能耗或提升能效的措施和策略，实现设备的双碳管理、分析预测、节能增效。可通过自学习对园区未来的能耗趋势做出预测，实现园区的双碳调控管理
		1.4 综合能源调控	综合能源调控模块可对双碳智慧园区的水、电等整体用能进行管理，为能耗管理和能效分析提供依据
		1.5 能源大数据	管理平台应能够实现对园区内各用能系统的能效数据、关键设备、人员操作、环境参量等能源相关数据的采集、存储，形成园区能源大数据中心，为园区综合能源能效管理提供数字化服务和分析依据
		1.6 新能源发电管理	新能源发电管理模块可将园区光伏发电系统、分散式小型风力发电系统等新能源发电系统统一纳入园区管理平台，提高新能源的消纳率

(续)

序号	功能模块	模块功能	功能简述
2	园区设施管理	2.1 设施台账	设施台账信息应能显示园区建筑及设备设施台账信息，应能生成唯一的设备二维码标识，并完成园区内所有设施设备的建档和展示
		2.2 设施设备监控	设施设备管理监控模块应对园区内设施设备运行状态进行监控，对设备运行时间进行统计，制定设备运行计划、维护维修计划、备品备件计划等
		2.3 场景化控制	管理平台应包含不限于控制场景、用能场景、时间场景、事件场景下的场景化控制
		2.4 故障诊断	综合故障诊断模块应包括专业预警信息、综合预测分析、预警信息发布、预警分级指标管理、模型管理等功能
		2.5 运维分析	运维分析管理应能实现运维管理中所有设施设备管理数据的统计计算，宜对设施、设备、供应商等建立基于标准的数据管理
		2.6 告警中心	告警中心模块应实现对多来源告警的统一呈现，对告警进行相关对象、时间、处理过程、处理历史、级别、分类的统一展示和过程跟踪
		2.7 工单处理	利用人工智能、物联网和大数据，将设施设备的台账信息和运行监测数据与工单联动管理，生成工单自动化辅助处理，可部分实现园区设施运维流程的自动闭环管理
3	碳管理	3.1 碳配额管理	在计算碳配额时，建筑因电力消耗造成碳排放时，应采用由国家发展和改革委员会公布的区域电网平均碳排放因子
		3.2 碳排放监测	碳排放监测管理应能对园区建设期间有关的建材生产及运输、建造及拆除，运行阶段的温室气体排放量进行监测和统计，并对园区运行阶段的碳排放量实时监测
		3.3 碳排放统计	碳排放统计应包括园区建造和运行阶段的碳排放统计与分析
		3.4 碳排放报告	碳排放报告管理应设置分类、分级用能自动计量、统计、分析功能，且设置碳排放报告流程管理，实现对双碳园区建筑碳排放统筹报告功能
		3.5 碳足迹管理	产品碳足迹管理模块，通过对园区内参与产品碳足迹认证的设备材料的碳排放数据进行监测、统计及可视化展示，制定合理的减排方案，优化减排决策
4	能源运营管理	4.1 虚拟电厂	园区虚拟电厂宜实现DG（分布式电源）、储能系统、可控负荷、电动汽车等DER（分布式能源）的聚合和协调优化
		4.2 场站运营管理	场站运营管理应能实现用电侧和发电侧的电力负荷对接，可实现可调负荷、分布式电源和储能设备的资源集成，实现供给和需求的信息整合及优化
		4.3 直售电运营	直售电运营管理应能实现对园区直售电业务的全过程管理，改善电力供应结构，提高电力供应效率
		4.4 充电桩运营	充电桩运营管理模块应能实现充电桩终端数据的网络发送、云端预处理、数据存储以及APP实时查询分析等功能

(续)

序号	功能模块	模块功能	功能简述
4	能源运营管理	4.5 绿电绿证交易管理	园区可通过绿电绿证管理模块对接光伏、风电等发电企业，购买绿色电能，可登录绿证交易平台完成绿证交易，实现园区的减排目标
5	综合管理	5.1 综合安防	综合安防管理模块应能实现对园区内人、车、物的实时状况管理，并实现多系统信息联动，形成综合的立体公共安全防范体系
		5.2 便捷通行	便捷通行管理模块宜采用人工智能、大数据、GIS等技术，实现人车通行、访客管理、智慧考勤、停车引导、便捷支付等功能
		5.3 智慧物流	智慧物流模块应能实现园区内设备和物品在监控范围内的顺畅流通
		5.4 环境空间管理	环境空间管理模块应能实现对二氧化碳、温度、湿度、VOC（挥发性有机化合物）、颗粒物（PM2.5/PM10）等环境空间数据的集成，实现对空间数据的挖掘、收集与分析
		5.5 资产管理	资产管理模块可采用RFID（射频识别）、传感器、GPRS（通用分组无线业务）等各种物联网技术，实现园区的资产管理、维修维护管理、数据对接及数据导入、备份等功能
		5.6 5G创新管理	5G创新管理模块可通过园区5G网络，实现园区5G场景的应用
6	智慧运营管理	6.1 综合态势管理	综合态势管理宜包含：双碳数据运行态势、态势数据分级管理、态势数据汇集、上报与分发、态势分类绘与分层显示，统计分析结果分类显示等内容
		6.2 设备运行态势管理	设备运行态势管理宜包含：园区内建筑设施设备自动化综合管理，设施设备的运行状态实时监测，掌握设备的健康状况，制定合理的运维及备品备件供应计划
		6.3 设施健康态势管理	设施健康态势管理模块可对园区设施设备的运行数据进行分析，同时做出相应预测、诊断，并能以图表的形式在二维、三维平台上进行展示和管理
		6.4 供能态势管理	供能态势管理模块可对园区供热、供冷、供电、供气等供能系统的能耗数据进行监测、计量、统计和分析，使园区各类碳达标能耗指标符合国家标准
		6.5 用能态势管理	用能态势管理基于园区能源大数据，对园区用能情况进行分场景（区域）、分类计量、统计、监测和分析，对用能计量出的数据以文字、图表等形式在二维、三维平台中进行分类分项展示和管理
		6.6 碳排放态势管理	碳排放态势管理应对园区的各项碳排放指标进行实时监测，分类分区域统计、分析，同时能够以数据、图表等多种形式向园区内相关单位实时公布各区域的排放指标，展示态势分析结果
		6.7 碳达标态势管理	碳达标态势管理可通过对园区各项碳排放指标的监测数据分析，定期发布园区达标态势

【指南】

双碳智慧园区管理平台功能分为能效管理、园区设施管理、碳管理、能源运营管理、综合管理、智慧运营管理共 6 大应用，总计 36 个功能模块。这样的功能设计使得管理平台在园区能源智慧化管理和提高园区能源利用效率、碳排放监测管理水平等方面发挥了重要作用，为园区可持续发展和双碳目标的实现提供了有力支持。平台功能应用界面如图 9.3.1~图 9.3.6 所示，管理平台各功能模块功能描述见表 9.3.2。

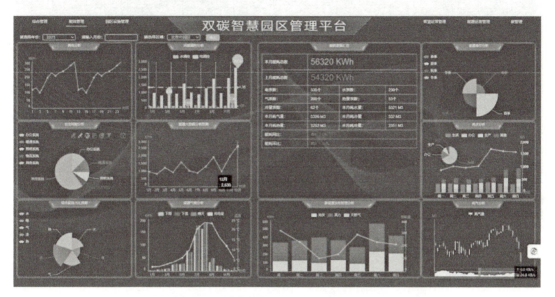

图 9.3.1 能效管理平台功能应用界面

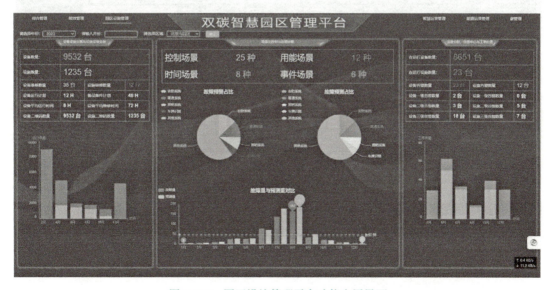

图 9.3.2 园区设施管理平台功能应用界面

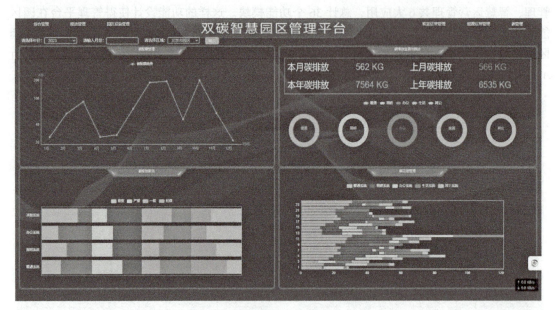

图 9.3.3　碳管理平台功能应用界面

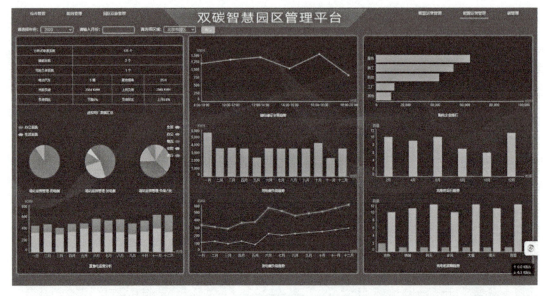

图 9.3.4　能源运营管理平台功能应用界面

9 双碳智慧园区管理平台——实施指南

图 9.3.5 综合管理平台功能应用界面

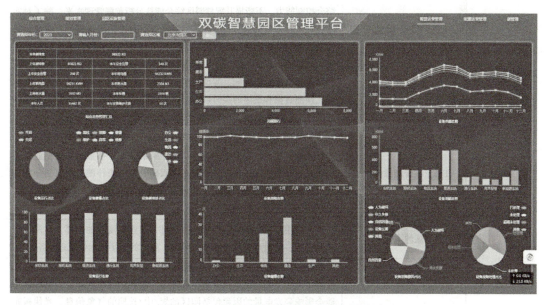

图 9.3.6 智慧运营管理平台功能应用界面

表 9.3.2 管理平台功能模块描述

功能模块	模块功能	功能描述
1. 能效管理	1.1 综合能源监控	在园区内新建分布式光伏发电系统、分布式风力发电系统、充电桩、储能系统、智慧路灯及直流微网系统，形成综合能源系统，为提高各系统能源利用率，优化能源管理结构，便于后期系统运维，搭建双碳智慧园区管理系统平台，设置能源管理模块，对园区光储充各个子系统进行监控和管理。能源管控模块具备数据采集、运行监控、能量管理等功能，实现发电、储能及负荷的控制，保持微电网系统的平衡、稳定，支撑系统的安全、稳定、优化运行。微电网系统以电网的电压、频率稳定

229

(续)

功能模块	模块功能	功能描述
1. 能效管理	1.1 综合能源监控	为基础，以微电网的长期运行为目标函数，结合负荷情况，充分利用各类分布式电源的特性，通过能量的优化调度，最大时间、最大程度地支撑负荷的正常稳定运行。管理平台通过全景信息的智能监控，形成数据链大数据，通过拟合人工智能，实现负荷、新能源发电、电动汽车用能、智慧储能调节、社会整体用能的预测和分析，调节整个用能体系的正常运行。微能源管理系统作为能源、信息交互的全景终端，可以协同多能、信息系统的智慧化交互
	1.2 安全用能	安全用能方面，用能单位需保证所有用能设备、装置、元器件和传输设备、线缆等电器产品满足国家和省有关规定，经国家"3C"认证和省建设工业产品登记备案。用能单位须按照有关规定为能源使用操作人员配备劳动防护用品和电工工具，并应配齐万用表、兆欧表、接地电阻测试仪、漏电保护器检测仪等
	1.3 综合能效分析预测	能耗分析预测管理通过对双碳智慧园区整体用能分配拓扑进行建模，按照不同维度对能耗和能效进行统计分析，找出导致能耗高或能效低的问题所在，将用能增效策略固化到系统中，通过建筑设备管理系统（BAS）等综合控制能力，不断提升智慧园区综合能耗分析预测管理水平。除了对实时数据进行采集调控，还可通过自我学习自我进化的机器学习算法，结合园区的用能习惯和用能特性，以及天气和日程，对园区未来的能耗趋势做出预测，以提前对用能设备进行调控，利用算法对能耗进行有效管理和控制优化能耗分配，实现园区的双碳调控管理。算法可通过不断地对比预测数据和最终的实时数据，调整影响因子的比重，不断提高预测的准确性，从而不断提高双碳调控管理的精确度和效率
	1.4 综合能源调控	首先确定用能中关键采集点的计量设备、定义和设置计量设备归集的统计指标，监控计量设备的运行状态，采集计量设备数据，根据业务需求通过平台算法工具建立一个或多个双碳分配的拓扑图，对双碳分配关键节点的计量设备进行配置，按照计量指标对计量设备进行归集调控，实现园区的双碳调控管理
	1.5 能源大数据	平台应用园区管理平台技术，通过对客户业务流程的支撑，以及可视化的管控，为用户提供低成本、可靠、高效的数字化能效管理服务
	1.6 新能源发电管理	因新能源发电特有的间歇性、随机性与波动性，大规模光伏发电接入会给电网的安全稳定运行带来一定冲击。要解决这个问题，需要结合可能会影响到发电量的因素包括园区的短/中/长期的气象信息，光伏板布置角度与发电量之间关系，太阳照射角度与发电量之间的关系，光伏板蒙尘率与发电量之间关系，电池组温度，四季变化等作为数据输入基础来构建深度学习计算模型，找出各个因素与实际发电量存在的关系并给出优化方案，进而使得出的预测值和理论值的差距越来越小，提高实时调节精度。最后再结合综能调控中的能耗预测，二者相互配合，提前调控，减小对电网的冲击，更好地实现双碳目标
2. 园区设施管理	2.1 设施台账	支持资产的建账、入库、领用、借用、报修、闲置、交接、划拨、调剂、报废、信息变更、运维以及采购申请、资产盘点、个人资产盘查等全流程管理，并能定制相关业务审批流程，可批量操作并同步记录各动态信息；支持资产总览和资产自定义分类功能；支持利用二维码、RFID标签、UWB标签等技术进行资产信息的查询、确认，可配置二维码识别

（续）

功能模块	模块功能	功能描述
2. 园区设施管理	2.1 设施台账	内容，可导出、打印资产二维码；支持查看各动态信息详情，可导出资产全生命周期记录；支持资产数据的多维度统计分析，包括但不限于数量、金额、时间周期、部门、人员以及资产全阶段数据统计，如总库存、申请量、审核量、发放量、剩余库存量间的数据联动等 支持设置预警值、到期归还时间等自动提醒推送、处理的能力；支持自定义资产信息可变更项，可配置资产信息显示/隐藏项，可自定义对资产信息进行监控配置，达到触发条件自动推送提醒消息；支持手机端使用
	2.2 设施设备监控	通过数据通信的方式，实时从建筑所有已经安装的基本应用系统中获得建筑设备的日常运行信息，并按照时间为统一参照进行存储和处理，并基于GIS地图进行展示；应该进行下列数据的采集：设备运行数据、视频信号、互动信息、手工填报和设施设备基本辅助的信息；模型中真实还原设备点位，直观展示空间布局状况；能够在模型中直观展示设备的运行状态，如运行、故障状态信息，可在模型中查看每个设备的设备信息、故障报警记录；支持平面图、结构图、设备数据表等多种形式来展示各类设备的参数数据；支持设置多种执行模式，按照不同的运营场景自动执行，无须人工介入；支持不同类型设备分组归纳，以主控台的方式集中控制，对各类参数进行统一设定，实现管理上的便捷
	2.3 场景化控制	建立常用空间场景的快捷入口，如服务台、大厅、电梯等重要地点，实时调用该模型场景；支持以空间为维度，对重点空间内资产及设备进行管理，统计查看资产情况，直观展示设备运行状态等，如机房、会议室等；支持根据后台系统提供的数据，直观展示每个房间当前的使用情况，如占用、空闲状态；可在模型中实时监测机房环境及动力设备监测，如UPS、空调、温湿度等环境信息
	2.4 故障诊断	利用传感器、监测设备和数据分析技术，实时监测园区设施的运行状态和性能参数。当系统检测到设备运行异常或故障时，自动诊断功能会立即发出警报并尝试识别故障类型和位置。通过实时收集的设备运行数据和性能指标，自动诊断功能可以进行数据分析和比对，识别设备的异常行为并与预设的故障模式进行对比，以快速准确地确定故障原因。一旦自动诊断功能检测到设备故障，系统会生成警报通知，通知相关人员或团队进行进一步的调查和处理。这有助于及时采取措施，避免故障对园区设施和运营造成严重影响。除了诊断故障类型，自动诊断功能还可以帮助定位故障位置，指导维护人员准确找到故障设备或部件，加快故障排除的速度，最大限度地减少设备停机时间
	2.5 运维分析	支持新增、保存草稿、编辑、删除运维计划；可对计划的基本对象：开始时间、计划周期、计划的内容、参与人员等进行配置；支持查看计划审核结果、计划进度、计划基本信息等；支持运维人员通过移动端接收、提交任务；维护过程支持采用图文、音视频等方式记录运维情况
	2.6 告警中心	支持按照告警内容的安全性、重要性和紧急程度设定告警的类型和等级；支持对单（一类）设备进行告警条件的批处理设置；支持将告警区分为故障告警、事件告警，涉及故障告警的可自动转入运维流程，实现故障的自动报修，推送给设备的责任人员，事件告警经过运营人员审核后，可根据需要人工发起维修工单；支持实时告警和历史告警功能，实

（续）

功能模块	模块功能	功能描述
2. 园区设施管理	2.6 告警中心	时告警阅读后，自动转入历史告警，历史告警中的告警内容恢复到实时告警中；支持配置告警内容的接收对象，接收对象可在组织中选择某个人、某个部门、多个人、多个部门；支持告警信息的递进通知，当消息的第一责任人在预设时间内未处理时，将告警信息自动推送至主管领导，逐级提交；支持将多个告警配置内容组成一个告警管理方案，并能形成告警模板供场景管理使用；支持设定告警推送信息模板的编制，支持选择推送终端的形式，如 PC 端、手机端、微信、邮件、短信、手机等
	2.7 工单处理	支持查看用户实时待办工单、已办工单、发起工单数量，点击可查看工单详情；支持一键发起、审核、处理运维工单；支持全局模糊搜索用户明细全部工单；支持工单池，运维团队可认领、抢单操作；支持根据设备责任归属自动向运维责任人员定向发送运维工单
3. 碳管理	3.1 碳配额管理	碳配额管理涉及园区获取、分配和管理碳排放配额的过程。碳配额通常是指园区在一定时期内被允许排放的碳量，园区需要根据政府或相关机构的要求获取足够的碳配额，以确保其碳排放在规定范围内
	3.2 碳排放监测	碳排放监测是指通过安装传感器、监测设备等技术手段实时监测园区的碳排放情况，包括各种活动产生的直接和间接碳排放。监测结果有助于评估园区的碳排放水平，识别排放热点和制定减排措施
	3.3 碳排放统计	碳排放统计是指对园区各项活动产生的碳排放量进行统计和汇总，包括园区的能源消耗、交通运输、废弃物处理等方面的碳排放。通过统计分析，可以了解园区的碳排放来源和量级，为制定减排策略提供数据支持
	3.4 碳排放报告	碳排放报告是对园区碳排放情况进行定期或不定期的报告和分析，通常包括碳排放量、排放来源、趋势分析、减排措施效果等内容。碳排放报告是园区向内部管理层、外部利益相关方和监管机构公布碳排放信息的重要途径
	3.5 碳足迹管理	碳足迹管理是指对园区在整个生命期内产生的温室气体排放进行全面评估和管理。通过跟踪和计算园区的碳足迹，可以识别碳排放的来源、量级和影响，为制定减排策略和改善环境绩效提供依据
4. 能源运营管理	4.1 虚拟电厂	虚拟电厂作为一个特殊电厂参与电力市场和电网运行的电源协调管理系统，它的核心可以总结为发电侧数据的"通信"和"聚合"。虚拟电厂的关键技术主要包括协调控制技术、智能计量技术以及信息通信技术。虚拟电厂最具吸引力的功能在于能够聚合 DER 参与电力市场和辅助服务市场运行，为配电网和输电网提供管理和辅助服务
	4.2 场站运营管理	虚拟电厂厂站运营产业包括上游集成资源、中游系统平台和下游电力需求方三个环节。上游集成资源是指可调负荷、分布式电源和储能设备。中游系统平台主要是指依靠互联网整合优化供给和需求的信息，增强虚拟电厂运营调控能力的资源聚合商。下游为电力需求方，由电网公司、售电公司和大用户构成。场站运营是通过中游系统平台将用电侧和发电侧直接相连，进行电力负荷对接，达到场站运行的高效运转
	4.3 直售电运营	直售电运营管理是指双碳智慧园区直接购买电力并进行管理的过程。这种模式下，园区可以选择直接与电力供应商协商购买电力，而不通过中间商或电力市场。直售电运营管理涉及的主要内容包括：

(续)

功能模块	模块功能	功能描述
4. 能源运营管理	4.3 直售电运营	(1) 电力采购策略：制定合理的电力采购计划，根据园区的用电需求和成本考虑因素选择最优的电力供应商和价格方案 (2) 电力质量管理：监控电力供应的质量，确保电力稳定供应，避免电力波动对园区设备和运行的影响 (3) 电力成本控制：优化电力成本结构，降低园区用电成本，通过合理的用电管理和谈判获得更有竞争力的电力价格 (4) 电力供应风险管理：评估电力供应的风险，制定风险管理策略，应对可能出现的电力供应中断或价格波动等情况
	4.4 充电桩运营	充电桩终端数据可通过网络发送，在云端进行预处理，数据存储以及查询分析；新能源充电运营商对时延敏感业务，进行实时数据分析，并根据需要利用BI工具进行可视化分析，生成业务报表。对于用户侧针对充电桩系统可从数据移动、数据存储、数据湖、大数据分析、日志分析、流式传输分析、商业智能和机器学习得到它们之间的交互信息，提供给用户进行管理和选择
	4.5 绿电绿证交易管理	绿电绿证交易管理是指园区购买绿色能源（如风能、太阳能等）并获得相应的绿证，以减少碳足迹和推动可再生能源发展的管理活动。这方面的管理涉及以下内容： (1) 绿色能源采购：选择购买符合环保标准的绿色能源，如太阳能、风能等，以减少园区的碳排放和环境影响 (2) 绿证获取与管理：获取绿证并管理绿证的使用，确保符合相关法规和标准，证明园区使用了绿色能源 (3) 碳排放减少效益评估：评估园区使用绿色能源和绿证交易的效益，包括减少的碳排放量、环保效益等方面 (4) 可再生能源政策遵从：遵守相关的可再生能源政策和法规，积极推动园区向低碳、可持续发展的方向发展
5. 综合管理	5.1 综合安防	综合安防是通过智能化技术结合物联网技术，实现园区高效化、智能化管理，提高对重大案（事）件和突发事件的快速反应和处置能力。进而有效提升公共安全工作管理水平，并逐步为管理部门决策分析、生产调度指挥提供便利；综合安防模块涵盖园区视频监控、消防、一卡通（门禁、考勤、巡更、访客、消费）、一脸通（门禁、考勤、巡更、访客）、入侵报警、安全检查、停车场等子系统功能，并实现多系统信息联动，形成综合的立体公共安全防范体系
	5.2 便捷通行	便捷通行管理是采用人工智能、大数据、GIS等技术，实现人车通行、访客管理、智慧考勤、停车引导、便捷支付等功能。平台可提供刷脸通行、车牌通行、访客线上自助预约、园区内设施和服务导航、智慧考勤服务
	5.3 智慧物流	智慧物流模块是运用AI、大数据、GIS等技术，提供刷脸通行、车牌通行、访客线上自助预约、园区内设施和服务导航、智慧考勤服务，应能实现园区内设备和物品在监控范围内的顺畅流通
	5.4 环境空间管理	环境空间管理是通过末端传感器的信息采集，实现对二氧化碳、温度、湿度、VOC（挥发性有机化合物）、颗粒物（PM2.5/PM10）等环境空间数据的集成，通过对空间数据的挖掘、收集与分析，对园区的使用环境管理效率提升、成本控制、流程优化起至关重要的作用，为园区的决策提供极具价值的参考依据

(续)

功能模块	模块功能	功能描述
5. 综合管理	5.5 资产管理	资产管理是将园区资产纳入统一管理，通过 RFID（射频识别）、传感器、GPRS（通用分组无线业务）等各种物联网技术，实现固定资产实物从购置、领用、转移、盘点、清理到报废等方面进行全方位准确监管，结合资产分类统计等报表真正实现"账、卡、物"相符。资产管理模块需要实现系统管理、资产管理、流程管理、入库出库管理、盘点管理、变更管理、维修维护管理、报表管理、预警管理、告警管理、日志管理等功能
	5.6 5G 创新管理	实现园区 5G 巡检机器人、园区 5G 巡检无人机、5G AR 智能安防眼镜（智能头盔）、5G 高处安防监控（3600）等 5G 相关前沿技术和场景的应用
6. 智慧运营管理	6.1 综合态势管理	对整个双碳智慧园区的运营情况进行全面监控和分析，包括能源消耗、设备运行、环境质量等多方面数据的综合管理。通过综合态势管理，可以实时监测园区运行状况，及时发现问题并进行调整，以实现园区运行的高效、智能化管理
	6.2 设备运行态势管理	对园区内各种设备的运行状态进行监控和管理，包括设备运行效率、故障预警、维护保养等方面。通过设备运行态势管理，可以提高设备利用率，减少能源浪费，延长设备寿命，保障园区正常运行
	6.3 设施健康态势管理	对园区内各类建筑设施的健康状况进行监测和管理，包括建筑结构、空气质量、水质等方面。通过设施健康态势管理，可以确保园区内建筑设施的安全性和舒适性，提升员工和访客的工作和生活品质
	6.4 供能态势管理	对园区能源供给和利用情况进行监控和优化管理，包括能源来源、能源利用效率、能源消耗等方面。通过供能态势管理，可以实现能源的合理利用，降低能源成本，推动园区能源结构的转型升级
	6.5 用能态势管理	对园区能源使用情况进行监测和管理，包括电力、水资源、热能等能源的使用情况和效率。通过用能态势管理，可以优化能源使用结构，减少能源浪费，提高能源利用效率，实现节能减排的目标
	6.6 碳排放态势管理	对园区碳排放情况进行监测和管理，包括园区各项活动产生的碳排放量和碳足迹。通过碳排放态势管理，可以制定减排措施，降低碳排放量，推动园区向低碳发展
	6.7 碳达标态势管理	园区为实现碳达标目标而进行的管理和控制措施，包括制定碳减排计划、监测碳排放情况、评估碳排放绩效等方面。通过碳达标态势管理，可以确保园区达到碳减排目标，履行环保责任，推动可持续发展

9.4 平台软硬件配置

9.4.1 平台应通过内部局域网与各个智能化子系统的管理主机进行信息通信。

9.4.2 管理平台涉及的数据计算服务器、管理服务器、WEB 服务器、图形工作站等配置应满足管理平台正常运行的配置需求，支持适配国产操作系统、支持适配国产数据库，配置杀毒软件、防火墙。

9.4.3 设备机房应配备不间断电源，控制中心宜配置大屏幕显示系统。

9.4.4 系统应具有公安部网络安全等级认证或同等级网络安全相关权威认证。

【指南】

平台软硬件常见配置见表9.4.1。

表9.4.1 双碳智慧园区管理平台软硬件常见配置

名称	技术参数
出口防火墙	1）实配：千兆电口≥12，千兆光口≥8，万兆光口≥4，SSL VPN 并发数实配100可扩展2000，IPSec VPN 隧道≥8000，虚拟防火墙数量≥200，配置1个电源，可扩展双电源 2）吞吐量≥12Gbps，最大并发连接数≥600万，每秒新建连接数≥20万，IPSec 吞吐量≥10Gbps 3）为了提高可靠性，支持风扇可插拔、支持前后风道
出口路由器	WAN 口：2×GE 电口+2×GE 光口 LAN 口：2×GE 光口+3×GE 电口
图形工作站	配置不低于 i7 16G 512G 1T RTX2070 8G 独显 27in 显示器
数据服务器	配置不低于 2×3206r 32g 3×600g r5
边缘计算网关	1）支持实时采集、处理本地设备的数据，具备数据整合、汇聚和上传功能，同时实时响应云端的请求，并对本地设备进行控制 2）支持同时向多平台推送数据，适配不同厂商的不同通信协议，将不同协议转换为标准协议与平台对接 3）可配置设备实时数据按照一定规则上传，以适应平台业务、降低平台数据处理压力、节省流量 4）具备离线缓存、断点续传、规则引擎、逻辑编排等功能 5）具有海量的成熟协议库，在各种现场完美适配既有设备，即连即通 6）支持就地/远方的维护、数据查看、诊断、参数上下载等功能 7）支持国产化操作系统部署，如银河麒麟、统信等系统
数据采集网关	1）产品符合《国家机关办公建筑和大型公共建筑能耗监测系统建设技术导则》《国家机关办公建筑和大型公共建筑能耗监测系统分项能耗数据传输技术导则》对数据采集器的要求 2）接口：配置独立采集接口（RS485），具有USB扩展接口；支持RS485/Modbus方式的用户数据接口 3）支持对不同厂家不同协议的电表、水表、燃气、冷（热）量表等计量装置的各项数据进行采集管理 数据采样周期：可以从1min以上任意时间灵活配置 4）存储周期：支持本地存储，可从5min以上任意时间灵活配置；数据存储量不少于4GB，支持1年以上的能耗数据存储 5）远传周期：根据采集周期实时远传，远传数据包进行AES加密处理 6）具备双网络接口（有线/无线）；支持数据服务器数量：至少2个 7）网络功能：接收命令、上报故障、数据加密、断点续传、DNS解析 8）功耗：≤10W

9.5 数据接口协议要求

9.5.1 集成系统对接数据接口协议应满足安全性、开放性、标准化和兼容性的要求，应支持设备接入、系统接入等多种数据接入方式。

9.5.2 应支持多源异构数据的接入能力，可实现园区各能源系统、设施系统之间的通信互联，实现各项业务的系统集成。

【指南】

园区管理平台集成系统对接数据接口协议见表9.5.1。

表 9.5.1 园区管理平台集成系统对接数据接口协议

序号	类别	集成子系统名称	接口类型（接口要求）
1	能源系统类	智能光伏发电子系统	OPC/ModBus/RS232/RS485
2		建筑光热发电子系统	OPC/ModBus/RS232/RS485
3		风力发电子系统	OPC/ModBus/RS232/RS485
4		电动汽车充电设施子系统	OPC/ModBus/RS232/RS485
5		储能子系统	OPC/ModBus/RS232/RS485
6		新能源（微网）管理子系统	OPC/ModBus/RS232/RS485
7		建筑直流配电子系统	OPC/ModBus/RS232/RS485
8		建筑柔性用电管理子系统	OPC/ModBus/RS232/RS485
9		地源热泵子系统	OPC/ModBus/RS232/RS485
10	建筑节能系统类	变配电智能监控子系统	OPC/BACnet/ModBus/RS232/RS485
11		建筑设备监控子系统（BAS）	OPC/BACnet/ModBus/RS232/RS485
12		建筑能耗管理子系统	OPC/BACnet/ModBus/RS232/RS485
13		一体化智能配电与控制子系统	OPC/BACnet/ModBus/RS232/RS485
14		智慧预约用电管理子系统	OPC/ModBus/RS232/RS485
15		高效空调机房智慧管理子系统	OPC/BACnet/ModBus/RS232/RS485
16		智能照明控制子系统	OPC/BACnet/ModBus/RS232/RS485
17		低碳节能大功率高频UPS子系统	OPC/ModBus/RS232/RS485
18		智慧电池安全预警子系统	OPC/ModBus/RS232/RS485
19		充电桩防火智慧预警子系统	OPC/ModBus/RS232/RS485
20		智慧充电桩集群调控管理子系统	OPC/ModBus/RS232/RS485
21		智慧电缆安全预警子系统	OPC/ModBus/RS232/RS485
22		室内环境监控子系统	OPC/ModBus/RS232/RS485
23		智慧室内导航子系统	OPC/SDK/Web Service/ODBC
24		智慧办公子系统	OPC/SDK/Web Service/ODBC
25		可控磁光电融合安全云存储子系统	OPC/ModBus/RS232/RS485
26		智能布线子系统	OPC/ModBus/SNMP/API
27		低碳智慧景观座椅管理子系统	OPC/ModBus/RS232/RS485
28		智慧遮阳子系统	OPC/ModBus/RS232/RS485
29		智能机器人子系统	OPC/SDK/Web Service/ODBC
30		室外一体化照明子系统	OPC/ModBus/RS232/RS485

(续)

序号	类别	集成子系统名称	接口类型（接口要求）
31	建筑新设备运用类	智能高压配电柜子系统	OPC/BACnet/ModBus/RS232/RS485
32		智慧变压器子系统	OPC/BACnet/ModBus/RS232/RS485
33		智能低压配电柜子系统	OPC/BACnet/ModBus/RS232/RS485
34		应急电源低碳节能设备	OPC/ModBus/RS232/RS485
35		变频控制设备	OPC/ModBus/RS232/RS485
36		节能低碳照明光源	OPC/ModBus/RS232/RS485
37		双电源切换设备	OPC/ModBus/RS232/RS485
38		智慧共享数字化插座	OPC/ModBus/RS232/RS485

【指南】

9.6 案例：零碳园区综合能源服务平台解决方案

1. 基本原则

（1）设计思路

零碳园区综合能源服务平台通过管理对象的全连接、数据的全融合，实现园区可视、可管、可控，打造安全舒适高效低成本的园区运营环境。通过物联网技术，将原本孤立的光伏储能、冷热源、排送风、给水排水、供配电等设备或子系统统一接入、汇聚、建模，形成综合分析展示、集成联动和统一服务的能力；同时在基础平台上为园区运营管理构建重要的智慧应用系统。

（2）设计原则

整体方案设计遵循如下原则：

1）模块化建设原则：对园区各业务进行抽象建模，业务数据与业务逻辑解耦，平台和应用解耦，实现模块化、积木化建设，可将平台和应用产品聚合。

2）服务化/组件化原则：以服务、数据为中心，构建园区数字平台的服务化、组件化架构，具备灵活、按需组合的能力。

3）统一性原则：采用一个园区数字平台构建一套综合管理运营系统，接入所有业务子系统，集成所有业务数据，提供统一的数据湖和业务服务，支撑所有综合业务应用。

4）标准化及兼容性原则：提供标准化的南向接入和集成接口，与各主要子系统的主流技术兼容；提供标准化北向服务接口，方便快速地构建综合应用系统。符合标准或兼容的新的接入子系统或应用系统应能够无缝对接已经部署的园区使能平台，提供更多业务功能。

5）可扩展性：构建云化架构，支持分布式部署，园区数字平台服务具备横向扩展能力，支撑高性能、高吞吐量、高并发、高可用业务场景，提供支持未来扩展的部署方式。

6）安全原则：构建物理安全、网络安全和应用系统 E2E 综合安全体系，确保园区方案中系统、网络和数据的机密性、完整性、可用性、可追溯性。

2. 综合能源服务平台

（1）方案架构

零碳园区综合能源服务平台可实现对于园区综合能源的实时在线计量、监测、控制和管理等功能，并具备数据分析、辅助决策、能源调度等高级功能，是园区提升能源管理水平的科学管理工具。

主要由四个部分组成：业务平台、基础平台、智能连接、智能交互，架构图如图 9.6.1 所示。

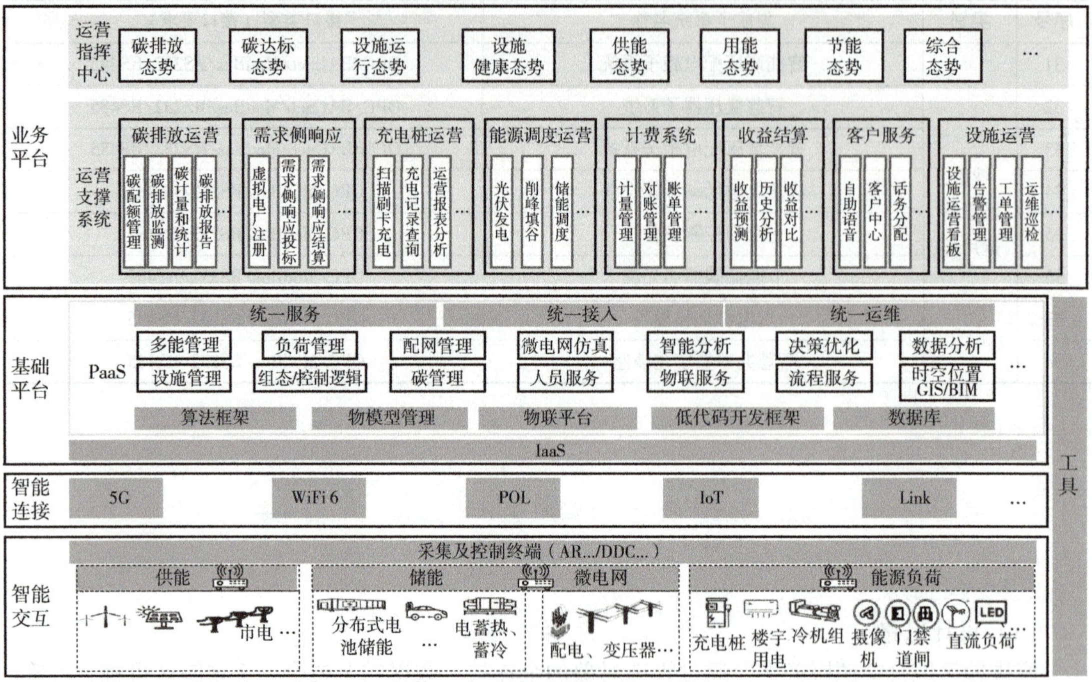

图 9.6.1 双碳智慧园区管理平台架构图

1) 业务平台：运营指挥中心、运营支撑类等业务应用，提供智慧双碳智慧园区一站式应用服务。

①面向客户、员工，提供便捷服务智能化的服务。

②面向园区执行层面的操作人员，提供集中的综合态势、供能态势、用能态势、节能态势、碳排放态势；操作简便的智慧应用：碳排放运营、需求侧响应运营、能源调度运营等。

③面向高级管理者/决策者，通过提供统一的 portal 和大屏，提供园区总体的数字化运营分析服务，业务的关键 KPI 进行量化呈现。

2) 基础平台：是智慧双碳智慧园区解决方案的核心，包括统一服务、统一接入、统一运维等核心服务，支撑低碳应用快速开发，降低应用开发成本。平台提供数据接入、数据分析存储、通用工具和业务逻辑服务，汇聚公共原子服务（碳管理服务、多能管理服务、负荷管理、配网管理、人员服务、组态服务、设施类服务、AI 服务等），支撑上层业务和水平业务扩展的目标。在对系统数据进行充分挖掘的基础上，提供了能耗统计分析、能耗分类分项、安全用能管理、用能定额管理、效益评估等用能分析工具。

3) 智能连接：支持园区专网包括园区办公网、视频专网、全 WiFi、电力 PLC 等，支持 Modbus、RS485 等电力设备对接协议，实现能源设备的即插即用。

4) 智能交互：支持源网荷储设备接入，如光伏、储能、供配电、充电桩、冷机、空调等设备；支持安防子系统，如视频系统、门禁系统、周界报警等，实现园区子系统的数据融合及协同高效运营；同时执行平台下发的控制指令，实现联动，实现园区各类终端统一运维和运营管理。

(2) 平台集成架构

双碳智慧园区管理平台集成架构图如图 9.6.2 所示。

9 双碳智慧园区管理平台——实施指南

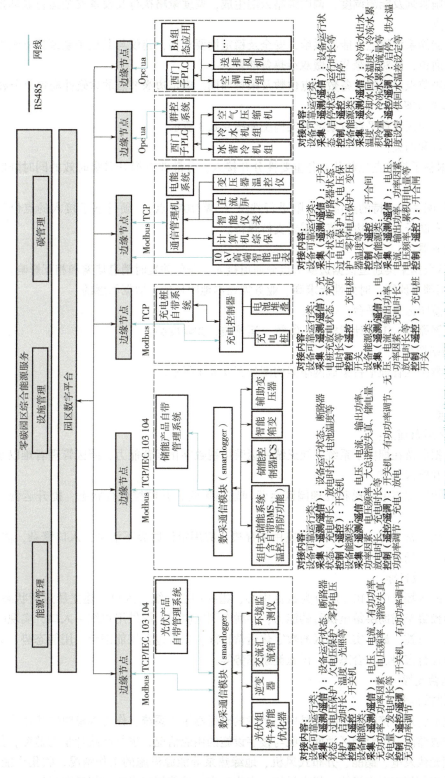

图 9.6.2 双碳智慧园区管理平台集成架构构图

子系统涉及的一、二次设备及应用，通过对接子系统数采设备采集数据及下发指令，实现云端统一设施管理及能源调度，调度策略云端生成，调度策略执行及设备安全运行联动控制逻辑在边缘节点。

光伏、储能系统属电力能源供给，安全及稳定性要求高，建议与其他子系统独立组网，独立数据采集通道，并对边缘节点做双活热备部署。

基于边缘节点对接的设备数、点位数及采集周期，确定边缘节点的软硬件配置及个数。

（3）部署方案

双碳智慧园区管理平台方案部署架构图如图9.6.3所示。

边缘节点和网关：

1）根据各子系统点位数及业务重要性分开接入，分散并发提升采集时效的同时降低单点接入故障。

2）软件网关按支持的点位数上限进行选型（5W/10W 点），硬件基于接入的点位数进行选择，对接光储子系统的边缘节点需要支持热备。

边缘服务器：

1）设备数据采集通道根据边缘节点分通道接入，避免并发时消息堵塞和相互影响。

2）应用部署原则：时效性要求高、业务需在本地闭环的、数据敏感的。

双碳智慧园区管理平台：

应用部署原则：①统计指标类，②统一运营类，③调度类。

（4）网络层架构

双碳智慧园区管理平台集成网络架构图如图9.6.4所示。

3. 业务平台

（1）IOC

1）园区运营痛点：

运营数据散落在烟囱子系统，缺乏统一运营可视数字化运营能力，园区管理者难以掌握园区全局状态和园区细节。

运营中难以在事中发现和处理园区运营问题与风险，并监控执行状态，提升运营质量与效率。

园区应用非常丰富，用户在烟囱应用中穿梭，应用定位边界不清晰，入口繁杂，体验差，缺少针对用户、场景的入口。

2）IOC建设目标：

在智慧园区场景中，IOC定位为数据中心、指挥中心、统一入口，建立从运营状态可视、业务分析和预警至辅助决策至执行的能力，并融合园区应用，提供用户统一入口，实现园区的可视、可管、可控，最终实现园区的数字化运营目标。主要包含供能态势、用能态势、碳排放态势、设施运行态势、综合态势、设施健康态势等。

（2）运营支撑

1）碳排放运营

①碳配额管理。接收并把碳交易中心下发的碳配额录入系统，作为碳履约的基础数据。

②碳排放监测。针对园区微网产能与楼宇设施的用能情况，进行在线计量与监测，如监测园区能源侧光伏发电、储能、分布式风机、地缘热泵等能源设施的工作情况，收集产能数据；监测园区负荷侧楼宇弱电设施、机电设施，交直流充电桩等用能设施的能耗数据等。

9 双碳智慧园区管理平台——实施指南

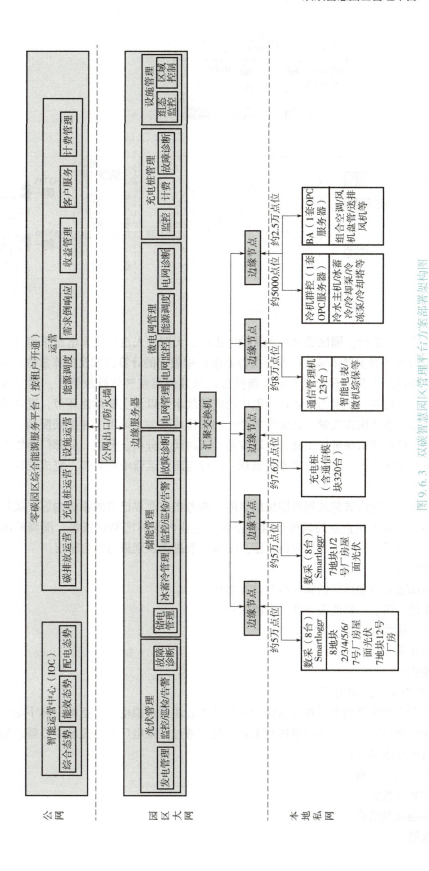

图9.6.3 双碳智慧园区管理平台方案部署架构图

241

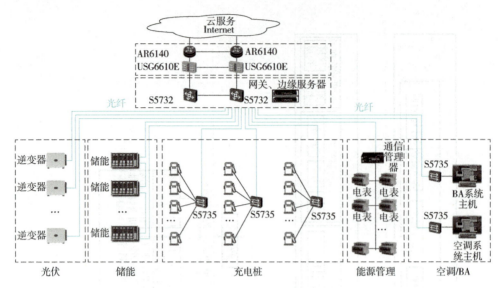

图 9.6.4　双碳智慧园区管理平台集成网络架构图

③碳排放计量与统计。园区通过在光伏发电出口、大网接入出口接入电量采集点，通过用电数据，采用国家《温室气体排放核算与报告要求》中规定的计算公式及折算参数计算光伏发电减少的碳排放量、正常化石能源发电的碳排放量及其他温室气体排放量等，建立碳排放监测、量化、核算的机制，了解当前运营过程中的碳排放水平以及主要耗能环节，进而通过节能减排措施降低园区整体碳排放量。光伏发电产生的碳排放减少，可用于冲抵碳配额，如果最终碳配额有剩余，可在碳市场进行交易，获取收益。以时间、分项、分类、分部门等维度，统计所有登记设备的用能情况，并以报表方式呈现，通过与园区运营中心对接，完成统计报表或图形展示。

④碳排放报告。围绕碳排放报告输出的目的、参考当前业界已有的报告内容，碳报告依据标准，提供园区以及入驻企业的碳排放盘查报告。企业内部的定制化报告，围绕外部标准要求，企业内部降碳减排目标，分析洞察、信息钻取、改进点识别进行报告输出。

主要内容包含：

较对外披露报告更加详尽的碳计量与核算数据。

与园区供能、用能、储能设备联动资源分析。

碳资产管理报告。

绩效管理成果。

碳数据预测。

2）需求侧响应（虚拟电厂）

虚拟电厂在本文中是指电厂在需求侧响应交易中心注册虚拟电厂，把电厂名下签订了直售电合同的企业可参与需求侧响应的量进行汇集，统一通过虚拟电厂参与交易中心需求侧响应需求的过程。目前要求如下：

①虚拟电厂用户注册。

②需求侧响应投标。

③需求侧响应及结算。

④交易规则：

交易中心提前 3 天发布响应量（通过微信小程序）。

各企业通过小程序填报自己可响应的量。

售电公司评估各企业的响应量（以不响应时前 5 天平均用电量为基线，上报每小时可响应量，不可超过基线，如果各个小时的基线不同，取最小的上报）。

虚拟电厂汇总所有可响应量，进行响应竞标（0~4500 元/MWh，响应量以小时响应量上报，需要全时段参与，目前交易中心以三个时段下发：上午，下午，晚上）。

交易中心根据报价确定中标结果并下发虚拟电厂。

虚拟电厂通知参与响应企业。

各企业根据中标结果进行响应。

交易中心采集计量点（每个企业）数据。

交易中心评估每个企业响应的结果，有计算公式。交易中心同时对虚拟电厂整体响应结果进行评估。

根据评估结果进行结算（结算的流程需要进一步澄清），交易中心在响应 8 天后下发结算结果（企业可少缴电费）。

3）充电桩运营

①运营功能：

扫码充电，支持通过特来电 APP 扫码启动充电。

充电记录统计，支持查看每笔充电订单记录明细。

运营报表分析，运营数据基础查看，提供运营相关的专业报表分析。

客户运营管理，支持管理个人客户的基本信息，提供充值支付功能。

调度充电，支持平台调度启动充电。

②智能运维：

运维管理，提供实时监控（充电桩系统的充电电压、充电容量），预警通知和运维工单功能，对充电桩系统的需求响应和充电时间统一管理。

运维报表分析，提供运维的专业报表分析。

4）能源调度运营。平台将基于天气和环境因素得出的可再生能源出力预测和园区负荷曲线进行日前匹配，制定能源系统的运行策略，调节分布式能源出力和储能系统的运行模式，减少对外部电网的依赖。

充分考虑园区能源供应体系中能源转换方式的可调性以及用户种类的多样性，建立综合能源调度运行管理系统。能源调度框架图如图 9.6.5 所示。

综合能源服务平台需综合考虑集中控制与分布式控制的各自优缺点。各分布式能源系统在调控目标下各种能源就地消纳，并定时向平台通报负荷情况和能源情况，平台负责运行状态监视和网络安全约束校验，实现园区能量平衡，必要时在统一调度下进行能量或负荷的转移，协同优化不同用户用能行为、能源供给和消费的预测、调控决策和执行指令等信息的跨地区共享和跨能量的智能调度。

①协同主体：提供控制目标，以保证响应能源子系统协调控制策略的最优性。依据能源需求，以最大限度利用可再生能源为首要目标对本地分布式能源系统进行调度优化，保持园区内功率平衡，实现与配电网/供热网络的能源共享与信息交互，支撑配电网/供热网络的安全、稳定运行。

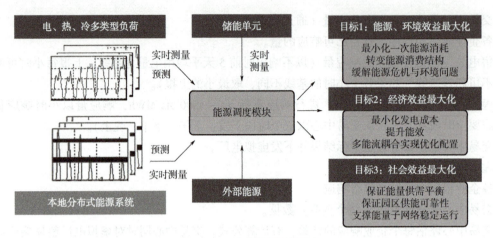

图 9.6.5　能源调度框架图

②分布式能源系统：对应于分布式光伏、地源侧等发电供热设备，实时监测发电/供热状态；响应协同主体的控制信号，计算各供能装置发电/供热余量；根据协调控制指令，与其他本地分布式能源系统协同合作，调整供能装置发电/供热状态，以满足配电网/供热网络或用户侧的能量需求。

③多类型负荷：对应于用户侧中电、热、冷等负荷，实时监测负荷运行状态，将用户侧能量需求及可参与负荷响应的需求部分上报；并根据协同主体的控制指令实施需求侧管理。

④储能单元：对应于能量存储侧储能设备、蓄热蓄冷设备，监测能量存储设备的储能状态；根据协同主体的控制指令，平抑系统内短期负荷波动。

⑤外部供能网络：对应于外部供电网络，与园区综合能源系统进行能源需求信息交互。

5）客户服务

客户是企业的资源，是根基，是命脉，为了在市场上取得成功，企业不仅要吸引客户，还要确保为他们解答所有疑问，并满足他们的所有要求，只有这样，企业才能获得良好的口碑和忠实的客户群体。作为电力运营商，不仅需要为客户提供优质的电力服务，还必须为客户建立统一的客户服务渠道（客户热线），通过渠道为客户提供故障报修、办理业务、电费查询、自助交费、停电信息查询等业务。

①基础服务：

语音座席：需要语音座席，用于处理售后服务问题/电话销售等操作。

自动服务：最终客户电话接入首先接入 IVR 自动语音导航流程，需要提供可定制的 IVR 服务能力。

②增值服务：

A. 智能语音导航：语音导航可以实现用户分流引导，最常见的是 IVR 语音导航，也是客服系统最典型的功能，客户可以根据其提示获得相应服务，这一功能合理应用可以为客户接待奠定良好基础。

B. 话务分配：话务分配包括排队和呼叫分配两个模块，排队模块可以实现留言排队以及重要客户优先排队等，呼叫分配模块可以根据客户地区、呼入时间、座席忙线状态等要求将来电均匀分配给座席，保证客户能得到合适的服务，有利于客服工作效率最大化。

C. CRM 和工单管理：客服系统需要和 CRM 系统对接，对客户资料进行分类有效管理，座席接听来电时，计算机屏幕上自动弹出客户的基本资料，显示该客户所有已发生的服务记录，同时也可以及时更新资料，通过与工单系统的组合，能及时识别来电客户的名称、地域、联系方式以及历史记录等信息，若是新客户可以创建工单并跟踪，随时记录和提醒，将客户资源优化整合。

4. 基础平台

（1）概述

1）支持多园区统一接入、统一运营、统一管理，园区扩展平滑、快捷交付、降本增效。

2）支持实现CCHP、清洁能源、风能等多种能源互动；有序用能、有序充放电，真正做到源网荷储智能调度。

3）打通信息孤岛，业务全融合，数据全融合；统一数据出口，数据调用化繁为简，应用开发更敏捷。

4）支持从现有发电、售电企业，向碳运营、能源运营和设备设施运营的综合运营商转型。

（2）统一事件

在园区的综合能源管理中，园区的运营人员需要处理来自园区内不同设备和系统的业务告警信息，包括设备故障/异常告警，数据异常告警，环境异常告警。这些业务事件来源于不同的系统，呈现方式不同，通知方式不同，派发处理流程不同，对园区的业务的运营和运维带了不便。同时一些大型园区由于地域的分散导致运营团队和流程分离，人员和组织无法高效复用，影响整体的运营效率。通过建设综合能源事件管理中心，实现园区综合能源告警的集中呈现和集中处理，提升效率。

综合能源事件管理中心支持：

1）告警事件定义：支持基于业务管理要求，自定义园区内各种业务告警的分类和规格，支持将各类告警业务信息以业务属性的方式添加到事件规格中，实现对园区业务事件的灵活管理。

2）综合能源告警接入：实现园区内光伏、储能、变配电、电力计量、环境管理等设备和子系统的业务告警和业务事件的统一接入，实现告警管理的集中呈现。

3）子园区告警接入：在多园区分级管理的场景中，实现各子园区的业务告警汇集到集中的能源事件管理中心进行管理。

4）告警的集中呈现：支持通过事件列表集中呈现系统中的所有业务告警，支持通过事件地图的方式在地图上呈现告警的发生位置。

5）告警查询：支持按照事件类型、事件级别、事件时间等条件，查询系统中的各种业务告警。

6）告警详情：支持事件详细信息的展示，包括事件的基本信息：事件名称，事件分类，事件级别，发生时间，当前状态等信息。事件属性：基于各种业务规则，定义的场景化的业务属性，如干接点温度告警时的温度，储能电池容易异常时的电池容量。变更日志：事件基本信息，事件属性，事件状态等信息的变更。事件备注：结合事件管理要求，追加到事件上的附加信息，以便进行告警事件的时候回溯。

7）告警处置：提供自动化和交互式两种事件处理机制，自动化事件处理支持在事件发生时自动触发系统的任务进行告警处理。交互式事件处理支持通过人工方式补充事件处理的相关信息后再触发形影的后台任务进行告警处理。

8) 告警分析：通过后台的数据分析，进行系统事件的深入分析，如各分类，各级别，各个状态的事件数量，事件平均响应时长和平均处理时长，超长时间未响应的事件清单。通过事件分析为持续提升事件处理效率，优化事件处理流程，提供有效的数据支撑。

(3) 统一作业

企业日常生产过程，会围绕企业的安全生产流程和安全生产规范，建立对应的生产巡检和设备巡检流程，并围绕对应的流程制定相应人力和技术支撑。传统的巡检作业服务以人工作业为主，在巡检过程中人为记录作业结果和设备数据，巡检结束后手工合并巡检结果。漏检和误检时有发生，巡检结果缺少实时的分析和洞察。统一作业管理融合人工巡检，改变了以往以技术和人员来拆分作业任务的实现方式，它以作业场景和作业对象为目标来定义端到端的作业流程，在统一的视图中展示同一场景或作业对象各类的作业操作，并通过统一的模式驱动后台的 IT 系统和生产系统执行相关的作业操作。

统一作业管理支持：

1) 作业计划管理：作业计划是一次作业任务的管理单元，作业计划管理支持按照场景和作业对象，定义多个作业任务项。

2) 作业对象管理：作业对象是单次作业的管理单元，可以是园区能源管理中的一组设备，如逆变器设备，光伏设备，也可以是园区能源管理的一个场景，如配电房巡检场景，箱变巡检场景。

3) 作业任务项管理：作业任务项是单次作业的最小单位，系统支持通过任务框架的方式，定义不同类型的作业任务，作业任务包括人工执行的作业任务，系统自动调度的作业任务。

①人工执行的作业任务，通过人工录入作业检查结果，或者手工选择备选结果，实现作业结果的录入。典型的人工作业任务是未完成 IT 化和数字化改造的传统巡检任务，如设备是否有声音异常，设备是否正常接地。

②系统自动调度的作业任务，通过调用预定义的系统后台交互任务，自动获取作业结果。典型的自动化作业任务包括驱动系统远程采集设备读数，驱动视频系统远程截取图像，驱动巡检机器人系统执行具体任务。

4) 作业调度管理：作业调度是按照时间计划，根据作业计划自动创建作业任务的过程，系统支持按具体时间、按天、按周、按月创建例行的作业任务，也支持通过手工方式创建临时作业任务。

5) 作业任务执行：系统支持通过 APP 和网页应用的方式登录系统，查看作业任务的执行情况，提交作业任务的执行结果。

6) 外部系统驱动：系统支持通过第三方系统，读取作业任务实例，读取作业任务的进展，更新作业任务的执行结果。

7) 作业执行分析：支持通过作业数据的处理，分析作业任务执行的成功率，作业任务的时间消耗和人力资源消耗，自动化巡检任务的覆盖率。通过数据向业务管理人员提供。

(4) 系统组态

组态是一种通过直观的展示设备和系统运行状态的方案，组态可以将系统的运行状态、业务告警、各系统的系统运行状况直观地展示在一张视图上。运维人员可以根据业务需求自定义组态页面呈现的内容，实现对在网设备设施，业务系统，端到端流程的展现，实现数据可视和业务可视。

系统组态支持：

1) 绘制组态图：系统内置园区能源管理业务相关的各类图元，通过图元表示各类设备，如光伏板、逆变器、配电箱、电表等。系统支持通过图元拼装各类业务的流程图，如系统的构成图、集成连线图、业务流程图、系统交互图。

2) 组态数据实例：系统支持将组态图上需要呈现的关键信息绑定到外部变量，包括系统的模型变量、第三方 API 的返回数据等。系统支持通过函数运算、数据映射等方式对外部数据进行处理，并生成待展示的业务数据。

3) 设置展示图标：可以从图片库或者上传图片的方式更改组组态展示的图标信息。

4) 图元动态设置：系统支持通过绑定不同的组态数据，动态更新图元的样式，如图元是否显示、图元的字体颜色、图元的背景色等。通过更改图元的样式信息，系统通过多种方式在 UI 上展示系统中的关键处。

5) 设备状态监控：在组态图上显示设备的基本信息，查看设备各属性的实时数据和历史数据，查看设备的异常数据指标，查看设备相关的告警数据。

6) 发送控制指令：系统支持添加设备可执行指令到组态图，支持通过组态图发送设备控制指令，实现设备的远程控制。

7) 查询控制记录：查询系统下发的所有控制指令，以便进行系统回溯。

8) 一键启停操作：在系统的联控中，需要通过一个指令进行整体设备的启停操作，通过组态控制指令的建模，可以实现系统按照设定的流程依次调用不同系统的控制指令。

（5）数据分析

通过对不同时间、不同设备的业务数据进行比对，运维人员可以更加直观地了解系统的运行状态，识别系统潜在问题，为系统运行状态监控，系统故障处理，问题定位定界提供更丰富的数据支撑手段。

业务数据分析支持：

1) 设备属性趋势：系统通过配置支持指定设备的指定属性的趋势数据展示。数据支持在时间维度通过不同的时间粒度进行缩放，从而实现在更长的时间维度展示业务属性的全局趋势，在更小的时间维度展示业务属性的细微变化。

2) 趋势数据对比：系统支持两个或多个同类型的设备属性的对比展示，通过在统一图表中展示多个属性数据的结果，运维人员可以快速识别和判断数据的相关性，以支撑业务分析和业务决策。

3) 数据分析模板：业务数据分析需要指定：待分析的设备实例，待分析的设备属性，待分析的事件段和时间粒度，为了简化数据分析过程，可以将常用的数据分析设置以数据分析模板的方式保存在系统中，运维人员可以通过选择数据分析模块，快速查看业务分析数据。

（6）设施管理

1) 设施监控

①系统监控。全局概览图以系统接线图的形式表现电网逻辑关系，实时动态显示各监测设备的运行状态和关键参数、开关状态、报警信息。

系统中实时显示配电接入侧的电力状态：电压、电流、功率、相位、频率、潮流、谐波等信息（以监测设备输出为准）。

实时显示系统中的回路节点电压、回路电流、开关及其状态，并反映潮流方向的系统逻辑关系图。

实时显示发电设备（光伏）、AC/DC、储能系统、测量单元、保护单元、负荷等设备的关键运行参数以及运行状态。对于开关变位（断开或闭合），以不同状态标识。

对于可遥控开关，在进行操作时，必须先进行反送校核，确认正确后，执行开闭的动作。

对于设备的实时运行参数超出设定值，以及设备故障时进行自动报警提示。

②供配电监控。实现对产业园 10kV 及以下低压配电、交直流系统的主要设备、重要参数及状态进行实时监控及报警管理，对事故、故障及时响应处理，并提供馈线自动化功能。采集电能质量监测终端数据，分析谐波、电压波动和闪变、三相不平衡、电压骤升和骤降，计算线损、网损，评估电能质量水平和电网运行特性，满足用户对于优质用电的需求。

③光伏系统监控。对太阳能光伏发电的实时运行信息、报警信息进行全面的监视，并对光伏发电进行多方面的统计和分析，实现对光伏发电的全方面掌控。光伏发电监控可以显示下列信息：

可查看每台光伏逆变器的运行参数，主要包括直流电压、直流电流、直流功率、交流电压、交流电流、逆变器机内温度、功率因数、当前发电功率、日发电量、累计发电量等。

监控每台逆变器的运行状态，提示设备出现故障告警，可查看故障原因及故障时间，监控的故障信息至少应包括以下内容：电网电压过高、电网电压过低、电网频率过高、电网频率过低、直流电压过高、直流电压过低、逆变器过载、逆变器过热、逆变器短路、逆变器孤岛、DSP 故障、通信失败。

可实时对并网点电能质量进行监测和分析。

最短每隔 5min 存储一次光伏重要运行数据。

故障数据需要实时存储。

④储能系统监控。对储能电池的实时运行信息、报警信息进行全面的监视，并对储能进行多方面的统计和分析，实现对储能的全方面掌控。储能监控可以显示下列信息：

可实时显示储能的当前可放电量、可充电量、最大放电功率、当前放电功率、可放电时间、今日总充电量、今日总放电量。

遥信：能遥信交直流双向变流器的运行状态、告警信息，其中保护信号包括低电压保护、过电压保护、缺相保护、低频率保护、过频率保护、过电流保护、器件异常保护、电池组异常工况保护、过温保护。

遥测：能遥测交直流双向变流器的电池电压、电池充放电电流、交流电压、输入输出功率等。

遥调：能对电池充放电时间、充放电电流、电池保护电压进行遥调，实现远端对交直流双向变流器相关参数的调节。

遥控：能对交直流双向变流器进行远端的遥控电池充电、遥控电池放电的功能。

⑤充电桩系统监控。充电桩实时运行数据和告警信息：对充电桩运行重要数据进行阈值设定，具备越限告警提示功能；能够对充电桩保护信息（过压、欠压、过负荷等）进行告警提示。可以对充电桩状态变位、输出电压、电流越限、充电桩过压、欠压、过负荷等事件按时间、类型等分类显示，并给出相应的告警信息、主动保护信息。

⑥电力质量监测。根据采集到的电力状态数据：电压、电流、功率、相位、频率等，根据电力标准要求对三相电压不平衡、三相电流不平衡、频率、潮流、谐波等电力质量进行评估，

不达标时进行告警。

⑦能效实时监控。能效实时监控,应考虑园区能源运营的几个关键要素:完整性;准确性;可视化和易用性;数据的分级实时性。因此,在能效实时监控功能范围内,有如下功能点:

能源设备可视,按设备类型在地图上分层可视。

能源数据可视,能源设备、能源计量、运行状态、参数等数据可视。

能源设备画像查看。

能源运行事件告警和处置。

⑧能耗运营统计与报表。用电量进行分时、分项、分部门、分户的统计和分析并输出报表,分项用电中各项占比及排名,分部门、分户的各部门用电占比及排名等,以分析能耗的优化重点和方向。

2) 负荷管理

①冷量需量预测。冷量需量预测功能根据天气、园区人数、室内温度、湿度、二氧化碳浓度、历史数据等因素,对一段时间内需要的冷量进行滚动预测。

②节能调控。根据冷量需量预测的结果结合过去最佳实践形成的规则配置,生成时间表等控制指令,并下发控制指令到冷机、空调末端等,对环境进行精细控制,减少能耗。

③调优算法调整。目前调优算法有多种,算法中输入参数与输出参数比较多,其中部分是可选参数,对于可选参数,可根据园区特征进行调整,系统根据调整后的参数进行数据采集和训练,生成算法模型。

5. 智能交互

1) 边缘网关。边缘网关以楼层或楼栋为单位管理所辖范围接入的设备,在小范围内业务闭环,提升系统可靠性,并完成实物模型转换,向上屏蔽各品牌端侧设备协议、接口差异性,实现应用与设备解耦。边缘网关基于 Docker 部署区域逻辑控制应用,通过加载控制逻辑工具编排的控制逻辑算法实现,具备群控能力。

2) 现场控制器层。采集对应的被控设备的参数;通过控制逻辑程序分析被控设备的参数,向被控设备发送调控指令;实现本地业务闭环控制;接受来自应用层的调控指令并按指令进行操作。

3) 传感器和执行器层。传感器主要是采集现场的参数,作输入参数,供现场控制器层分析,例如温度传感器、湿度传感器、CO_2 传感器、压差开关等。执行器主要是按照现场控制器层输出的信号控制和驱动机电设备执行到位。

6. 运营指挥中心建设

(1) 建设内容

双碳智慧园区运营指挥中心的建设,一方面便于对园区内智慧园区方案、综合能源调度方案等项目进行展示,另一方面展厅靠近出入口位置,便于人员参观。双碳智慧园区运营指挥中心主要承载整个园区内日常业务运营指挥调度、双碳智慧园区业务展示的功能,其中双碳智慧园区业务场景展示内容主要包括清洁能源替代(屋顶光伏发电、预制舱储能)、高效多能互补(冰蓄冷系统)、绿色交通出行(直流充电消纳太阳能发电)、绿色展厅(光伏发电供应展厅内直流空调、直流 LED 大屏、直流照明等)、综合能效服务(园区能效管理、楼宇级能效管理)、综合能源运营(充电桩运营、需求侧响应、碳排放管理)等,建设面积约 $200m^2$。

(2) 整体方案设计

双碳智慧园区运营指挥中心包含双碳智慧园区介绍区、智慧园区运营中心展示大屏、能效展示区、综合能源调度展示区等，平面布置图如图9.6.6所示。

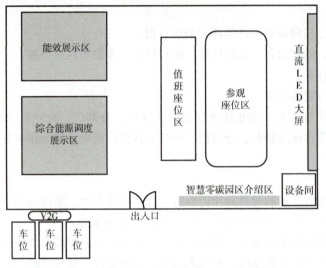

图9.6.6　双碳智慧园区运营指挥中心平面布置图

结合建筑结构特点及展示布局方案，设计参观动线如图9.6.7所示。

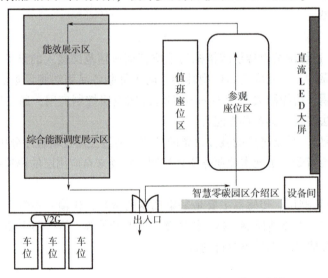

图9.6.7　双碳智慧园区运营指挥中心参观动线

(3) 项目设计

双碳智慧园区运营指挥中心展示大厅综合利用展示大屏、场景模型、互动展项等设施，全面展现园区智慧化和综合能源建设成果以及对未来双碳智慧园区发展路径的展望。

1) 智慧零碳园区介绍。智慧零碳园区介绍区介绍内容包括园区情况介绍、项目参与方介绍、智慧零碳园区商业模式介绍。

2) 智能运营中心大屏展示。智能运营中心定位为报告中心、指挥中心、运营运维统一入口，建立从运营状态可视、业务分析和预警至辅助决策至执行的能力，并融合园区应用，提供用户统一入口，实现园区的可视、可管、可控，最终实现园区的数字化运营目标。

在智能运营中心大屏展示环节，将展示以下内容：

①综合态势：展示园区内人、车、物、事件的综合态势，包含人车数量统计、设备设施数量状态统计、环境指标、告警工单统计等指标项，可以在3D地图上查看设备状态和信息。

②能效态势：展示各建筑、楼层、设备能耗信息，并与业界实践对比，展示园区能效管理成果，包含分区域电费电量统计、分设备电量统计、供电来源、供电同比环比分析、设备节能分析、冰蓄冷用能分析等指标项目，支持在3D地图上查看分区域、分设备节约的电量、电费统计等信息。

③能源态势：展示园区内能源运营的状态，包含园区负荷统计、需求响应统计、碳排放态势等指标项，并支持在3D地图查看园区碳排放和节能减排结果。

④配电态势：展示园区内配电网调节管理的现状，展示园区内微电网的逻辑架构和整体态势，能够在逻辑图上进行操作调控，同时展示储能态势、充电桩态势、光伏发电态势等指标项。

⑤收益：园区光伏发电、储能等综合收益。

展示大屏效果图如图9.6.8所示。

图9.6.8　展示大屏效果图

3）园区能效管理场景展示。园区能效管理针对楼宇用能占比最大的冷机、空调等系统进行调优节能，在展示区主要展示园区能效管理的基本原理、实物和节能策略、成果。

展示区主要展示内容如下：

①实物展示：冷机空调模型、冰蓄冷模型。

②原理展示：冷机空调运行原理展示，除了实物之外，需要有动态灯光展示水流、水温等展示冷机空调原理。

冰蓄冷储能和释放原理展示：在实物模型上动态展示冷量大小、释放冷量的过程。

③冷机调优联动展示：

场景一：楼内人数增多/减少，系统自动调节冷机水温、空调风量，保持室内温度。

场景二：天气温度升高/降低，系统联动调节冷机水温、空调风量，恒定保持室内温度。

场景三：用电高峰、用冷高峰期，系统调度冰蓄冷参与制冷。

④智慧照明展示：展示智慧照明设备和节能成果。

展厅内建设直流照明系统，在展厅现场展示智慧照明场景，随能源调度场景一同展示。

展示区模型效果如图 9.6.9 所示。

图 9.6.9　能效管理展示区模型效果

在园区能效管理场景展示区展示的模型，需要包含显示运行状态的显示屏、灯光和展示冷量流转状态的灯光等，这些设备的状态和控制都需要通过现场控制器和网关接入到园区设施管理和园区能效管理场景应用中，在场景应用中为展示模型建设独立的展示页面，在展示模型旁边的平板计算机上面能够控制上述的场景切换，联动调动模型上展示的内容。

4）综合能源调度展示区。双碳智慧园区的综合能源解决方案，在园区建设综合能源管理平台，实现园区内源网荷储统一管理，支持双碳智慧园区运营。在展示过程中主要展示如下价值点：

①采得上来：统一平台，分类计量，全面覆盖发、供、储、用设备。

②用得明白：用电数据分类分析，明确电力供应占比及电力流向，优化指明方向和重点。

③用得节省：进行用电分析，如楼宇空调，通过 AI 学习，合理安排运行时间和作业流程，节省用电；根据不同设备用电用途，错时用电降低用电峰值。

④供得稳定：用电与储能、发电、节电的关联分析，合理调度储能充/放、发电、供电，消纳清洁能源，削峰填谷，降低费用。

在双碳智慧园区运营指挥中心中，建设直流 LED 大屏、直流照明、直流空调，接入屋顶光伏发电供电，建设储能保证夜间功能，接入市电保证指挥中心供电稳定，通过电力电子变压器保证指挥中心内直流微网供能稳定安全。展厅旁边设置电动车停车位，接入 V2G 充电桩用于双向充放电，并设置双向计量系统。指挥中心内的微电网架构示意图如图 9.6.10 所示。

在综合能源调度展示区展示的内容包括：

①缩微模型：展示园区缩微模型，同时展示园区内建设的光伏、储能、冰蓄冷（冷站）的位置分布和微电网线路。

②墙上以拓扑图方式展示园区内交直流微网架构，展示光伏、储能、市电、充电桩的接入；在拓扑图上展示冰蓄冷、冷机。以流动的灯光的形式展示电、冷的流向，以不同的颜色区分交流、直流电量。用于展示设备状态和能量流动方向的指示灯都需要接入到现场控制器 DDC 和边缘网关，通过园区设备管理和园区能效管理现场应用进行控制。

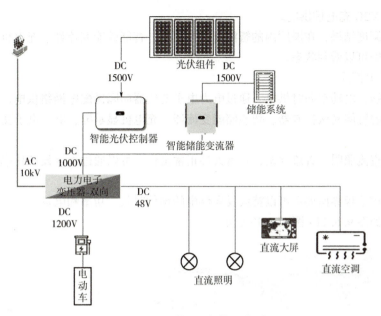

图 9.6.10　微电网架构示意图

③在展厅的综合能源调度展示区要安装接入到展厅的光伏设备的智能光伏控制器，储能设备的智能储能变流器，V2G 充电桩的显示屏，同时设置能够展示展厅内直流照明灯、直流大屏、直流空调功率数据的直流设备功率展示屏，目的是能够在展厅内直观看到展厅内直流微电网的运行情况。展厅内的设备都需要接入到园区能效管理系统中，在系统中单独为展厅建设能源调度模型，可以随时控制展厅的能源调度方式，包括"断网运行模式""需求响应模式""反向供电模式"这三种运行模式。在展厅中设置操控平板，可以直接切换能源调度模式。每种调度模式的展示效果如下描述：

A. 断网运行模式：

市电无电量供应。

白天光伏发电供应展厅内直流设备；多余电量优先供储能充电，其次供电动车充电。在光伏的智能光伏控制器中可以看到光伏当前的发电功率，在智能储能变流器中可以看到储能的充电状态，在充电桩的面板中可以看到充电桩充电功率，在墙面屏幕上可以看到各类直流设备的实际功率。

夜晚使用储能供电。

紧急情况下电动车通过 V2G 充电桩给展厅供电。

B. 需求响应模式：

系统计算光伏当前及需求响应时间段内发电量、储能电量、电动车电量，展厅内直流设备用电最小需量，给出需求响应时长和额度。

在系统中明确展厅内用电设备保障优先级由高到低依次为直流大屏、直流空调，直流照明。

需求响应开始时间段内，展厅内灯光调整为 75%（以不影响使用为准），熄灭无人办公区灯光，直流空调降低供冷量，直流大屏正常工作。

需求响应时间段内，市电供能降低，光伏发电全部供展厅设备使用，储能放电，必要时调度电动车通过 V2G 充电桩供电。

上述能量调度结果，在展厅内的智能光伏控制器、智能储能变流器、充电桩显示屏、直流设备功率显示屏可以看到状态。

C. 反向供电模式：

光伏、储能、电动车同时供电，通过电力电子变压器向园区配电网络供电。能量数量和流向通过展厅内的智能光伏控制器、智能储能变流器、充电桩显示屏、电力电子变压器显示屏可以直接查看。

展厅内的直流照明、直流空调、直流大屏正常工作，可以通过直流设备功率显示屏查看功率值。

在展厅操控平板界面展示可以持续反向供电的预估时长、功率和电量。

展示效果如图 9.6.11~图 9.6.13 所示。

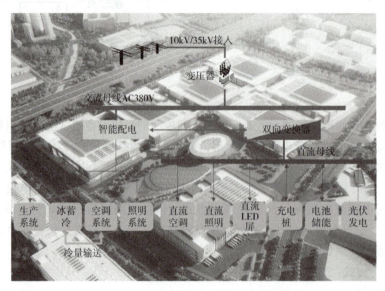

图 9.6.11　园区综合能源供应拓扑展示效果

图 9.6.12　园区综合能源系统缩微模型展示效果

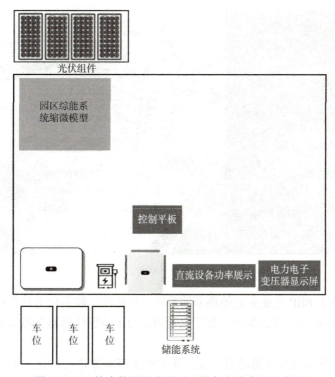

图 9.6.13　综合能源调度展示区设备安装布局示意图

7. 能源管理创新技术应用案例

某大厦位于深圳市蛇口经济开发区，建设于 1994 年，是以办公为主的公共建筑，总建筑面积约 2 万 m^2，总高度约 90m。大厦自投入使用至今，因设施老旧，存在高能耗、安全隐患多等问题，亟须进行改造。

大厦在屋顶保温、外窗和幕墙更换提升、空调改造成热泵式多联机和独立新风系统等主动与被动技术应用的基础上，通过应用屋面光伏和建筑光伏一体化技术，建设集能源调优、能耗分析、碳排管理和电力监控为一体的智慧能源管理系统，实现绿色能源充分利用、减少碳排放。

"光储直柔"技术是在建筑能效提升基础上进一步实现电能替代与电网友好交互的新型建筑配电技术，是建筑领域支持碳中和目标的重要技术路径。在大厦示范层创新应用直流配电技术及直流系统的能源调优技术，eStorage 智慧储能小屋解决方案采用一体化高度集成理念，提供从末端电池到并网点的一体化解决方案。

通过 ZEE600 智慧能源管理系统，基于自主迭代的光伏发电预测和负荷预测的智能算法，能源调优，柔性精准调节储能，充电桩、空调、照明等负荷，以吸收和释放电能这种"呼吸"的形式，平缓优化用能曲线。该项目预估光伏年发电量为 31.48 万度电，一年减少碳排放约 142t，综合节能率达 75.08%，建筑本体节能率达 30.16%，可再生能源利用率达 47%。通过能源调优，新能源就地消纳率达 90% 以上，购电成本预计节约 50%。应用直流能源调控技术，提高能源利用率约 5%。智慧能源创新技术应用示意图如图 9.6.14 所示。

8. 绿色智能工厂建设

（1）以数字化为工具，拉通从营销、采购、研发、制造到服务等全价值链转型。

图 9.6.14　智慧能源创新技术应用示意图

1）营销：得益于 ERP 在企业营销环节的普及，信息化、数字化工具在所调研企业中的应用度普遍较高，正在从市场分析预测、数字化营销，乃至销售计划动态追踪等环节不断地优化企业的营销表现。

2）采购：数字化采购与寻源趋势已现。其中由于双碳推进而快速发展的新能源行业，利用数字化技术进行采购寻源的新能源企业比例高达 71%。

3）研发：数字化工具在产品基础功能的开发设计环节中应用广泛，且随着更多企业期待从源头实现低碳化，产品的绿色化设计获得越来越多领军企业的关注，尤其是面临碳关税压力的出口型企业。

4）制造：

①生产：精益生产管理受重视。超过半数的制造型企业已经意识到需要采用更多精益化、数字化生产运营方案，来有效管理业务，提高效率和生产力，最终实现可持续发展。

②仓储配送：超过三分之一的调研企业正在部署智能物流与仓储装备等。在智能仓储立库设计过程中需要考虑行业属性和厂房建筑等级需求，及时合理地使用精益（立体）仓库方法论，合理地引入自动化设备及相关系统，达到提高仓储密度、节省人力、提高精度及效率等效果。

③质量、设备：数字化工具对产品及生产过程中质量的追踪和优化、对设备的监测诊断及预测性维护已经成为很多企业的必选项。

④能源：在能源管理方面，能耗数据监测是当前数字化的主要应用场景。随着新型电力系统相关应用的普及，多种能源之间的平衡调度、能效优化将成为数字化解决能源利用问题的着力点。

⑤资源：在资源管理方面，当前数字化工具主要体现在污染检测与管控方面。随着对循环经济的关注度提升，对废弃物合理处置并再利用成为企业关注的重点。借助数字化工具对企业的碳资产进行管理也将成为未来趋势。

⑥安全管控：安全管控的智能化和自动响应，将成为安全监测及应急处理之上的未来趋势。

5）服务：超过半数的调研企业表示会提供主动客户服务。在新时代下，制造企业不仅需要比拼产品的"硬"性指标,也需要在"软"性服务中脱颖而出,如电子制造行业对于主动客户服务尤为关注,75%的受访企业已有相关场景的实践。

(2) 5T 融合支撑绿色智能工厂建设:技术应用是支撑绿色智能制造工厂建设与运营的重要基础之一,将绿色智能制造技术分为五类,即 5T 技术集(图 9.6.15),5T 技术是指网络通信技术(Communication Technology)、运营技术(Operation Technology)、能源技术(Energy Technology)、信息技术(Information Technology)和数字技术(Digital Technology)。随着新兴技术发展与应用的持续创新,技术融合的趋势愈加明显。技术融合指的是支撑绿色智能制造的 5T 技术交互结合再创新,不断加深耦合关系,5T 技术之间的界限越来越模糊,工厂运营各层级的工业应用不断丰富,满足新一代绿色智能工厂应用场景的需求。

图 9.6.15 5T 融合技术示意图

(3) 绿色零碳工厂,PME 能源监控系统界面如图 9.6.16 所示。

1) 数字化:

①能源效率提高 10%/3 年。

②水资源利用率提高 54%/3 年。

2) 循环经济:

①绿色包装改进,减排二氧化碳:1065t/年。

②跨工厂钨极回收再利用:节约 30kg/年。

③饮水机废水回收再利用:节水 450t/年。

④生产废弃物零填埋:100%。

⑤旧衣回收:减碳 5.75t/年。

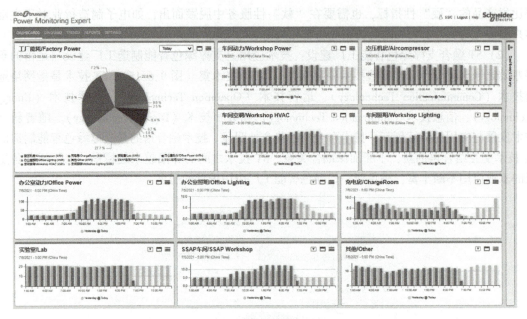

图 9.6.16　PME 能源监控系统界面

3）清洁能源：
①屋顶光伏：30%。
②购买绿电：70%。
③零碳：2022 年 1 月实现 100%。

（4）绿色、零碳灯塔工厂（无锡工厂），监控系统界面如图 9.6.17 所示，能源管理平台界面如图 9.6.18 所示。

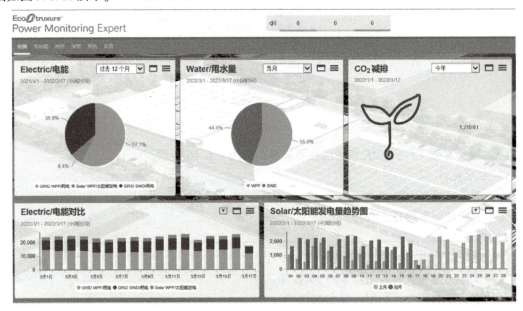

图 9.6.17　绿色、零碳灯塔工厂能源监控系统界面

9 双碳智慧园区管理平台——实施指南

图 9.6.18 能源管理平台界面

1）效率提升：
①年减少用电：721MWh。
②年减少 CO_2 排放：2398t。
③年生产效率提升：14%。
2）可持续成果：
①光伏+PPA 绿电：100%。
②零碳工厂。
③绿色工厂。
④智能制造标杆工厂。